书中精彩案例欣赏

插入图表

插入艺术字

创建迷你图

创建数据透视表

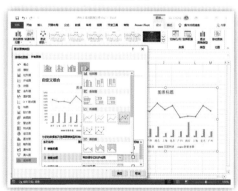

创建组合图表

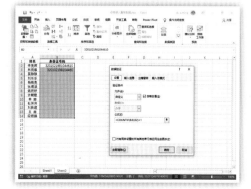

使用名称管理器

筛选数据

设置数据验证

设置图表元素

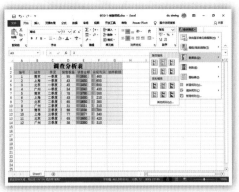

使用数据条

使用图标集

数据排序

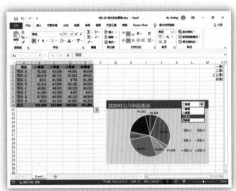

制作动态图表

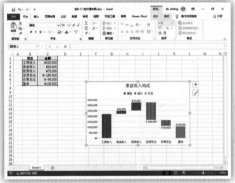

制作瀑布图

制作条形图

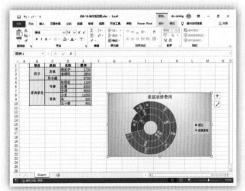

制作旭日图

高效工作，强化技能，一本搞定！

同步视频教程 + 同步学习素材 + 学习典型案例，做Excel高手

Excel 2019
办公应用一本通

沈大为　编　著

清華大學出版社

北 京

内 容 简 介

本书以通俗易懂的语言、翔实生动的案例全面介绍了 Excel 2019 软件的使用方法和技巧。全书共分 11 章,内容涵盖了 Excel 2019 快速上手,使用工作簿与工作表,输入与填充数据,整理工作表,格式化工作表,设置打印报表,使用公式与函数,使用图表与图形,数据的简单分析,条件格式与数据验证,使用数据透视表等,力求为读者带来良好的学习体验。

本书全彩印刷,与书中内容同步的案例操作教学视频可供读者随时扫码学习。本书具有很强的实用性和可操作性,可作为初学者的自学用书,也可作为人力资源管理人员、商务及财务办公人员的首选参考书,还可作为高等院校相关专业和会计电算化培训班的教材。

本书配套的电子课件、实例源文件可以到 http://www.tupwk.com.cn/downpage 网站下载,也可以通过扫描前言中的二维码获取。扫描前言中的"看视频"二维码可以直接观看教学视频。

图书在版编目(CIP)数据

Excel 2019办公应用一本通 / 沈大为编著. —北京:清华大学出版社,2023.9
ISBN 978-7-302-63690-8

Ⅰ.①E… Ⅱ.①沈… Ⅲ.①表处理软件 Ⅳ.①TP391.13

中国国家版本馆 CIP 数据核字(2023) 第 094019 号

责任编辑:胡辰浩
封面设计:高娟妮
版式设计:妙思品位
责任校对:成凤进
责任印制:沈 露

出版发行:清华大学出版社
   网 址:http://www.tup.com.cn,http://www.wqbook.com
   地 址:北京清华大学学研大厦 A 座   邮 编:100084
   社 总 机:010-83470000   邮 购:010-62786544
   投稿与读者服务:010-62776969,c-service@tup.tsinghua.edu.cn
   质 量 反 馈:010-62772015,zhiliang@tup.tsinghua.edu.cn
印 装 者:三河市龙大印装有限公司
经 销:全国新华书店
开 本:185mm×260mm   印 张:19.5   字 数:486 千字
版 次:2023 年 10 月第 1 版   印 次:2023 年 10 月第 1 次印刷
定 价:98.00 元

产品编号:076411-01

本书结合大量实例，深入介绍了使用 Excel 2019 表格处理软件在制作工作簿与工作表、公式与函数、图表与图形、数据分析等方面的操作方法与技巧。书中内容结合当前实际表格数据处理办公方面的需求进行讲解，除了图文讲解，还提供了详细的案例视频，可以帮助用户轻松掌握 Excel 2019 的各种应用方法。

本书主要内容

第 1 章介绍 Excel 的入门知识，包括 Excel 的启动方式、文件类型、工作界面、基本设置等。

第 2 章介绍 Excel 工作簿和工作表的基础操作，包括工作簿的创建、保存，工作表的创建、移动、删除等基础操作。

第 3 章介绍 Excel 各类数据的输入、填充和修改等方法和技巧。用户必须理解不同数据类型的含义，分清各种数据类型之间的区别，才能高效、正确地输入与编辑数据。

第 4 章介绍如何整理包含数据的 Excel 工作表，包括为不同数据设置合理的数字格式，处理文本型数据，自定义数字格式，以及在 Excel 中执行复制、剪切、隐藏、查找和替换等命令的方法。

第 5 章介绍 Excel 2019 中格式化命令的使用方法和技巧，用户可以利用 Excel 丰富的格式化命令，对工作表的布局和数据进行格式化处理，使表格的效果更加美观。

第 6 章介绍使用 Excel 打印文件的方法与技巧，其中包括设置打印区域、调整打印页面，打印预览等方法。

第 7 章介绍函数与公式的定义、单元格引用、公式的运算符等方面的知识，为进一步学习和运用函数与公式解决办公问题提供必要的技术支撑。

第 8 章介绍在 Excel 电子表格中插入图表与图形的方法。通过插入图表与图形，可以更直观地呈现表格中数据的发展趋势或分布状况，从而创建出引人注目的报表。

第 9 章介绍在面临海量的数据时，对数据按照一定的规律进行排序、筛选、分类汇总，从中获取最有价值的信息的方法。

第 10 章介绍 Excel 的条件格式与数据验证功能。其中，条件格式功能可以根据指定的公式或数值来确定搜索条件，然后将格式应用到符合搜索条件的选定单元格中，并突出显示要检查的动态数据。

第 11 章介绍在 Excel 中使用数据透视表和切片器的方法。

本书主要特色

☐ 图文并茂，案例精彩，实用性强

本书以上百个实用案例贯穿全书，讲解了 Excel 软件在数据处理方面的各种技巧，同时精选了在行业应用中的典型案例，系统全面地讲解了 Excel 软件的实战应用和经验技巧。通过对本书的学习，读者在学会软件的同时可以快速掌握实际应用技巧。

☐ 内容结构安排合理，案例操作一扫即看

本书涵盖了 Excel 软件所有的常用工具、命令的实用功能，采用"理论知识 + 实例操作 + 技巧提示 + 案例演练"的模式编写，从理论讲解到案例完成效果的展示，都进行了全程式的图解，让读者真正快速地掌握数据处理实战技能。读者还可以使用手机扫描视频教学二维码观看视频，提高学习效率。

☐ 免费提供配套资源，全方位提升应用水平

本书免费提供电子课件和实例源文件，读者可以扫描下方的二维码获取，也可以进入本书信息支持网站 (http://www.tupwk.com.cn/downpage) 下载。扫描下方的"看视频"二维码可以直接观看本书的教学视频进行学习。

扫一扫，看视频

扫码推送配套资源到邮箱

由于作者水平有限，本书难免有不足之处，欢迎广大读者批评指正。我们的邮箱是 992116@qq.com，电话是 010-62796045。

编　者

2023 年 6 月

第 1 章

Excel 2019 快速上手

| 本章导读 |

　　本章作为全书的开端，将主要介绍 Excel 的入门知识，包括 Excel 的启动方式、文件类型、工作界面、基本设置等。通过本章的学习，读者应能初步掌握 Excel 软件的入门知识，为进一步深入了解和学习 Excel 2019 的高级功能及函数、图表、数据分析等内容奠定坚实的基础。

1.1　Excel 的启动方式

在系统中安装Microsoft Excel 2019后，可以通过以下几种方法启动该软件。

▶ 单击桌面左下角的【开始】按钮，在弹出的菜单中选择【所有程序】| Microsoft Office | Microsoft Excel 2019命令。

▶ 双击系统桌面上的Microsoft Excel 2019快捷方式。

▶ 双击已经存在的Excel工作簿文件。

1.2　Excel 的文件类型

Excel文件指的是Excel工作簿文件，即扩展名为.xlsx(Excel 97-2003默认的扩展名为.xls)的文件。这是Excel最基础的电子表格文件类型。但是与Excel相关的文件类型并非仅此一种。Excel支持许多类型的文件格式，不同类型的文件具有不同的扩展名、存储机制和限制，如表1-1所示。

表 1-1　Excel 支持的文件格式及其说明

格　式	扩展名	存储机制和限制说明
Excel工作簿	.xlsx	基于XML的文件格式，不能存储Microsoft Visual Basic for Applications(VBA)宏代码或Excel宏工作表(.xlm)
Excel二进制工作簿	.xlsb	二进制文件格式(BIFF12)
Excel 97-2003 工作簿	.xls	Excel 97-2003 二进制文件格式
XML数据	.xml	XML数据格式
单个文件网页	.mht/.mhtml	MHTML Document文件格式
Excel启用宏的模板	.xltm	Excel模板启用宏的文件格式，可以存储VBA宏代码或Excel宏工作表(.xlm)
Excel 97-2003 模板	.xlt	Excel模板的Excel 97-2003 二进制文件格式
文本文件(制表符分隔)	.txt	将工作簿另存为以制表符分隔的文本文件，以便在其他Microsoft Windows操作系统上使用，并确保正确解释制表符、换行符和其他字符。仅保存活动工作表
Unicode文本	.txt	将工作簿另存为Unicode文本，一种由Unicode协会开发的字符编码标准
XML电子表格	.xml	XML电子表格文件格式
Microsoft Excel 5.0/95 工作簿	.xls	Excel 5.0/95 二进制文件格式
CSV(逗号分隔)	.csv	将工作簿另存为以逗号分隔的文本文件，以便在其他Windows系统上使用，并确保正确解释制表符、换行符和其他字符。仅保存活动工作表

(续表)

格　式	扩展名	存储机制和限制说明
带格式文本文件(空格分隔)	.prn	Lotus以空格分隔的格式，仅保存活动工作表
DIF(数据交换格式)	.dif	数据交换格式，仅保存活动工作表
SYLK(符号链接)	.slk	符号链接格式，仅保存活动工作表

除此之外，还有几种由Excel创建或在使用Excel进行相关应用过程中所用到的文件类型，下面将单独介绍。

1. 启用宏的工作簿 (.xlsm)

启用宏的工作簿是一种特殊的工作簿，它是自Excel 2007以后版本所特有的，是Excel 2007和Excel 2010基于XML和启用宏的文件格式，用于存储VBA宏代码或者Excel 宏工作表(.xlm)。启用宏的工作簿扩展名为".xlsm"。从Excel 2007以后的版本开始，基于安全的考虑，普通工作簿无法存储宏代码，而保存为这种启用宏的工作簿则可以保留其中的宏代码。

2. 模板文件 (.xltx)

模板是用来创建具有相同风格的工作簿或者工作表的模型。如果用户需要使自己创建的工作簿或工作表具有自定义的颜色、文字样式、表格样式、显示设置等统一的样式，可以使用模板文件来实现。

3. 加载宏文件 (.xlam)

加载宏是一些包含了Excel扩展功能的程序，其中既包括Excel自带的加载宏程序(如分析工具库、规划求解等)，也包括用户自己或者第三方软件厂商所创建的加载宏程序(如自定义函数命令等)。加载宏文件(.xlam)就是包含了这些程序的文件，通过移植加载宏文件，用户可以在不同的计算机上使用自己所需功能的加载宏程序。

4. 网页文件 (.mht、.mhtml、.htm 或 .html)

Excel既可以从网上获取数据，也可以把包含数据的表格保存为网页格式进行发布，其中还可以设置保存为"交互式"网页，转换后的网页中保留了使用Excel继续进行编辑和数据处理的功能。Excel保存的网页分为单个文件的网页(.mht或.mhtml)和普通网页(.htm或.html)，这些由Excel创建的网页与普通的网页并不完全相同，其中包含了不少与Excel格式相关的信息。

1.3　Excel 的工作界面

Excel 2019沿用了之前版本的功能区界面风格，如图1-1所示，其工作界面中设置了一些便捷的工具栏和按钮，如快速访问工具栏、分页预览按钮和【显示比例】滑动条等。

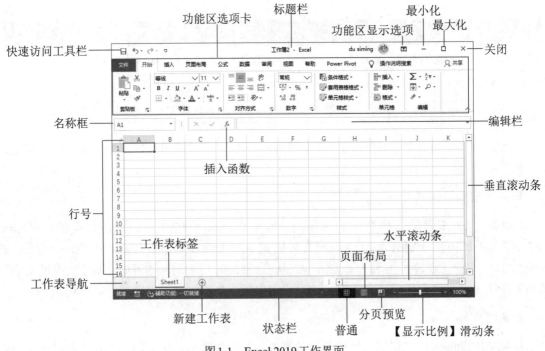

图1-1　Excel 2019工作界面

1.3.1　功能区选项卡

功能区是Excel工作界面中的重要元素，通常位于标题栏的下方。功能区由一组选项卡面板组成，单击选项卡标签可以切换到不同的功能区选项卡。

1. 功能区选项卡的结构

当前选中的选项卡也称为"活动选项卡"。每个选项卡中包含了多个命令组，每个命令组通常由一些相关命令组成。

以图1-1所示的【开始】选项卡为例，其中包含了【剪贴板】【字体】和【对齐方式】等命令组，【字体】命令组中包含了多个设置字体属性的命令。

单击功能区右上角的【功能区显示选项】按钮□，在弹出的如图1-2所示的菜单中，可以设置在Excel工作界面中自动隐藏功能区、仅显示选项卡名称或显示图1-1所示的选项卡和命令组。

2. 功能区选项卡的作用

Excel中主要选项卡的功能说明如下。

▶ 【文件】选项卡：该选项卡是一个比较特殊的功能区选项卡，其由一组命令列表及其相关的选项区域组成，包含【信息】【新建】【打开】【保存】【另存为】等命令，如图1-3所示。

图1-2　功能区显示选项

图1-3　【文件】选项卡

▶ 【开始】选项卡：该选项卡包含Excel中最常用的命令，如【剪贴板】【字体】【对齐方式】【数字】【样式】【单元格】和【编辑】等命令组，用于基本的字体格式化、单元格对齐、单元格格式和样式设置、条件格式、单元格和行列的插入以及数据编辑。

▶ 【插入】选项卡：图1-4所示的【插入】选项卡包含了所有可以插入工作表中的对象，主要包括图表、图片和图形、剪贴画、SmartArt图形、迷你图、艺术字、符号、文本框、链接、三维地图等，也可以通过该选项卡创建数据透视表、切片器、数学公式和表格。

▶ 【页面布局】选项卡：该选项卡包含了用于设置工作表外观的命令，包括主题、图形对象排列、页面设置等，同时也包括打印表格所使用的页面设置和缩放比例等，如图1-5所示。

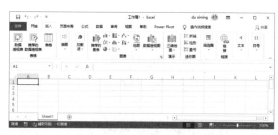

图1-4　【插入】选项卡

图1-5　【页面布局】选项卡

▶ 【公式】选项卡：该选项卡包含与函数、公式、计算相关的各种命令，例如【插入函数】按钮 fx、【名称管理器】按钮 、【公式求值】按钮 等，如图1-6所示。

▶ 【数据】选项卡：该选项卡包含了与数据处理相关的命令，例如【获取数据】【排序】【筛选】【分级显示】【合并计算】【分列】等，如图1-7所示。

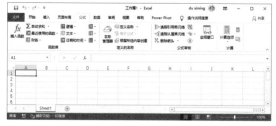

图1-6　【公式】选项卡

图1-7　【数据】选项卡

▶ 【审阅】选项卡：该选项卡包含【拼写检查】【智能查找】【新建批注】以及工作簿和工作表的权限管理等命令，如图1-8所示。

▶ 【视图】选项卡：该选项卡包含了Excel工作界面底部状态栏附近的几个主要按钮功能，包括工作表的视图切换、显示比例缩放和录制宏命令等。此外，还包括冻结和拆分窗格、显示窗口元素等命令，如图1-9所示。

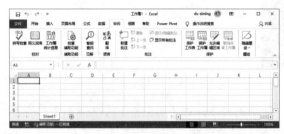

图1-8　【审阅】选项卡　　　　　　　　　图1-9　【视图】选项卡

▶ 【开发工具】选项卡：该选项卡在Excel默认的工作界面中不可见，主要包含使用VBA进行程序开发时需要用到的各种命令，如图1-10所示。

▶ 【背景消除】选项卡：该选项卡在默认情况下不可见，仅在对工作表中的图片使用【删除背景】操作时显示在功能区中，其中包含与图片背景消除相关的各种命令，如图1-11所示。

图1-10　【开发工具】选项卡　　　　　　图1-11　【背景消除】选项卡

▶ 【加载项】选项卡：该选项卡在默认情况下不可见，当工作簿中包含自定义菜单命令和自定义工具栏以及第三方软件安装的加载项时会显示在功能区中。

1.3.2　工具选项卡

除了软件默认显示和自定义添加的功能区选项卡外，Excel还包含许多附加选项卡。这些选项卡只在进行特定操作时显示，因此也被称为"工具选项卡"。下面将简要介绍一些常见的工具选项卡。

▶ 【图表工具】选项卡：选中图表时，功能区中将显示如图1-12所示的图表设置专用选项卡，其中包含【设计】和【格式】两个子选项卡。

▶ 【SmartArt工具】选项卡：选中SmartArt图形时，将显示如图1-13所示的【SmartArt工具】选项卡，该选项卡包含【设计】和【格式】两个子选项卡。

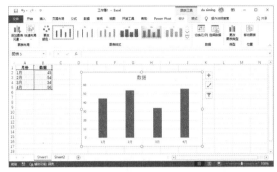

图1-12　【图表工具】选项卡　　　　图1-13　【SmartArt工具】选项卡

▶ 【图片工具】选项卡：在选中图形对象时，Excel将显示如图1-14所示的【格式】子选项卡。

▶ 【页眉和页脚工具】选项卡：在选中页眉和页脚并对其进行操作时，将显示如图1-15所示的【设计】子选项卡。

图1-14　【图片工具】选项卡　　　　图1-15　【页眉和页脚工具】选项卡

▶ 【迷你图工具】选项卡：在选中迷你图对象时，将显示如图1-16所示的【迷你图工具】选项卡。

▶ 【数据透视表工具】选项卡：在选中数据透视表时，将显示如图1-17所示的【数据透视表工具】选项卡，其中包含【分析】和【设计】两个子选项卡。

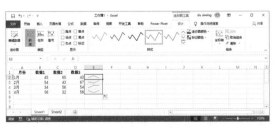

图1-16　【迷你图工具】选项卡　　　　图1-17　【数据透视表工具】选项卡

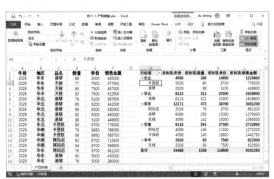

7

▶ 【数据透视图工具】选项卡：在选中数据透视图时，将显示【数据透视图工具】选项卡，其中包含【分析】【设计】和【格式】3个子选项卡。

1.3.3 快速访问工具栏

Excel 2019工作界面中的快速访问工具栏位于工作界面的左上角(如图1-18所示)，它包含一组常用的快捷命令按钮，并支持自定义其中的命令，用户可以根据工作需要添加或删除其所包含的命令按钮。

快速访问工具栏中默认包含【保存】按钮日、【撤销】按钮↺、【恢复】按钮↻ 3个快捷命令按钮。单击工具栏右侧的【自定义快速访问工具栏】按钮▾，可以在弹出的列表中显示更多的内置命令按钮，例如【快速打印】【拼写检查】和【新建】等，如图1-19所示。

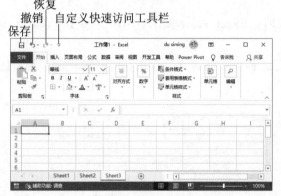

图1-18 快速访问工具栏中的默认按钮

图1-19 自定义快速访问工具栏选项

在如图1-19所示的列表中选中某个命令选项后，将在快速访问工具栏中显示相对应的快捷命令按钮。

1.3.4 Excel 命令控件

Excel工作界面中包含了多种命令，这些命令通过多种不同类型的控件显示或隐藏在界面窗口中。下面将简要介绍命令组中各种命令控件的类型及其功能说明。

1. 按钮

按钮可以通过单击而执行一项命令或一项操作。例如，功能区内【开始】选项卡中的【格式刷】【下画线】【自动换行】以及快速访问工具栏中的【保存】按钮等。

2. 切换按钮

切换按钮可以通过单击按钮在"激活"和"未激活"两种状态之间来回切换。例如【开始】选项卡中的【居中】【左对齐】和【右对齐】等切换按钮，如图1-20所示。

3. 下拉按钮

下拉按钮包含一个黑色的倒三角标识符号，通过单击下拉按钮可以显示详细的命令列表或图标库，或显示多级扩展菜单。例如，单击【公式】选项卡中的【自动求和】下拉按钮，将显示图1-21所示的命令列表。

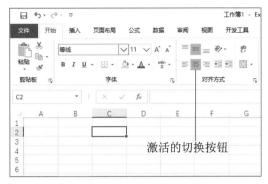

图1-20　激活对齐状态的切换按钮

图1-21　【自动求和】下拉列表

4. 拆分按钮

拆分按钮是一种由按钮和下拉按钮组成的按钮形式。单击拆分按钮可以执行特定的命令，而单击其下方的下拉按钮则可以在弹出的下拉列表中选择其他相近或相关的命令。例如，【开始】选项卡中的【粘贴】拆分按钮，如图1-22所示。

5. 文本框

文本框可以显示文本，并且允许用户对其中的内容进行编辑，例如，功能区下方的名称框即为文本框，如图1-1所示。

6. 库

库包含了一个图标容器，在其中显示一组可供用户选择的命令或方案图标。例如【图表工具】|【设计】选项卡中的【图表样式】库，如图1-23所示，单击右侧的上、下三角箭头按钮和，可以切换显示不同行中的图标项；单击其右下角的扩展按钮，可以显示库的内容。

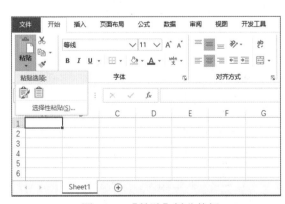

图1-22　【粘贴】拆分按钮

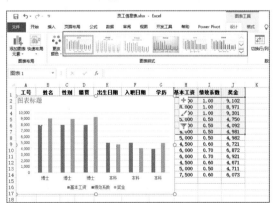

图1-23　【图表工具】|【设计】选项卡

7. 组合框

组合框由文本框、下拉按钮和列表框组合而成，用于多种属性选项的设置。通过单击其右侧的倒三角按钮，可以在弹出的下拉列表中选取列表项，被选中的列表项会显示在组合框的文本框中。另外，用户也可以直接在组合框的文本框中输入具体的选项名称后，按Enter键进行确认，使选择生效。例如，【开始】选项卡中的【字体】组合框就是常见的组合框，如图1-24所示。

8. 微调按钮

微调按钮包含一对方向相反的三角箭头按钮，通过单击箭头按钮，可以对文本框中的数值大小进行调节。例如，【页面布局】选项卡中的【缩放比例】微调按钮，如图1-25所示。

图1-24　【字体】组合框　　　　　　　　图1-25　【缩放比例】微调按钮

9. 复选框

复选框与切换按钮的功能类似，通过单击复选框可以在【选中】和【取消选中】两个选项状态之间来回切换。例如，【页面布局】选项卡中的【查看】和【打印】复选框，如图1-26所示。

10. 对话框启动器

对话框启动器是一种特殊的按钮，它位于功能区选项卡中命令组的右下角，并与其所在的命令组功能相关联。对话框启动器显示为斜角箭头图标，单击该按钮可以打开与特定命令组相关的对话框，例如，单击【页面布局】选项卡【工作表选项】命令组中的对话框启动器按钮，将打开如图1-27所示的【页面设置】对话框。

图1-26　【查看】和【打印】复选框　　　　　　　图1-27　【页面设置】对话框

11. 选项按钮

选项按钮也称为"单选按钮"，通常以两个以上的选项按钮成组出现。单击选中其中一个选项按钮后，将自动取消其他选项按钮的选中状态。例如，图1-27所示【页面设置】对话框的【打印顺序】选项组中的【先列后行】和【先行后列】选项按钮。

12. 编辑框

编辑框由文本框和文本框右侧的折叠按钮组成，在文本框内可以直接输入或编辑文本，单击折叠按钮可以在工作表中直接框选目标区域，目标区域的单元格地址会自动填写在文本框中，例如，图1-27所示【页面设置】对话框中的【打印区域】【顶端标题行】和【从左侧重复的列数】等编辑框。

1.3.5　快捷菜单和快捷键

Excel中许多常用的操作除了可以通过在功能区选项卡中选择对应的命令按钮执行以外，还可以在快捷菜单中选定执行。在Excel中，右击就可以显示快捷菜单，菜单中显示的内容取决于当前选中的对象，如图1-28所示。

图1-28　Excel 2019 的快捷菜单

在使用Excel时，使用快捷菜单可以使命令的选择更加快速有效。例如，在选定一个单元格后右击，在弹出的快捷菜单中将显示包含单元格格式操作等命令的快捷操作。

图1-28中显示在菜单上方的工具栏称为"浮动工具栏"，其中主要包含单元格格式的一些基本命令，例如，【字体】【字号】【字体颜色】和【格式刷】等。如果Excel快捷菜单上方没有显示浮动工具栏，用户可以参考下面的方法将其显示出来。

01 单击【文件】按钮，打开【文件】选项卡，选择左下角的【选项】命令，打开【Excel选项】对话框。

02 在【Excel选项】对话框左侧列表中选择【常规】选项，然后选中对话框右侧列表中的【选择时显示浮动工具栏】复选框，并单击【确定】按钮，如图1-29所示。

此外，用户还可以在Excel中借助快捷键来执行命令，按Alt键将在当前功能区选项卡上显示可执行的快捷键提示，如图1-30所示，根据提示可以执行许多快捷操作。

图1-29　设置显示浮动工具栏　　　　图1-30　按Alt键后显示的快捷提示

例如，在图1-30所示的提示下按"1"键可以打开【另存为】界面；按"2"键可以打开【撤销】列表；按"3"键可以执行【恢复】命令；按F键可以打开【文件】选项卡；按H键可以打开【开始】选项卡；按N键可以打开【插入】选项卡；按M键可以打开【公式】选项卡；按P键可以打开【页面布局】选项卡；按A键可以打开【数据】选项卡；按R键可以打开【审阅】选项卡；按W键可以打开【视图】选项卡；按Y键则可以打开【帮助】选项卡。

以执行【公式】选项卡中【定义名称】命令组内的【名称管理器】命令按钮为例，依次按Alt键、M键，打开【公式】选项卡，然后按N键即可。

掌握快捷键的应用方法后，在日常工作中反复使用，就可以逐渐脱离鼠标，使用键盘完成对Excel工作表的操作，从而大大提高表格处理效率。

1.4　Excel 的基本设置

在Excel中，用户可以通过选择【文件】选项卡，在显示的界面中单击【选项】按钮(或依次按Alt、T、O键)，打开【Excel选项】对话框，对Excel工作界面中的窗体元素进行调整。

1.4.1　自定义功能区选项卡

在【Excel选项】对话框中选择【自定义功能区】选项后，在显示的选项区域中，用户可以对Excel的默认功能区进行以下自定义设置。

1. 显示和隐藏选项卡

01 打开【Excel选项】对话框后，选择【自定义功能区】选项，设置【自定义功能区】选项为【主选项卡】。

02 在图1-31所示的【主选项卡】列表中取消【绘图】复选框的选中状态，即可将该选项卡从功能区中隐藏；选中【开发工具】复选框，则可以将该选项卡显示在功能区中。最后，单击【确定】按钮即可使设置生效。

2. 添加和删除自定义选项卡

01 在图 1-31 所示的【Excel选项】对话框中选择【自定义功能区】选项,单击对话框右下角的【新建选项卡】按钮,在【主选项卡】列表中将创建一个新的自定义选项卡,如图 1-32 所示。

图1-31　显示隐藏的【开发工具】选项卡

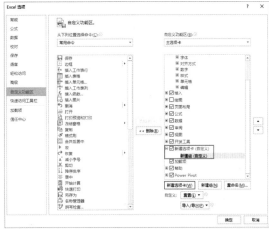

图1-32　创建自定义选项卡

02 新建的选项卡中包含一个名为"新建组(自定义)"的命令组,用户可以通过单击【重命名】按钮将其重命名,并通过左侧的命令列表向新命令组中添加命令,如图 1-33 所示。

03 单击【确定】按钮,功能区中将添加自定义的新建选项卡,如图 1-34 所示。

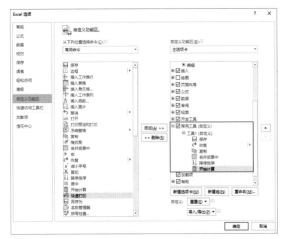

图1-33　重命名并自定义命令组

图1-34　在功能区显示自定义命令组

　　如果用户需要删除自定义的选项卡(Excel默认的内置选项卡无法删除),可以在图 1-33 所示的【Excel选项】对话框的【主选项卡】列表中选中自定义选项卡,然后单击【删除】按钮,或者右击自定义选项卡名称,在弹出的快捷菜单中选择【删除】命令。

3. 重命名功能区选项卡

01 在图 1-33 所示的【Excel选项】对话框的【主选项卡】列表中选中需要重命名的选项卡,然后单击对话框中的【重命名】按钮。

02 在打开的【重命名】对话框中输入新的选项卡名称，单击【确定】按钮，如图1-35所示，然后在【Excel选项】对话框中再次单击【确定】按钮即可。

4. 调整选项卡的排列次序

Excel功能区中各选项卡默认以【开始】【插入】【页面布局】【公式】【数据】【审阅】【视图】和【开发工具】的次序显示。用户可以根据自己的工作需要，调整选项卡在功能区中的排列次序，操作方法有以下两种。

▶ 在【Excel选项】对话框的【主选项卡】列表中选择需要调整次序的选项卡后，单击【主选项卡】列表右侧的【上移】按钮 ▲ 或【下移】按钮 ▼，即可将选项卡位置向上或向下移动。

▶ 在【Excel选项】对话框的【主选项卡】列表中选中需要调整排列位置的选项卡，按住鼠标左键将其拖动到合适的位置，然后松开鼠标左键即可。

1.4.2 自定义选项卡命令组

在功能区中创建新的自定义选项卡时，Excel软件会自动为创建的选项卡新建一个自定义命令组。在不添加自定义选项卡的情况下，如果有需要，也可以为Excel默认的内置选项卡添加自定义命令组，并为其增加操作命令，操作方法如下。

01 打开【Excel选项】对话框，在【主选项卡】列表中选中【插入】选项卡，然后单击对话框右下角的【新建组】按钮，在【插入】选项卡中添加一个名为【新建组(自定义)】的命令组，如图1-36所示。

图1-35 重命名功能区选项卡　　　　　图1-36 新建选项卡命令组

02 选中【新建组(自定义)】命令组，将左侧的【从下列位置选择命令】选项设置为【不在功能区中的命令】，然后在下方的列表中选择命令，并单击对话框中间的【添加】按钮，如图1-37所示，即可将选中的命令添加至【新建组(自定义)】命令组中。

03 单击【确定】按钮，即可在【插入】选项卡中添加自定义命令组，如图1-38所示。

图1-37　添加组命令　　　　　图1-38　【插入】选项卡中的自定义命令组

1.4.3　导入与导出选项卡设置

在Excel功能区中自定义选项卡和命令组后，如果用户需要将设置的结果保留，并在其他计算机中使用或在重新安装Excel 2019软件后继续使用，可以参考下面介绍的方法对选项卡设置执行导出和导入操作。

01 打开【Excel选项】对话框，在对话框左侧的列表中选择【自定义功能区】选项，单击对话框右侧下方的【导入/导出】按钮，在弹出的列表中选择【导出所有自定义设置】选项，如图1-39所示。

02 打开【保存文件】对话框，选择保存的路径并输入保存的文件名称后，单击【保存】按钮，如图1-40所示。

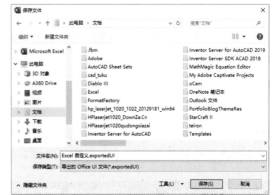

图1-39　导出所有自定义设置　　　　　图1-40　【保存文件】对话框

03 完成选项卡设置的导出操作后，在需要导入选项卡设置时，可以参考步骤01、02的操作，在单击【导入/导出】按钮后，在弹出的列表中选择【导入自定义文件】选项，选择导出的设置文件将其导入Excel。

1.4.4 恢复选项卡默认设置

如果需要恢复Excel软件默认的主选项卡或工具选项卡的默认初始设置，可以参考下面介绍的方法进行操作。

01 打开【Excel选项】对话框，在对话框左侧的列表中选中【自定义功能区】选项，单击对话框右下方的【重置】按钮，在弹出的列表中选择【仅重置所选功能区选项卡】或【重置所有自定义项】选项，如图1-41所示。

02 在打开的Excel提示对话框中单击【是】按钮即可。

1.4.5 自定义快速访问工具栏

除了Excel内置的几个默认快捷命令外，用户还可以通过自定义快速访问工具栏，将更多的命令按钮添加到快速访问工具栏中，操作方法如下。

01 打开【Excel选项】对话框，在对话框左侧的列表中选择【快速访问工具栏】选项。在左侧的命令列表中选择命令，然后单击【添加】按钮，如图1-42所示，将其添加至【自定义快速访问工具栏】列表框中。

02 单击【确定】按钮，即可在快速访问工具栏中显示所选的快捷命令按钮。

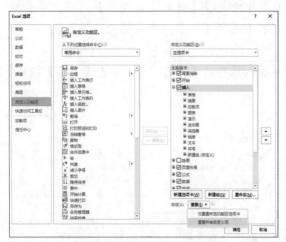
图1-41 重置所有自定义项

图1-42 自定义快速访问工具栏

03 如果要将快速访问工具栏中自定义的命令按钮删除，在快速访问工具栏中右击该命令按钮，在弹出的快捷菜单中选择【从快捷访问工具栏删除】命令即可。

1.5 Excel 的数据共享

在Office办公软件组中，包含了Excel、Word、PowerPoint等多个程序组件，用户在日常办公中会使用Excel进行数据处理，使用Word进行文字排版处理，使用PowerPoint设计工作汇报演示文稿。有时，为了完成某项具体的任务，需要同时使用多个组件，因此在它们之间进行快速数据共享，是每个办公人员必备的基本技能。

1.5.1　复制 Excel 数据到其他程序

Excel中保存的所有数据都可以被复制到其他Office软件中，包括数据表中的数据、图片、图表或其他对象等。不同类型的数据在复制与粘贴的过程中，Excel会显示不同的选项。

1. 复制数据区域

如果用户需要将Excel中的数据区域复制到Word或PowerPoint中，可以使用"选择性粘贴"功能以多种方式对数据进行静态粘贴，也可以动态地链接数据(静态粘贴的结果与数据源没有任何关联，而动态链接则会在数据源发生改变时自动更新粘贴结果)。

如果用户需要在Excel中复制数据后能够在其他Office组件中执行"选择性粘贴"功能，在复制Excel数据区域后，应保持目标区域的四周有闪烁的虚线状态。若用户在复制数据区域后又执行了其他操作(例如按Esc键或双击某个单元格)，则复制数据区域的激活状态将被取消。

【例1-1】　将Excel数据区域复制到Word文档中。

01 选中Excel中需要复制的数据区域，按Ctrl+C组合键。

02 启动Word，单击【开始】选项卡中的【粘贴】下拉按钮，在弹出的下拉列表中选择【选择性粘贴】命令，如图1-43所示。

03 打开【选择性粘贴】对话框，选中【粘贴】单选按钮(将使用静态方式粘贴数据)，在【形式】列表框中用户可以选择不同的粘贴形式，本例选择【HTML格式】选项，如图1-44所示。

图1-43　选择【选择性粘贴】命令　　　　　图1-44　【选择性粘贴】对话框

04 单击【确定】按钮，即可将选中的数据区域以HTML格式粘贴在Word中，如图1-45所示。若用户在图1-44所示的【选择性粘贴】对话框中选中【粘贴链接】单选按钮，【形式】列表框中将显示图1-46所示的选项。

<table><tr><td>图1-45　以HTML格式粘贴Excel数据</td><td>图1-46　粘贴链接</td></tr></table>

05 此时，选择【形式】列表框中的任意选项，粘贴至Word中的Excel数据区域，与步骤03的"粘贴"方式基本相同。如果用户在Excel中修改了数据源，数据的变化将会自动更新到Word中。Word中动态链接的数据具备与数据源之间的超链接功能，如果右击"动态链接"粘贴结果，在弹出的快捷菜单中选择【链接的Worksheet对象】|【编辑链接】命令，将打开Excel并定位到复制数据源的目标区域，如图1-47所示。

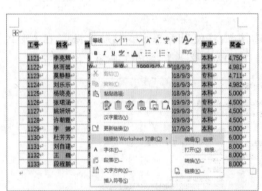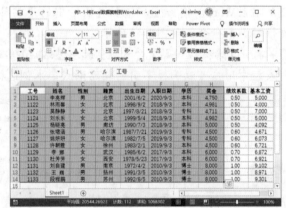

图1-47　编辑链接

在图1-44和图1-46所示的【选择性粘贴】对话框中，常用粘贴形式的功能说明如表1-2所示。

表1-2　常用粘贴形式的功能说明

形　式	功　能
Microsoft Excel工作表对象	作为一个完整的Excel工作表对象进行嵌入，双击嵌入的数据区域，可以像在Excel中一样编辑数据
HTML格式	粘贴为HTML格式的表格
带格式文本(RTF)	粘贴为带格式的文本表格，保留数据源区域的行、列及字体格式
无格式文本	粘贴为普通文本，没有格式
图片(增强型图元文件)	粘贴为EMF格式图片文件

（续表）

形　式	功　能
位图	粘贴为BMP图片格式
无格式的Unicode文本	粘贴为Unicode编码的普通文本，没有任何格式

2. 复制图片

复制Excel表格中的图片、图形后，如果在其他Office应用程序中执行【选择性粘贴】命令，将打开图1-48所示的【选择性粘贴】对话框，该对话框允许用户以多种格式来粘贴图片，但只能进行静态粘贴。

3. 复制图表

复制Excel图表至其他Office应用程序的操作与复制数据区域类似，在Excel中复制图表后，在其他Office程序中执行【选择性粘贴】命令，打开【选择性粘贴】对话框，支持静态粘贴和动态粘贴，如图1-49所示。

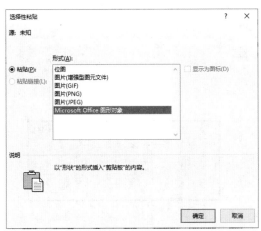
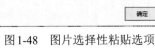
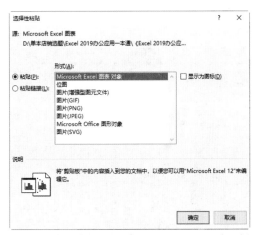

图1-48　图片选择性粘贴选项　　　　　　图1-49　图表选择性粘贴选项

1.5.2　在其他程序中插入 Excel 对象

除了使用复制和粘贴方式共享Excel数据外，用户还可以在Office应用程序中通过插入对象，插入Excel文件。

【例 1-2】 将 Excel 文件插入 Word 文档中。

01 启动Word后，选择【插入】选项卡，单击【文本】命令组中的【对象】按钮。

02 打开【对象】对话框，在该对话框中选中【由文件创建】选项卡，单击【浏览】按钮，如图1-50所示。

03 在打开的【浏览】对话框中选中一个Excel文件后，单击【插入】按钮，如图1-51所示，即可将选择的Excel文件插入Word文档。

图1-50 【对象】对话框

图1-51 【浏览】对话框

04 Excel文件被插入Word后将显示为表格，如果用户双击它，Word功能区将变成Excel功能区，此时用户可以使用Excel命令对表格进行处理，编辑完成后只需单击Word文档的其他位置，就会退出Excel编辑状态，如图1-52所示。

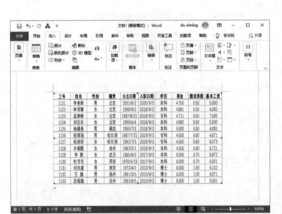

图1-52 在Word中编辑Excel表格

1.5.3 远程获取或保存 Excel 数据

在Excel中按F12键将打开【另存为】对话框，在该对话框顶部的地址栏中，用户可以设置任何位置来保存Excel文件，例如，可保存在当前计算机的本地磁盘、FTP、局域网等。

同样，按Ctrl+O组合键可以打开【打开】选项区域，单击【浏览】按钮，在打开的【打开】对话框顶部的地址栏中，用户也可以选择任何可访问的路径，打开Excel文件。

一般情况下，每一个Excel文件只能被一个用户以独占方式打开。如果用户尝试通过网络共享文件夹打开一个已经被其他用户打开的Excel文件，Excel将打开提示对话框，提示该文件已经被锁定。在这种情况下，用户只能根据提示，以"只读"或"通知"方式打开Excel文件。如果以"只读"方式打开文件，文件将只能阅读不能进行修改；如果以"通知"方式打开文件，文件仍将以只读方式打开，当使用文件的其他用户关闭文件时，Excel将通知该用户在他之后打开文件的用户名称。

1.5.4　创建共享 Excel 文件

利用Excel的"共享工作簿"功能，用户可以和其他用户一起通过网络多人同时编辑同一个Excel文件。

【例 1-3】　设置可供多人编辑的共享 Excel 文件。

01 打开【Excel选项】对话框，选中【自定义功能区】选项，在【自定义功能区】列表中选择【主选项卡】中的【审阅】选项卡，创建一个自定义选项卡命令组，然后单击【从下列位置选择命令】下拉按钮，从弹出的下拉列表中选择【所有命令】选项，在显示的命令列表中将【共享工作簿(旧版)】选项拖动至创建的自定义选项卡命令组内，如图1-53所示，然后单击【确定】按钮。

02 选择【审阅】选项卡，在【新建组】命令组中单击【共享工作簿(旧版)】按钮，打开【共享工作簿】对话框，选择【编辑】选项卡，选中【使用旧的共享工作簿功能，而不是新的共同创作体验】复选框，然后单击【确定】按钮，如图1-54所示。

图1-53　自定义【审阅】选项卡　　　　图1-54　使用旧的共享工作簿功能

03 Excel将打开对话框提示用户保存工作簿，单击【确定】按钮。此时，当前工作簿即成为共享工作簿，工作簿的标题栏将显示"已共享"标注，如图1-55所示。

图1-55　创建共享工作簿

要实现多人同时对一个Excel文件进行编辑，用户还需要将共享工作簿保存在本地网络中的共享文件夹中，并且授予用户对该文件夹的读写权限。

当任何一个用户打开共享工作簿后，可以单击【审阅】选项卡中的【共享工作簿(旧版)】按钮，打开【共享工作簿】对话框查看当前正在使用工作簿的其他用户。选中其中一个用户，单击【删除】按钮，可以断开该用户与共享工作簿的连接，此时对方不会立刻得到相关提示，也不会关闭工作簿。被断开连接的用户在保存工作簿时，Excel将提示其无法与文件连接，无法将修改的内容保存到共享工作簿中，只能另存为其他文件。

如果用户在编辑共享工作簿后对其进行保存，其他用户也对工作簿做出修改并进行保存，在没有冲突的情况下，Excel会给出相应的提示，提示用户"工作表已用其他用户保存的更改进行了更新"。如果此时发生冲突，Excel也会弹出提示对话框，询问用户如何解决冲突。

1.6　案例演练

本节将通过案例介绍前面正文中没有提及的Excel 2019软件功能，帮助用户进一步了解并掌握Excel 2019软件。

【例1-4】　使用 Excel 2019 多功能搜索框搜索命令。

01 将鼠标指针置于Excel窗口顶部的多功能搜索框中，输入需要得到的命令描述，例如"朗读"，在弹出的列表中选择具体的命令。

02 此时，Excel将执行选中的命令，通过语音模拟朗读当前工作表中的数据，如图1-56所示。当用户激活其他窗口时，朗读将停止。

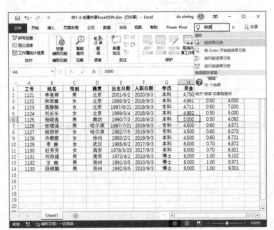
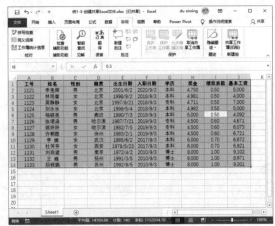

图1-56　搜索并使用"朗读"功能

【例1-5】　使用 Excel 2019 的"墨迹公式"功能。

01 选择【插入】选项卡，单击【符号】命令组中的【公式】下拉按钮，在弹出的下拉列表中选择【墨迹公式】选项。

02 在打开的【数学输入控件】对话框中，单击【写入】按钮，用户可以使用触摸设备或者鼠标，通过手写方式输入公式，如图1-57所示。

03 单击【擦除】按钮和【选择和更正】按钮，可以对输入的公式内容进行修正；单击【清除】按钮可以清除输入的公式。

04 公式输入完毕后单击【插入】按钮，即可将其插入Excel工作表中，如图 1-58 所示。

图1-57　【数学输入控件】对话框

图1-58　插入公式

【例 1-6】 使用 Excel 2019 的“预测工作表”功能。

01 打开需要预测其数据趋势的工作表后，单击【数据】选项卡中的【预测工作表】按钮，打开【创建预测工作表】对话框，如图 1-59 所示。

02 单击【创建】按钮，Excel将根据工作表中提供的数据，自动分析数据的发展趋势，创建如图 1-60 所示的预测趋势图。

图1-59　【创建预测工作表】对话框

图1-60　预测趋势图

【例 1-7】 使用 Excel 2019 获取来自网页的数据。

01 选择【数据】选项卡，单击【获取数据】下拉按钮，从弹出的下拉列表中选择【自其他源】|【自网站】选项，如图 1-61 所示。

02 打开【从Web】对话框，输入网址(以中国银行外汇牌价地址为例)：http://www.boc.cn/sourcedb/whpj/index.html，单击【确定】按钮，如图 1-62 所示。

图1-61 单击【获取数据】下拉按钮

图1-62 【从Web】对话框

03 在打开的【导航器】对话框左侧的列表框中选中【Table 0】选项，在对话框右侧单击【加载】按钮，加载从网页中获取的数据，如图1-63所示。

04 打开【查询编辑器】窗口，单击【货币名称】列右侧的筛选按钮 ，从弹出的列表中选择需要的货币，然后单击【确定】按钮，如图1-64所示。

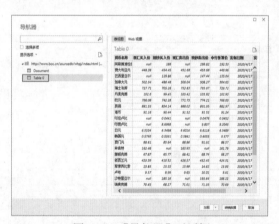

图1-63 【导航器】对话框

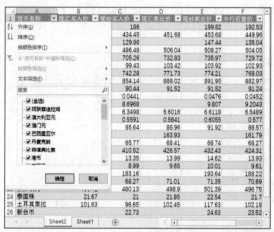

图1-64 选择货币

05 单击【查询编辑器】窗口左侧的【关闭并下载】按钮，即可在Excel工作表中得到所需的网页数据。

第 2 章
使用工作簿与工作表

| 本章导读 |

本章将主要介绍 Excel 工作簿和工作表的基础操作，包括工作簿的创建、保存，工作表的创建、移动、删除等基础操作。通过对工作簿和工作表的操作方法的熟练掌握，用户可以在日常办公中提高 Excel 的操作效率，解决实际的工作问题。

2.1 使用工作簿

工作簿是用户使用Excel进行操作的主要对象和载体，本节将介绍Excel工作簿的基础知识与常用操作。

2.1.1 工作簿的类型

在Excel中，用于存储并处理工作数据的文件被称为工作簿。工作簿有多种类型，当保存一个新的工作簿时，可以在【另存为】对话框的【保存类型】下拉列表中选择所需要保存的文件类型，如图2-1所示。默认情况下，Excel 2019保存的文件类型为"Excel工作簿(*.xlsx)"。如果用户需要和使用早期版本Excel的用户共享电子表格，或者需要制作包含宏代码的工作簿时，可以通过在【Excel选项】对话框中选择【保存】选项卡，设置工作簿的默认保存的文件类型，如图2-2所示。

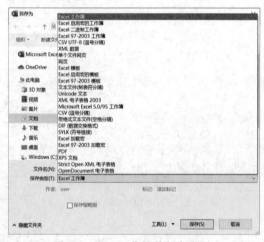
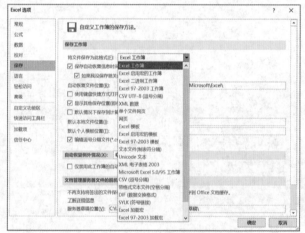

图2-1 Excel工作簿的保存类型   图2-2 设置默认的文件保存类型

2.1.2 创建工作簿

在Excel 2019中，用户可以通过以下几种方法创建新的工作簿。

1. 在 Excel 工作窗口中创建工作簿

▶ 在功能区上方选择【文件】选项卡，然后选择【新建】选项，并在显示的界面中单击【空白工作簿】选项。

▶ 按Ctrl+N组合键。

2. 在操作系统中创建工作簿文件

在Windows 操作系统中安装了Excel 2019软件后，右击系统桌面，在弹出的快捷菜单中选择【新建】命令，在该命令的子菜单中将显示【Microsoft Excel工作表】命令，选择该命令将可以在计算机硬盘中创建一个Excel工作簿文件。

2.1.3　保存工作簿

当用户需要将工作簿保存在计算机中时，可以参考如下几种方法。

▶ 在功能区中选择【文件】选项卡，在打开的菜单中选择【保存】或【另存为】选项。

▶ 单击快速访问工具栏中的【保存】按钮。

▶ 按Ctrl+S组合键。

▶ 按Shift+F12组合键。

经过编辑修改却未经过保存的工作簿在被关闭时，将自动弹出一个警告对话框，询问用户是否需要保存工作簿，单击其中的【保存】按钮，保存当前工作簿。

Excel中有两个和保存功能相关的菜单命令，分别是【保存】和【另存为】，这两个命令有以下区别：

▶ 执行【保存】命令不会打开【另存为】对话框，而是直接将编辑修改后的数据保存到当前工作簿中。工作簿在保存后，文件名、存放路径不会发生任何改变。

▶ 执行【另存为】命令后，将会打开【另存为】对话框，允许用户重新设置工作簿的存放路径、文件名和保存选项。

2.1.4　使用更多的保存选项

用户在打开的【另存为】对话框中保存工作簿时，可以单击对话框底部的【工具】下拉按钮，在弹出的下拉列表中选择【常规选项】选项，打开【常规选项】对话框，如图2-3所示。

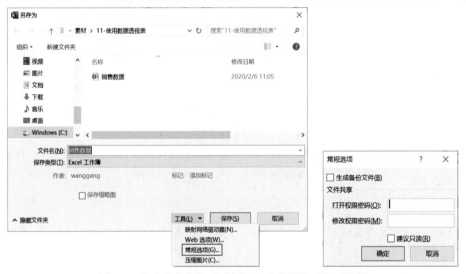

图2-3　从【另存为】对话框打开【常规选项】对话框

在【常规选项】对话框中，用户可以为工作簿设置更多的保存选项。

▶ 生成备份文件：选中【常规选项】对话框中的【生成备份文件】复选框，可以在每次保存工作簿时，自动创建备份文件(备份文件只会在工作簿保存时生成，并且不会“自动”生成，用户从备份文件中只能获取前一次保存时的状态，并不能恢复到更久以前的状态)。

▶ 打开权限密码：在该文本框中输入密码可以为保存的工作簿设置打开文件的密码保护，没有输入正确的密码就无法用常规的方法读取所保存的工作簿文件(密码长度最大为15位，并支持中文字符)。

▶ 修改权限密码：与打开权限密码有所不同，修改权限密码可以保护工作表不被其他的用户修改。打开设置了修改权限密码的工作簿时，会弹出对话框要求用户输入密码或者以只读方式打开文件。只有掌握密码的用户才可以在编辑工作簿后对其进行保存，否则只能以"只读"方式打开工作簿，在"只读"方式下，用户不能将工作簿内容所做的修改保存到原文件中，而只能保存到其他副本中。

▶ 建议只读：选中【建议只读】复选框并保存工作簿后，再次打开该工作簿时，将弹出一个提示对话框，建议用户以"只读"方式打开工作簿。

2.1.5 使用自动保存功能

在Excel中设置使用"自动保存"功能，可以减少因突发原因造成的数据丢失。

1. 设置自动保存

在Excel 2019中，用户可以通过在【Excel选项】对话框中启用并设置"自动保存"功能。

【例2-1】 启动"自动保存"功能，并设置每间隔15分钟自动保存一次当前工作簿。

01 打开【Excel选项】对话框，选择【保存】选项卡，然后选中【保存自动恢复信息时间间隔】复选框(默认被选中)，即可设置启动"自动保存"功能。

02 在【保存自动恢复信息时间间隔】复选框后的文本框中输入15，然后单击【确定】按钮，即可完成自动保存时间的设置，如图2-4所示。

自动保存的间隔时间在实际使用时遵循以下几条规则：

▶ 只有在工作簿发生新的修改时，自动保存计时才开始启动计时，到达指定的间隔时间后发生保存动作。如果在保存后没有新的修改编辑产生，计时器将不会被再次激活，也不会有新的备份副本产生。

▶ 在一个计时周期过程中，如果进行了手动保存操作，计时器将立即清零，直到下一次工作簿发生修改时再次开始激活计时。

2. 恢复文档

利用Excel自动保存功能恢复工作簿的方式，根据Excel软件关闭的情况不同而分为两种。

第一种是用户手动关闭Excel程序之前没有保存文档。这种情况通常由误操作造成，要恢复之前所编辑的状态，可以重新打开目标工作簿文档后在功能区单击【文件】选项卡，在弹出的菜单中选择【信息】选项，窗口右侧会显示工作簿最近一次自动保存的文档副本。单击该副本即可将其打开，并在编辑栏上方显示提示信息，如图2-5所示，单击【还原】按钮可以将工作簿恢复到相应的版本。

图2-4　设置"自动保存"功能　　　　　　　　图2-5　恢复未保存的工作簿文档

第二种情况是Excel因发生突然断电、程序崩溃等状况而意外退出，导致Excel工作窗口非正常关闭，这种情况下再次启动Excel时会自动显示一个【文档恢复】窗格，提示用户可以选择打开Excel自动保存的文件版本。

2.1.6　恢复未保存的工作簿

Excel具有"恢复未保存的工作簿"功能，该功能与自动保存功能相关，但在对象和方式上与前面介绍的"自动保存"功能有所区别，具体如下。

01 打开如图2-4所示的【Excel选项】对话框，选择【保存】选项卡，选中【如果我没保存就关闭，请保留上次自动恢复的版本】复选框，并在【自动恢复文件位置】文本框中输入保存恢复文件的路径。

02 选择【文件】选项卡，在弹出的菜单中选择【信息】命令，在显示的界面中单击【管理工作簿】按钮，从弹出的菜单中选择【恢复未保存的工作簿】命令。

03 在打开的【打开】对话框中打开步骤(1)设置的路径后，选择需要恢复的文件，单击【打开】按钮，即可恢复未保存的工作簿，如图2-6所示。

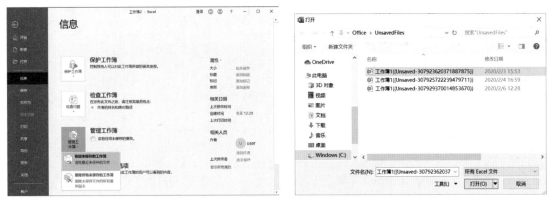

图2-6　恢复未保存的工作簿

 提示

Excel中的"恢复未保存的工作簿"功能仅对从未保存过的新建工作簿或临时文件有效。

2.1.7　打开现有的工作簿

经过保存的工作簿在计算机磁盘上形成文件，用户使用标准的计算机文件管理操作方法就可以对工作簿文件进行管理，例如，复制、剪切、删除、移动、重命名等。无论工作簿被保存在何处，或者被复制到不同的计算机中，只要所在的计算机上安装了Excel软件，工作簿文件就可以被再次打开，执行读取和编辑等操作。

在Excel 2019中，打开现有工作簿的方法如下。

- ▶ 直接双击Excel文件打开工作簿：找到工作簿的保存位置，直接双击其文件图标，Excel软件将自动识别并打开该工作簿。
- ▶ 使用【最近使用的工作簿】列表打开工作簿：在Excel 2019中单击【文件】按钮，在打开的【打开】界面中单击一个最近打开过的工作簿文件。
- ▶ 通过【打开】对话框打开工作簿：在Excel 2019中单击【文件】按钮，在打开的【打开】界面中单击【浏览】按钮，打开【打开】对话框，在该对话框中选择一个Excel文件后，单击【打开】按钮即可。

2.1.8　显示和隐藏工作簿

在Excel中同时打开多个工作簿，Windows系统的任务栏上就会显示所有的工作簿标签。此时，用户若在Excel功能区中选择【视图】选项卡，单击【窗口】命令组中的【切换窗口】下拉按钮，在弹出的下拉列表中可以查看所有被打开的工作簿列表，如图2-7所示。

如果用户需要隐藏某个已经打开的工作簿，可以在选中该工作簿后，选择【视图】选项卡，在【窗口】命令组中单击【隐藏】按钮。如果当前打开的所有工作簿都被隐藏，Excel将显示如图2-8所示的窗口界面。

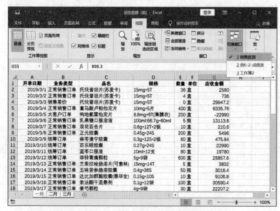

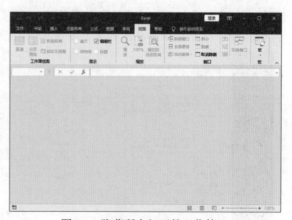

图2-7　显示所有打开的工作簿　　　　　　图2-8　隐藏所有打开的工作簿

隐藏后的工作簿并没有退出或关闭，而是继续驻留在Excel中，但无法通过正常的窗口切换方法来显示。

如果用户需要取消工作簿的隐藏，可以在【视图】选项卡的【窗口】命令组中单击【取消隐藏】按钮，打开【取消隐藏】对话框，选择需要取消隐藏的工作簿名称后，单击【确定】按钮，如图2-9所示。

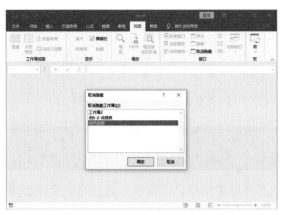

图2-9　显示隐藏的工作簿

执行取消隐藏工作簿操作，一次只能取消隐藏一个工作簿，不能一次性对多个隐藏的工作簿同时操作。如果用户需要对多个工作簿取消隐藏，可以在执行一次取消隐藏操作后，按F4键重复执行。

2.1.9　转换工作簿版本和格式

在Excel 2019中，用户可以参考下面介绍的方法，将早期版本的工作簿文件转换为当前版本，或将当前版本的文件转换为其他格式的文件。

01 选择【文件】选项卡，在弹出的菜单中选择【导出】命令，在显示的界面中单击【更改文件类型】按钮。

02 在【更改文件类型】列表框中双击需要转换的文件类型后，打开【另存为】对话框，单击【保存】按钮即可，如图2-10所示。

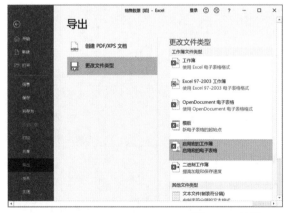

图2-10　转换Excel文件类型与格式

2.1.10　关闭工作簿和 Excel

在完成工作簿的编辑、修改及保存后，需要将工作簿关闭，以便下次再进行操作。在Excel 2019中常用的关闭工作簿的方法有以下几种。

▶ 单击【关闭】按钮×：单击标题栏右侧的×按钮，将直接关闭所有工作簿并退出Excel软件。

▶ 按快捷键：按Alt+F4组合键，将关闭所有工作簿并退出Excel软件。按Alt+空格组合键，在弹出的菜单中选择【关闭】命令，将关闭当前工作簿。

▶ 单击【文件】按钮，在弹出的菜单中选择【关闭】命令，将关闭当前工作簿。

2.2 使用工作表

Excel工作表包含于工作簿之中，是工作簿的必要组成部分。工作簿总是包含一个或者多个工作表，工作簿与工作表之间的关系就好比是书本与书本中书页的关系。

2.2.1 创建工作表

若工作簿中的工作表数量不够，用户可以在工作簿中创建新的工作表，不仅可以创建空白的工作表，还可以根据模板插入带有样式的新工作表。Excel 2019中常用的创建工作表的方法有以下4种。

▶ 在工作表标签栏中单击【新工作表】按钮⊕。

▶ 右击工作表标签，在弹出的快捷菜单中选择【插入】命令，然后在打开的【插入】对话框中选择【工作表】选项，并单击【确定】按钮即可，如图2-11所示。此外，在【插入】对话框的【电子表格方案】选项卡中，还可以设置要插入的工作表的样式。

图2-11 在工作簿中插入工作表

▶ 按Shift+F11键，则会在当前工作表前插入一个新工作表。

▶ 在【开始】选项卡的【单元格】命令组中单击【插入】下拉按钮，在弹出的下拉列表中选择【插入工作表】命令。

2.2.2 选取工作表

在实际工作中，由于一个工作簿中往往包含多个工作表，因此操作前需要选取工作表。选取工作表的常用方法包括以下4种。

▶ 选定一张工作表：直接单击该工作表的标签即可，如图2-12所示。

▶ 选定相邻的工作表：首先选定第一张工作表标签，然后按住Shift键不松并单击最后一张工作表的标签即可，如图2-13所示。

图2-12　选中一张工作表

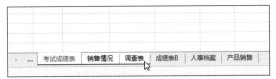

图2-13　选中相邻的工作表

▶ 选定不相邻的工作表：首先选定第一张工作表，然后按住Ctrl键不松并依次单击其他工作表标签即可，如图2-14所示。

▶ 选定工作簿中的所有工作表：右击任意一个工作表标签，在弹出的快捷菜单中选择【选定全部工作表】命令即可，如图2-15所示。

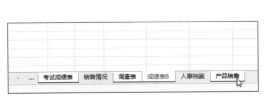

图2-14　选定不相邻的工作表

图2-15　选定全部工作表

2.2.3　移动和复制工作表

通过复制操作，工作表可以在同一个工作簿中或者不同的工作簿间创建副本；通过移动操作，可以在同一个工作簿中改变工作表的排列顺序，也可以在不同的工作簿之间移动工作表。

1. 通过菜单实现工作表的复制与移动

在Excel中有以下两种方法可以打开【移动或复制工作表】对话框。

▶ 右击工作表标签，在弹出的快捷菜单中选择【移动或复制】命令，如图2-16所示。

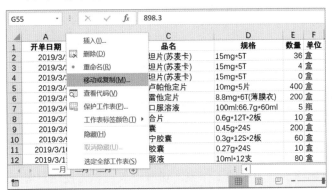

图2-16　打开【移动或复制工作表】对话框

▶ 选中需要进行移动或复制的工作表，在Excel功能区选择【开始】选项卡，在【单元格】命令组中单击【格式】拆分按钮，在弹出的菜单中选择【移动或复制工作表】命令。

在【移动或复制工作表】对话框中，在【工作簿】下拉列表中可以选择【复制】或【移动】的目标工作簿。用户可以选择当前Excel软件中所有打开的工作簿或新建工作簿，默认为当前工作簿。【下列选定工作表之前】下面的列表框中显示了指定工作簿中所包含的全部工作表，可以选择复制或移动工作表的目标排列位置。

在【移动或复制工作表】对话框中，选中【建立副本】复选框，则为"复制"方式，取消该复选框的选中状态，则为"移动"方式。

另外，在复制和移动工作表的过程中，如果当前工作表与目标工作簿中的工作表名称相同，则会被自动重新命名，例如Sheet1将会被命名为Sheet1(2)。

2. 通过拖动实现工作表的复制与移动

通过拖动工作表标签来实现移动或者复制工作表的操作非常简单，方法如下。

01 将鼠标光标移至需要移动的工作表标签上，单击鼠标，鼠标指针下显示出文档图标，此时可以拖动鼠标将当前工作表移至其他位置，如图2-17所示。

02 拖动一个工作表标签至另一个工作表标签的上方时，被拖动的工作表标签前将出现黑色三角箭头图标，以此标识了工作表的移动插入位置，此时如果释放鼠标即可移动工作表，如图2-18所示。

图2-17　显示文档图标

图2-18　显示黑色三角箭头

03 如果按住鼠标左键的同时，按住Ctrl键，则执行复制操作，此时鼠标指针下显示的文档图标上还会出现一个"+"号，以此表示当前操作方式为"复制"，如图2-19所示。

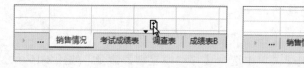
图2-19　复制工作表

💡 **提 示**

如果在当前Excel工作窗口中显示了多个工作簿，拖动工作表标签的操作也可以在不同的工作簿中进行。

2.2.4　删除工作表

对工作表进行编辑操作时，可以删除一些多余的工作表。这样不仅可以方便用户对工作表进行管理，也可以节省系统资源。在Excel 2019中，删除工作表的常用方法如下所示。

- 在工作簿中选定要删除的工作表，在【开始】选项卡的【单元格】命令组中单击【删除】下拉按钮，在弹出的下拉列表中选择【删除工作表】命令即可，如图2-20所示。
- 右击要删除的工作表的标签，在弹出的快捷菜单中选择【删除】命令，即可删除该工作表，如图2-21所示。

图2-20　【删除】下拉列表

图2-21　通过快捷菜单删除工作表

 提 示

若要删除的工作表不是空工作表(包含数据)，则在删除时Excel 2019会弹出对话框，提示用户是否进行删除操作。

2.2.5　重命名工作表

在Excel中，工作表的默认名称为Sheet1、Sheet2、…，为了便于记忆与使用工作表，可以重命名工作表。在Excel 2019中右击要重命名工作表的标签，在弹出的快捷菜单中选择【重命名】命令，即可为该工作表自定义名称。

【例2-2】　将工作簿中的工作表依次命名为"春季""夏季""秋季"与"冬季"。

01 在Excel 2019中新建一个名为"家庭支出统计表"的工作簿后，在工作表标签栏中连续单击3次【新工作表】按钮⊕，创建Sheet2、Sheet3和Sheet4三个工作表。

02 在工作表标签中通过单击，选定Sheet1工作表，然后右击鼠标，在弹出的快捷菜单中选择【重命名】命令。

03 输入工作表名称"春季"，按Enter键即可完成重命名工作表的操作。

04 重复以上操作，将Sheet2工作表重命名为"夏季"，将Sheet3工作表重命名为"秋季"，将Sheet4工作表重命名为"冬季"。

2.2.6　标识工作表标签颜色

为了方便用户对工作表进行辨识，将工作表标签设置不同的颜色是一种便捷的方法，具体操作步骤如下。

01 右击工作表标签，在弹出的快捷菜单中选择【工作表标签颜色】命令。

02 在弹出的子菜单中选择一种颜色，即可为工作表标签设置该颜色，如图2-22所示。

图2-22　设置工作表标签颜色

2.2.7　显示和隐藏工作表

在工作中，用户可以使用工作表隐藏功能，将一些工作表隐藏显示，具体方法如下。

▶ 选择【开始】选项卡，在【单元格】命令组中单击【格式】拆分按钮，在弹出的菜单中选择【隐藏和取消隐藏】|【隐藏工作表】命令，如图2-23所示。

▶ 右击工作表标签，在弹出的快捷菜单中选择【隐藏】命令。

在Excel中无法隐藏工作簿中的所有工作表，当隐藏到最后一张工作表时，则会弹出如图2-24所示的对话框，提示工作簿中至少应含有一张可视的工作表。

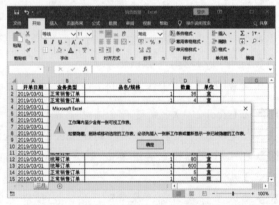

图2-23　隐藏工作表　　　　　　　图2-24　工作簿中至少应有一张可视的工作表

如果用户需要取消工作表的隐藏状态，可以参考以下几种方法。

▶ 选择【开始】选项卡，在【单元格】命令组中单击【格式】拆分按钮，在弹出的菜单中选择【隐藏和取消隐藏】|【取消隐藏工作表】命令，在打开的【取消隐藏】对话框中选择需要取消隐藏的工作表后，单击【确定】按钮，如图2-25所示。

▶ 在工作表标签上右击鼠标，在弹出的快捷菜单中选择【取消隐藏】命令，如图2-26所示，然后在打开的【取消隐藏】对话框中选择需要取消隐藏的工作表，并单击【确定】按钮。

在取消隐藏工作表时，应注意如下几点。

▶ Excel无法一次性对多张工作表取消隐藏。

▶ 如果没有隐藏的工作表，则右击工作表标签后，弹出的快捷菜单中的【取消隐藏】命令显示为灰色不可用状态。

▶ 工作表的隐藏操作不会改变工作表的排列顺序。

图 2-25　【取消隐藏】对话框　　　　图 2-26　通过快捷菜单取消工作表的隐藏状态

2.3　控制工作窗口视图

在处理一些复杂的表格时，用户通常需要花费很多时间和精力，例如，在切换工作簿、查找、浏览和定位数据等烦琐的操作上。实际上，为了能够在有限的屏幕区域中显示更多有用的信息，以方便表格内容的查看和编辑，用户可以通过工作窗口的视图控制来改变窗口显示。

2.3.1　多窗口显示工作簿

在Excel工作窗口中同时打开多个工作簿时，通常每个工作簿只有一个独立的工作簿窗口，并处于最大化显示状态。通过【新建窗口】命令可以为同一个工作簿创建多个窗口。

用户可以根据需要在不同的窗口中选择不同的工作表为当前工作表，或者将窗口显示定位到同一个工作表中的不同位置，以满足自己的浏览与编辑需求。对表格所做的编辑修改将会同时反映在工作簿的所有窗口上。

1. 新建窗口

在Excel 2019中新建窗口的方法如下。

01 选择【视图】选项卡，在【窗口】命令组中单击【新建窗口】按钮。

02 此时，即可为当前工作簿创建一个新的窗口，原有的工作簿窗口和新建的工作簿窗口都会相应地更改标题栏上的名称(例如，"销售数据"工作簿在新建工作簿窗口后，新窗口标题栏上显示"销售数据1")。

2. 切换窗口

在默认情况下，Excel每一个工作簿窗口总是以最大化的形式出现在工作窗口中，并在工作窗口标题栏上显示自己的名称。

用户可以将其他工作簿窗口选定为当前工作簿窗口，具体操作方法如下。

▶ 选择【视图】选项卡，在【窗口】命令组中单击【切换窗口】下拉按钮，在弹出的下拉列表中显示当前所有的工作簿窗口名称，单击相应的名称即可将其切换为当前工作簿窗口。如果当前打开的工作簿较多(9 个以上)，在【切换窗口】下拉列表上无法显示出所有的窗口名称，则在该列表的底部将显示【其他窗口】命令，执行该命令将打开【激活】对话框，其中的列表框内将显示全部打开的工作簿窗口，如图2-27所示。

图2-27 激活窗口

▶ 在Excel工作窗口中按Ctrl+F6键或者Ctrl+Tab键，可以切换到上一个工作簿窗口。

▶ 单击Windows系统任务栏上的Excel窗口，切换工作簿窗口，或者按Alt+Tab组合键，在弹出的列表中选择要切换到的工作簿窗口。

3. 重排窗口

在Excel中打开多个工作簿窗口后，通过菜单命令或者手动操作的方法，可以将多个工作簿以多种形式同时显示在Excel工作窗口中。

选择【视图】选项卡，在【窗口】命令组中单击【全部重排】按钮，在打开的【重排窗口】对话框中选择一种排列方式(例如选中【平铺】单选按钮)，然后单击【确定】按钮，如图2-28所示。

此时，就可以将当前Excel软件中所有的工作簿窗口"平铺"显示在工作窗口中，效果如图2-29所示。

图2-28 重排窗口   图2-29 "平铺"显示窗口

通过【重排窗口】命令自动排列的浮动工作簿窗口，可以通过拖动鼠标的方法来改变其位置和窗口大小。将鼠标指针放置在窗口的边缘，按住鼠标左键拖动可以调整窗口的位置，拖动窗口的边缘则可以调整窗口的大小。

2.3.2　并排查看

有时用户需要在两个同时显示的窗口中并排比较两个工作表，并要求两个窗口中的内容能够同步滚动浏览。此时，就需要用到"并排查看"功能。

"并排查看"是一种特殊的重排窗口方式，选定需要对比的两个工作簿窗口，在功能区中选择【视图】选项卡，在【窗口】命令组中单击【并排查看】按钮，将打开【并排比较】对话框，在其中选择需要进行对比的目标工作簿，然后单击【确定】按钮，如图2-30所示，即可将两个工作簿窗口并排显示在Excel工作窗口中。

如果当前只有两个工作簿被打开，则直接显示"并排比较"后的状态，如图2-31所示。

图2-30　选择并排比较的工作簿

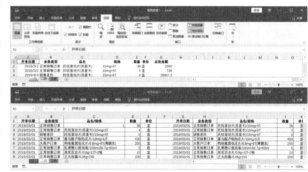

图2-31　并排比较

设置并排比较命令后，当用户在其中一个窗口中滚动浏览内容时，另一个窗口也会随之同步滚动，"同步滚动"功能是并排比较与单纯的重排窗口之间最大的功能上的区别。通过单击【视图】选项卡上的【同步滚动】切换按钮，用户可以选择打开或者关闭自动同步窗口滚动的功能。

使用并排比较命令同时显示的两个工作簿窗口，在默认情况下是以水平并排的方式显示的，用户也可以通过重排窗口命令来改变它们的排列方式。对于排列方式的改变，Excel具有记忆功能，在下次执行并排比较命令时，还将以用户所选择的方式来进行窗口的排列。如果要恢复初始默认的水平状态，可以在【视图】选项卡的【窗口】命令组中单击【重置窗口位置】按钮。当鼠标光标置于某个窗口上，再单击【重置窗口位置】按钮，则此窗口会置于上方。

若用户需要关闭并排比较工作模式，可以在【视图】选项卡中单击【并排查看】切换按钮，则取消"并排查看"功能(注意：单击【最大化】按钮，并不会取消"并排查看")。

2.3.3　拆分窗口

对于单个工作表来说，除了通过新建窗口的方法来显示工作表的不同位置之外，还可以通过"拆分窗口"的办法在现有的工作表窗口中同时显示多个位置。

将鼠标指针定位在Excel工作区域中，选择【视图】选项卡，在【窗口】命令组中单击【拆分】切换按钮，即可将当前窗口沿着当前活动单元格左边框和上边框的方向拆分为4个窗口，如图2-32所示。

每个拆分得到的窗口都是独立的，用户可以根据自己的需要，让它们显示同一个工作表不同位置的内容。将鼠标光标定位到拆分条上，按住鼠标左键即可移动拆分条，从而改变窗口的布局，如图2-33所示。

图2-32 拆分窗口

图2-33 移动拆分条调整窗口布局

如果用户需要在窗口内去除某条拆分条，可以将该拆分条拖动到窗口的边缘或者在拆分条上双击。如果要取消整个窗口的拆分状态，可以选择【视图】选项卡，在【窗口】命令组中单击【拆分】切换按钮，进行状态的切换。

2.3.4 冻结窗口

在工作中对比复杂的表格时，经常需要在滚动浏览表格时，固定显示表头标题行。此时，使用"冻结窗格"命令可以方便地实现效果，具体方法如下。

【例2-3】 在工作表中固定 A 列和第 1 行。

01 打开工作表后，选中B2单元格作为活动单元格。

02 选择【视图】选项卡，在【窗口】命令组中单击【冻结窗格】下拉按钮，在弹出的下拉列表中选择【冻结窗格】命令，如图2-34所示。

03 此时，Excel将沿着当前活动单元格的左边框和上边框的方向出现水平和垂直方向的两条黑线冻结线条，如图2-35所示。

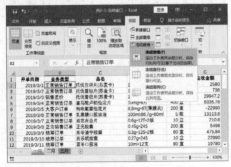

图2-34 冻结窗口示例表格

图2-35 冻结窗口效果

04 黑色冻结线左侧的【开单日期】列以及冻结线上方的标题行都被冻结。在沿着水平和垂直方向滚动浏览表格内容时，被冻结的区域始终保持可见。

除了上面介绍的方法以外，用户还可以在【冻结窗格】下拉列表中选择【冻结首行】或【冻结首列】命令，快速冻结表格的首行或者首列。

如果用户需要取消工作表的冻结窗口状态，可以再次单击【视图】选项卡上的【冻结窗格】下拉按钮，在弹出的下拉列表中选择【取消冻结窗格】命令。

2.3.5　缩放窗口

对于一些表格内容较小不容易分辨，或者是表格内容范围较大，无法在一个窗口中浏览全局的情况，使用窗口缩放功能可以有效地解决问题。在Excel中，缩放窗口有以下方法。

- 选择【视图】选项卡，在【缩放】命令组中单击【缩放】按钮，在打开的【缩放】对话框中设定窗口的显示比例，如图2-36所示。
- 在状态栏中调整如图2-37所示的滑块，可以调节工作窗口的缩放比例。

图2-36　打开【缩放】对话框　　　　　图2-37　状态栏上的缩放比例调整滑块

2.3.6　自定义视图

在用户对工作表进行了各种视图显示调整后，如果需要保存设置的内容，并在今后的工作中能够随时使用这些设置后的视图显示，可以通过【视图管理器】来轻松实现，具体操作方法如下。

01 选择【视图】选项卡，在【工作簿视图】命令组中单击【自定义视图】按钮。

02 打开【视图管理器】对话框，单击【添加】按钮，如图2-38所示。

03 打开【添加视图】对话框，在【名称】文本框中输入创建的视图所定义的名称，然后单击【确定】按钮，如图2-39所示，即可完成自定义视图的创建。

在【添加视图】对话框中，【打印设置】和【隐藏行、列及筛选设置】两个复选框为用户选择需要保存在视图中的相关设置内容，通过选中这两个复选框，用户在当前视图窗口中所进行过的打印设置以及行与列的隐藏、筛选等设置也会保留在自定义视图中。

视图管理器所能保存的视图设置包括窗口的大小、位置、拆分窗口、冻结窗口、显示比例等。需要调用保存的自定义视图时，用户可以打开【视图管理器】对话框，在该对话框中选择相应的视图名称，然后单击【显示】按钮即可。

图2-38　打开【视图管理器】对话框

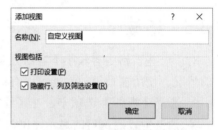

图2-39　【添加视图】对话框

创建的自定义视图名称均保存在当前工作簿中，用户可以在同一个工作簿中创建多个自定义视图，也可以为不同的工作簿创建不同的自定义视图，但是在【视图管理器】对话框中，只显示当前激活的工作簿中保存的自定义视图名称。

如果用户需要删除已经保存的自定义视图，可以选择相应的工作簿，在【视图管理器】对话框中选择相应的视图名称，然后单击【删除】按钮。

2.4　保护 Excel 数据信息

Excel中对于一些比较重要的工作簿数据，不希望被某个用户修改，可以通过设置保护工作簿和保护工作表来将它们保护起来。

2.4.1　保护工作簿

当需要将工作簿共享给其他人使用时，为了防止他人无意中改动工作簿，可以设置保护工作簿，对工作簿的窗口和结构进行保护。

【例2-4】　设置保护工作簿。

01 选择【审阅】选项卡，在【保护】命令组中单击【保护工作簿】按钮，打开【保护结构和窗口】对话框，在【密码(可选)】文本框中输入一个密码，然后单击【确定】按钮，如图2-40所示。

02 打开【确认密码】对话框，在【重新输入密码】文本框中再次输入密码，并单击【确定】按钮，如图2-41所示。

03 保存并关闭工作簿后，工作簿的窗口结构就被保护了，在未撤销工作簿保护之前，用户无法修改工作簿的窗口和结构，包括添加新工作表、删除工作表、移动或复制工作表、隐藏工作表、重命名工作表等。

04 要取消保护工作簿，用户可以在【审阅】选项卡中再次单击【保护工作簿】按钮，在打开的【撤销工作簿保护】对话框中输入工作簿的保护密码，并单击【确定】按钮，如图2-42所示。

图 2-40　设置保护工作簿

图 2-41　【确认密码】对话框　　图 2-42　【撤销工作簿保护】对话框

2.4.2　保护工作表

在Excel 中，用户可以设置保护工作表，包括设置工作表的密码与允许的操作等，实现对工作表的全面保护。当工作表被保护时，所有用户只能对工作表进行被允许的相关操作。

【例 2-5】　设置保护工作表。

01 打开工作簿后，在工作表标签栏中右击工作表，在弹出的快捷菜单中选择【保护工作表】命令，打开【保护工作表】对话框，如图2-43所示。

02 在【保护工作表】对话框中的【取消工作表保护时使用的密码】文本框中输入一个密码，在【允许此工作表的所有用户进行】列表框中选择【插入列】与【插入行】复选框，并单击【确定】按钮，如图2-43所示。

03 在打开的【确认密码】对话框中的【重新输入密码】文本框内再次输入步骤(2)中设定的密码，并单击【确定】按钮，如图2-44所示。

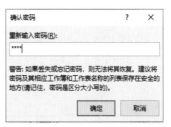

图 2-43　打开【保护工作表】对话框　　图 2-44　【确认密码】对话框

43

04 完成以上操作后，右击工作表中的任意一列，在弹出的快捷菜单中被禁止的功能将呈灰色，如图2-45所示。

05 若需要撤销对工作表的保护，可在工作表标签栏中右击工作表标签，在弹出的快捷菜单中选择【撤销工作表保护】命令，然后在打开的【撤销工作表保护】对话框中的【密码】文本框内输入工作表的保护密码，并单击【确定】按钮，如图2-46所示。

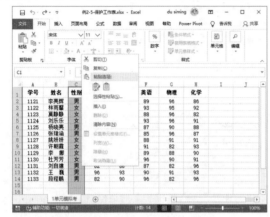
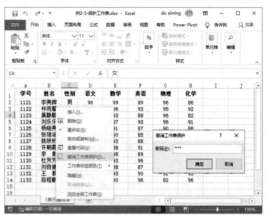

图2-45　工作表保护效果　　　　　　　　　图2-46　撤销工作表保护

2.5　案例演练

本节将通过案例操作介绍在Excel 2019中管理工作簿与工作表的一些实用技巧，帮助用户进一步掌握所学的知识，提高工作效率。

【例2-6】 在工作簿中批量创建指定名称的工作表。

01 在当前工作表的A列输入需要创建的工作表的名称，选择【插入】选项卡，在【表格】命令组中单击【数据透视表】按钮，打开【创建数据透视表】对话框，选中【现有工作表】单选按钮，然后在【位置】文本框中设置一个放置数据透视表的位置(本例为Sheet1表的D1单元格)，如图2-47所示，单击【确定】按钮。

图2-47　创建数据透视表

02 打开【数据透视表字段】窗格，将【生成以下名称的工作表】选项拖动至【筛选】列表中，如图2-48所示。

03 选中D1单元格，选择【分析】选项卡，在【数据透视表】命令组中单击【选项】下拉按钮，在弹出的菜单中选择【显示报表筛选页】命令，如图2-49所示。

图2-48　【数据透视表字段】窗格　　　　　图2-49　设置显示报表筛选页

04 打开【显示报表筛选页】对话框，单击【确定】按钮，如图2-50所示。

05 此时，Excel将根据A列中的文本在工作簿内创建工作表，单击工作表标签两侧的 ⋯ 按钮可以切换显示所有的工作表标签，如图2-51所示。

图2-50　【显示报表筛选页】对话框　　　　图2-51　批量创建工作表

06 每个工作表中都会创建一个数据透视表，用户需要将它们删除。右击任意一个工作表标签，在弹出的快捷菜单中选择【选定全部工作表】命令，然后单击工作表左上角的 ◢ 按钮，选中整个工作簿，如图2-52所示。

图2-52　选中工作簿中的所有工作表

07 选择【开始】选项卡，在【编辑】命令组中单击【清除】下拉按钮，在弹出的菜单中选择【全部清除】命令，如图2-53所示。

08 最后，右击工作表标签，在弹出的快捷菜单中选择【取消组合工作表】命令即可，如图2-54所示。

图2-53 清除工作表内容

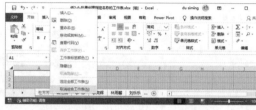

图2-54 取消多工作表的组合状态

【例2-7】 从大量工作表中快速选取指定的工作表。

01 选中工作簿中需要经常调阅的工作表(例如"销售汇总2")，选中工作表中需要查看的数据区域，在地址栏中输入"销售汇总2"并按Enter键，为单元格区域定义一个名称，如图2-55所示。

02 完成以上操作后，在任意工作表中单击地址栏中的▼按钮，在弹出的列表中选择【销售汇总2】选项，如图2-56所示，即可快速切换到"销售汇总2"工作表。

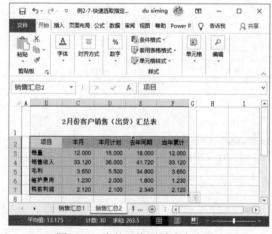

图2-55 为单元格区域定义名称

图2-56 选择【销售汇总2】选项

【例2-8】 跨工作簿快速复制工作表。

01 在图2-57(a)所示Excel窗口底部右击要复制的工作表标签，在弹出的快捷菜单中选择【移动或复制】命令。

02 打开【移动或复制工作表】对话框，单击【工作簿】下拉按钮，在弹出的列表中选择需要将工作表复制到的工作簿名称，在【下列选定工作表之前】列表框中选择工作表复制到新的工作簿后所处的位置，如图2-57(b)所示。

03 选中【建立副本】复选框后，单击【确定】按钮即可完成工作表的跨工作簿复制(注意：如果没有选中【建立副本】复选框就单击【确定】按钮，将移动工作表)。

(a)   (b)

图2-57 将工作表复制到其他工作簿

【例2-9】 批量重命名工作表。

01 新建一个工作表并在A列输入需要的新工作表名称，然后右击工作表标签，在弹出的快捷菜单中选择【查看代码】命令，如图2-58所示，打开VBA编辑器。

02 选择【插入】|【模块】命令，插入一个模块，并在该模块中输入以下代码(如图2-59所示)：

```
Sub 重命名 ()
Dim i&
For i = 2 To Sheets.Count
 Sheets(i).Name = Sheets(1).Cells(i, 1)
Next
End Sub
```

图2-58 查看代码

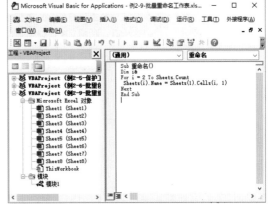

图2-59 创建模块

03 按F5键运行代码，然后关闭VBA编辑器。此时，工作簿中的工作表名称将被重命名为A列中输入的名称。

04 最后，删除步骤(1)中新建的工作表即可。

【例2-10】 将工作簿中多个工作表拆分成独立文件。

01 打开工作簿，右击任意一个工作表标签，在弹出的快捷菜单中选择【查看代码】命令。

02 打开VBA编辑器，在【代码】窗口中输入如下代码：

```
Private Sub 拆分工作簿 ()
Dim sht As Worksheet
Dim Mybook As Workbook
Set Mybook = ActiveWorkbook
For Each sht In Mybook.Sheets
sht.Copy
ActiveWorkbook.SaveAs Filename:=Mybook.Path & "\" & sht.Name, FileFormat:=xlNormal
ActiveWorkbook.Close
Next
MsgBox " 文件已被拆分完毕 !"
End Sub
```

03 按F5键或单击VBA编辑器中的 ▶ 按钮运行以上代码，在弹出的对话框中单击【确定】按钮，如图2-60所示，即可将工作簿中的各个工作表拆分为独立的工作簿文件。

图2-60 利用VBA代码快速拆分工作簿中的工作表

第 3 章
输入与填充数据

┃ 本章导读 ┃

    Excel 工作表由行、列和单元格组成，其中可能包含各种类型的数据，我们必须理解不同数据类型的含义，分清各种数据类型之间的区别，才能高效、正确地输入与编辑数据。同时，Excel 各类数据的输入、填充和修改还有很多方法和技巧，了解并掌握它们可以大大提高日常办公的效率。

3.1 认识行、列、单元格和区域

Excel工作表由许多横线和竖线交叉而成的一排排格子组成，在由线条组成的格子中，录入各种数据后就构成了办公中所使用的表。以图3-1所示的工作表为例，其最基本的结构由横线间隔而出的"行"与由竖线分隔出的"列"组成。行、列相互交叉所形成的格子称为"单元格"。

图3-1 Excel工作表中的行、列和单元格

在图3-1所示的Excel工作表中，一组垂直的灰色标签中的阿拉伯数字标识了电子表格的"行号"；而一组水平的灰色标签中的英文字母则标识了表格的"列标"。在工作表中用于划分不同行、列的横线和竖线被称为"网格线"。通过网格线，用户可以方便地辨别行、列及单元格的位置(在Excel的默认设置下，网格线不会随着工作表内容被打印)。

在处理表格时，需要经常对表格中的单元格进行操作，单元格是构成Excel工作表最基础的元素。一个完整的工作表(扩展名为.xlsx的工作簿)通常包含17 179 869 184个单元格，其中每个单元格都可以通过单元格地址来进行标识，单元格地址由它所在列的列标和所在行的行号所组成，其形式为"字母+数字"。以图3-1所示的活动单元格为例，该单元格位于H列第7行，其地址就为H7(显示在窗口左侧的名称框中)。

在工作表中，无论用户是否执行过任何操作，都存在一个被选中的活动单元格，例如图3-1中的H7单元格。活动单元格的边框显示为黑色矩形线框，在工作窗口左侧的名称框内会显示其单元格地址，在编辑栏中则会显示单元格中的内容。用户可以在活动单元格中输入和编辑数据(其可以保存的数据包括文本、数值、公式等)。

工作表中多个单元格组成的群组被称为"区域"(或"单元格区域")。构成区域的多个单元格之间可以是相互连续的，也可以是相互独立、不连续的，如图3-2所示。

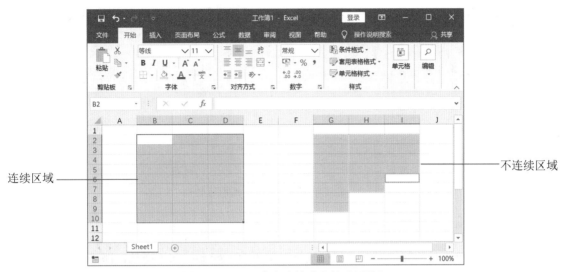

连续区域

不连续区域

图3-2 Excel工作表中被选中的"区域"

本章将从操作Excel工作表的行、列、单元格和区域开始，逐步介绍在表格中高效输入与整理数据的方法和技巧。

3.2 操作行与列

在Excel中，如果当前工作簿文件的扩展名为.xls，其包含工作表的最大行号为65 536(即65 536 行)；如果当前工作簿文件的扩展名为.xlsx，其包含工作表的最大行号为1 048 576 (即1 048 576行)。在工作表中，最大列标为XFD列(即A ~ Z、AA ~ XFD，即16 384列)。要实现在如此庞大的空间中灵活高效地输入与整理数据，用户首先需要掌握行与列的操作方法。

3.2.1 选取行与列

如果用户选中工作表中的任意单元格，按Ctrl+方向键↓，可以快速定位到选定单元格所在列向下连续非空的最后一行(若整列为空或选中的单元格所在列下方均为空，则定位至工作表当前列的最后一行)；按Ctrl+方向键→，可以快速定位到选取单元格所在行向右连续非空的最后一列(若整行为空或者选中单元格所在行右侧均为空，将定位到当前行的XFD列)；按Ctrl+Home组合键，可以快速定位到表格左上角的单元格；按Ctrl+End组合键，可以快速定位到表格右下角的单元格。

除了上面介绍的几种行列定位方式外，选取行与列的基本操作还有以下几种。

1. 选取单行 / 单列

在工作表中单击具体的行号或列标即可选中相应的整行或整列。当选中某行(或某列)后，此行(或列)的行号或列号标签将会改变颜色，所有的标签将加亮显示，相应行、列的所有单元格也会加亮显示，以标识出其当前处于被选中状态，如图3-3所示。

选取行   选取列

图3-3   通过单击行号和列标选取行与列

2. 选取相邻连续的多行/多列

在工作表中单击具体的行号后，按住鼠标左键不放，向上、向下拖动，即可选中与选定行相邻的连续多行，如图3-4所示。

如果单击选中工作表中的列标，然后按住鼠标左键不放，向左、向右拖动，则可以选中相邻的连续多列，如图3-5所示。

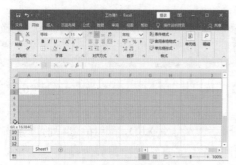 

图3-4   选取相邻的多行   图3-5   选取相邻的多列

图3-4以选取3～8行为例，选取多行后将在第8行的下方显示"6R×16384C"，其中"6R"表示当前选中了6行；"16384C"表示每行的最大列数为16 384。

此外，选中工作表中的某行后，按Ctrl+Shift+方向键↓，若选中行中活动单元格以下的行都不存在非空单元格，则将同时选取该行到工作表中的最后可见行；选中工作表中的某列后，按Ctrl+Shift+方向键→，如果选中列中活动单元格右侧的列中不存在非空单元格，则将同时选中该列到工作表中的最后可见列。使用相反的方向键，可以选中相反方向的所有行或列。

 提示

单击行列标签交叉处的【全选】按钮，或按Ctrl+A组合键，可以同时选中工作表中的所有行和所有列，即选中整个工作表中的所有单元格。

3. 选取不相邻的多行/多列

要选取工作表中不相邻的多行，用户可以在选中某行后，按住Ctrl键不放，继续使用鼠标单击其他行号，完成选择后松开Ctrl键即可。选择不相邻多列的方法与此类似。

3.2.2　调整行高与列宽

在工作表中，用户可以根据表格的制作要求，采用不同的设置调整表格中的行高和列宽。

1. 精确设置行高和列宽

精确设置表格的行高和列宽的方法有以下两种。

▶ 选取列后，在【开始】选项卡的【单元格】命令组中单击【格式】下拉按钮，在弹出的下拉列表中选择【列宽】命令，打开【列宽】对话框，在【列宽】文本框中输入所需要设置的列宽的具体数值，然后单击【确定】按钮即可，如图3-6所示。设置行高的方法与设置列宽的方法类似(选取行后，在图3-6所示的下拉列表中选择【行高】命令)。

▶ 选中行或列后，右击鼠标，在弹出的快捷菜单中选择【行高】或【列宽】命令，然后在打开的【行高】或【列宽】对话框中进行相应的设置即可，如图3-7所示。

图3-6　设置列宽　　　　　　　　　　　　　图3-7　设置行高

2. 拖动鼠标调整行高和列宽

除了上面介绍的两种方法外，用户还可以通过在工作表行、列标签上拖动鼠标来改变行高和列宽。以调整行高为例，其具体操作方法是：在工作表中选中行后，当鼠标指针放置在选中的行和相邻的行之间时，将显示如图3-8(a)所示的黑色双向箭头。此时，按住鼠标左键不放，向上方或下方(调整列宽时为左侧或右侧)拖动鼠标即可调整行高。同时，Excel将显示如图3-8(b)所示的提示框，提示当前的行高值。

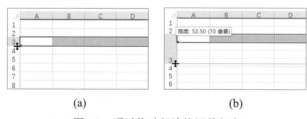

(a)　　　　　　　　　　　　(b)

图3-8　通过拖动行边缘调整行高

拖动鼠标调整列宽的方法与调整行高的方法类似。

3. 自动调整行高和列宽

当用户在工作表中设置了多种行高和列宽，或表格内容长短、高低参差不齐时，用户可以参考下面介绍的方法，使用【自动调整行高】和【自动调整列宽】命令，快速设置表格的行高和列宽。

【例 3-1】 为表格快速设置合适的行高和列宽。

01 打开图 3-9 所示的行、列设置混乱的工作表后，选择表格左上角的第一个单元格(A1)为当前活动单元格。

02 先按 Ctrl+Shift+方向键→，再按 Ctrl+Shift+方向键↓，选中表格中包含数据的单元格区域。

03 选择【开始】选项卡，在【单元格】命令组中单击【格式】下拉按钮，在弹出的下拉列表中选择【自动调整列宽】命令。再次单击【格式】下拉按钮，在弹出的下拉列表中选择【自动调整行高】命令，表格效果将如图 3-10 所示。

图 3-9　行、列设置混乱的表格

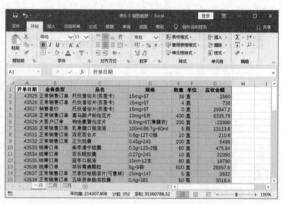

图 3-10　自动调整行高/列宽后的表格

除了可以使用上面介绍的方法为表格自动设置合适的行高和列宽外，用户还可以通过鼠标操作快速实现对表格中行与列的快速自动设置，具体方法为：同时选中需要调整列宽的多列，将鼠标指针放置在列标签之间的中间线上，当鼠标指针显示为黑色双向箭头时，双击鼠标即可完成"自动调整列宽"操作。将鼠标指针放置在选中的行标签之间的中间线上，当鼠标指针显示为黑色双向箭头时，双击鼠标即可完成"自动调整行高"操作，如图 3-11 所示。

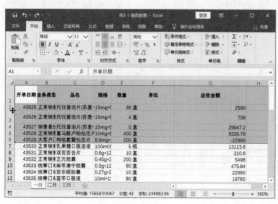

(a)调整行高

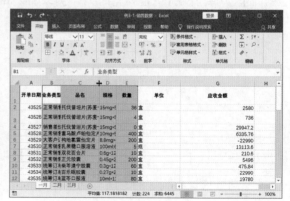

(b)调整列宽

图 3-11　通过双击行/列中间线调整行高与列宽

4. 设置默认的行高和列宽

在默认情况下，Excel的列宽范围为 0 ～ 255，其单位是字符，与新建工作簿时的默认字体大小有关，默认列宽为 8.43 个字符；行高范围为 0 ～ 409，其单位是磅(1 磅约等于 1/72 英寸，1 英寸等于 25.4mm，所以 1 磅约等于 0.35278mm)，默认行高为 14.25 磅。

Excel中新建工作表的默认行高与列宽和软件设置的默认字体与字号相关。用户可以通过在【Excel选项】对话框的【常规】选项中，设置新建工作簿时默认使用的字体和字号来改变Excel工作表的默认行高和列宽。具体方法如下。

01 单击【文件】按钮，在【文件】选项卡中选择【选项】选项，打开【Excel选项】对话框，在该对话框左侧的列表中选择【常规】选项。

02 在【Excel选项】对话框右侧的选项区域中设置【使用此字体作为默认字体】和【字号】选项参数，然后单击【确定】按钮即可，如图3-12所示。

03 重新启动Excel，新建工作簿后，其默认行高和列宽将发生改变。

完成以上操作后，用户可以在【开始】选项卡的【单元格】命令组中，单击【格式】下拉按钮，在弹出的下拉列表中选择【默认列宽】命令，打开【标准列宽】对话框，一次性修改工作表的所有列宽值，如图3-13所示。

图3-12　设置新建工作簿的默认行高/列宽

图3-13　设置默认列宽

 提示

在此需要注意的是，【默认列宽】命令对已经设置过列宽的列无效。

3.2.3　插入行与列

当用户需要在表格中新增一些条目和内容时，需要在工作表中插入行或列。在Excel中，在选定行之前(上方)插入新行的方法有以下几种。

▶ 选择【开始】选项卡，在【单元格】命令组中单击【插入】拆分按钮，在弹出的列表中选择【插入工作表行】命令。

▶ 右击选中的行，在弹出的快捷菜单中选择【插入】命令(若当前选中的不是整行而是单元格，将打开【插入】对话框，在该对话框中选中【整行】单选按钮，然后单击【确定】按钮即可)。

　　▶ 选中目标行后，按Ctrl+Shift+=组合键。

　　要在选定列之前(左侧)插入新列，同样也可以采用上面介绍的3种操作方法。

　　如果用户在执行插入行或列操作之前，选中连续的多行、多列，则在执行插入操作后，会在选定位置之前插入与选定行、列相同数量的行或列，如图3-14所示。

图3-14　在表格中插入与选定列相同数量的空列

　　如果在插入操作之前选中的是非连续的多行或多列，也可以执行插入行或插入列操作，并且新插入的空行或者列，也是非连续的，其具体数量与选取的行、列数量相同，如图3-15所示。

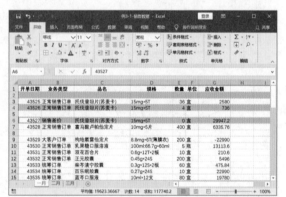

图3-15　插入非连续的多行

3.2.4　移动 / 复制行与列

　　在处理表格时，若用户需要改变表格中行、列的位置或顺序，可以通过使用下面介绍的移动行或列的操作来实现。

1. 移动行或列

　　在工作表中选取要移动的行或列后，要执行"移动"操作，应先对选中的行或列执行【剪切】操作，方法有以下几种。

　　▶ 在【开始】选项卡的【剪贴板】命令组中单击【剪切】按钮 ✂。

　　▶ 右击选中的行或列，在弹出的快捷菜单中选择【剪切】命令。

　　▶ 按Ctrl+X组合键。

行或列被剪切后，将在其四周显示如图3-16所示的虚线边框。此时，选取移动行的目标位置行的下一行(或该行的第1个单元格)，然后参考以下几种方法之一执行【插入剪切的单元格】命令即可移动行或列。

▶ 在【开始】选项卡的【单元格】命令组中单击【插入】下拉按钮，在弹出的列表中选择【插入剪切的单元格】命令。

▶ 右击鼠标，在弹出的快捷菜单中选择【插入剪切的单元格】命令，如图3-17所示。

▶ 按Ctrl+V组合键。

图3-16 行被剪切后显示虚线边框

图3-17 在指定位置插入剪切的单元格

完成行或列的移动操作后，需要移动的行的次序将被调整到目标位置之前，而被移动行的原来位置将被自动清除。若用户选中多行，则移动操作也可以同时对连续的多行生效。

 提示

不连续的多行或多列无法执行剪切操作。移动列的方式与移动行的方式类似。

除了可以使用上面介绍的方法对行或列执行移动操作外，还可以通过鼠标拖动来移动行或列，这种方法更加方便。

01 选中需要移动的列，将鼠标指针放置在选中列的边框上，当指针变为黑色十字箭头图标时，按住鼠标左键+Shift键，如图3-18所示。

02 拖动鼠标，此时将显示一条工字形的虚线，它显示了移动列的目标插入位置，拖动鼠标直至工字形虚线位于移动列的目标位置，如图3-19所示。

图3-18 按住列边缘的十字箭头

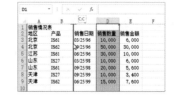
图3-19 拖动鼠标移动列在表格中的位置

03 松开鼠标左键，即可将选中的列移动至目标位置。拖动鼠标移动行的方法与此类似。

若用户选中连续的多行或多列，同样可以通过拖动鼠标对多行或多列同时执行移动操作。但是无法对选中的非连续的多行或多列同时执行移动操作。

2. 复制行或列

要复制工作表中的行或列，需要在选中行或列后参考以下方法之一执行【复制】命令。

- 选择【开始】选项卡，在【剪贴板】命令组中单击【复制】按钮 🖺。
- 右击选中的行或列，在弹出的快捷菜单中选择【复制】命令。
- 按Ctrl+C组合键。

行或列被复制后，选中需要复制的目标位置的下一行(选取整行或该行的第1个单元格)，选择以下方法之一，执行【插入复制的单元格】命令即可完成复制行或列的操作。

- 在【开始】选项卡的【单元格】命令组中单击【插入】下拉按钮，在弹出的下拉列表中选择【插入复制的单元格】命令。
- 右击鼠标，在弹出的快捷菜单中选择【插入复制的单元格】命令。
- 按Ctrl+V组合键。

使用鼠标拖动操作复制行或列的方法，与移动行或列的方法类似，具体如下。

01 选中工作表中的某行后，按住Ctrl键不放，同时移动鼠标指针至选中行的底部，鼠标指针旁将显示"+"符号图标，如图3-20所示。

02 拖动鼠标至目标位置，将显示如图3-21所示的实线框，表示复制的数据将覆盖目标区域中的原有数据。

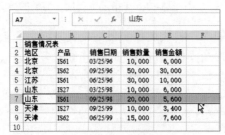

图3-20　按住Ctrl键拖动行　　　　图3-21　复制行

03 松开鼠标左键，即可将选择的行复制到目标行并覆盖目标行中的数据。

04 若用户在按住Ctrl+Shift组合键的同时，通过拖动鼠标复制行，将在目标行上显示工字形虚线，此时松开鼠标即可完成行的复制和插入操作。

通过拖动鼠标来复制列的方式与上面介绍的方法类似。可以同时对连续的多行、多列进行复制，但无法对选取的非连续的多行或多列执行鼠标拖动复制操作。

3.2.5　隐藏 / 显示行与列

在制作需要他人浏览的表格时，若用户不想让别人看到表格中的部分内容，可以通过使用"隐藏"行或列的操作来达到目的。

1. 隐藏指定的行或列

要隐藏工作表中指定的行或列，可以参考以下步骤。

01 选中需要隐藏的行，在【开始】选项卡的【单元格】命令组中单击【格式】下拉按钮，在弹出的下拉列表中选择【隐藏和取消隐藏】|【隐藏行】命令，即可隐藏选中的行。

02 隐藏列的操作与隐藏行的方法类似,选中需要隐藏的列后,单击【单元格】命令组中的【格式】下拉按钮,在弹出的下拉列表中选择【隐藏和取消隐藏】|【隐藏列】命令即可。

若用户在执行以上隐藏行、列操作之前,所选中的是整行或整列,也可以通过右击选中的行或列,在弹出的快捷菜单中选择【隐藏】命令来执行隐藏行、列操作。

隐藏行的实质是将选中行的行高设置为0;同样,隐藏列实际上就是将选中列的列宽设置为0。因此,通过菜单命令或拖动鼠标改变行高或列宽的操作,也可以实现行、列的隐藏。

2. 显示被隐藏的行或列

在工作表中隐藏行、列后,包含隐藏行、列处的行号和列标将不再显示连续的标签序号,隐藏行、列处的标签分隔线也会显得比其他的分隔线更粗,如图3-22所示。

要将隐藏的行、列恢复显示,用户可以使用以下几种方法。

▶ 选中包含隐藏的行、列的整行或整列,右击鼠标,在弹出的快捷菜单中选择【取消隐藏】命令即可,如图3-23所示。

图3-22 隐藏行后将显示粗分隔线

图3-23 选择【取消隐藏】命令

▶ 选中表中包含隐藏行的区域,在功能区【开始】选项卡的【单元格】命令组中单击【格式】下拉按钮,在弹出的下拉列表中选择【隐藏和取消隐藏】|【取消隐藏行】命令(或按Ctrl+Shift+9组合键)。显示隐藏列的方法与显示隐藏行的方法类似,选中包含隐藏列的区域,单击【格式】下拉按钮,在弹出的下拉列表中选择【隐藏和取消隐藏】|【取消隐藏列】命令。

▶ 通过设置行高、列宽的方法也可以取消行、列的隐藏状态。将工作表中的行高、列宽设置为0,可以将选取的行、列隐藏;反之,通过将行高和列宽值设置为大于0的值,则可以将隐藏的行、列重新显示。

▶ 选取包含隐藏行、列的区域,在【开始】选项卡的【单元格】命令组中单击【自动调整行高】命令或【自动调整列宽】命令,即可将其中隐藏的行、列恢复显示。

3.2.6 删除行与列

要删除表格中的行与列,用户可以参考下面介绍的操作方法。

▶ 选中需要删除的整行或整列,在功能区【开始】选项卡的【单元格】命令组中单击【删除】下拉按钮,在弹出的下拉列表中选择【删除工作表行】或【删除工作表列】命令即可。

▶ 选中要删除的行、列中的单元格或区域，右击鼠标，在弹出的快捷菜单中选择【删除】命令，打开【删除】对话框，选择【整行】或【整列】单选按钮，然后单击【确定】按钮。

3.3　选取单元格与区域

在掌握了Excel工作表中行、列的操作之后，要在表格中输入与整理数据，用户还需要学会根据制表要求选取单元格与区域的方法。在本章的3.1节曾介绍过，在工作表中无论用户是否执行过任何操作，都存在一个被选中的活动单元格，用户可以在活动单元格中输入和编辑数据。

在表格中输入数据时要选取工作表中的某个单元格使其成为活动单元格，只需使用鼠标单击目标单元格或按键盘按键移动选取活动单元格即可。若通过鼠标直接单击单元格，可以将被单击的单元格直接选取为活动单元格；若使用键盘方向键及Page UP、Page Down等按键，则可以在工作表中移动选取活动单元格，具体按键的使用说明如表3-1所示。

表 3-1　选取 / 定位单元格的快捷键说明

按键名称	功能说明	按键名称	功能说明
方向键↑	向上一行移动	Page UP	向上翻一页
方向键↓	向下一行移动	Page Down	向下翻一页
方向键←	水平向左移动	Alt+Page UP	左移一屏
方向键→	水平向右移动	Alt+Page Down	右移一屏

除了可以使用上面介绍的方法在工作表中选取单元格外，用户还可以通过在Excel窗口左侧的名称框中输入目标单元格地址(例如图3-24中的G8)，然后按Enter键快速将活动单元格定位到目标单元格。

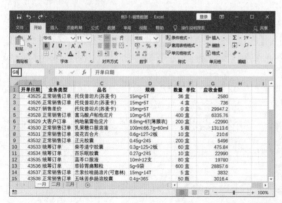

图3-24　通过名称框快速选取指定单元格

与此操作效果相似的是使用定位功能，定位工作表中的目标单元格。

01 在【开始】选项卡的【编辑】命令组中单击【查找和选择】下拉按钮，在弹出的下拉列表中选择【转到】命令(或按F5键)。

02 打开【定位】对话框，在【引用位置】文本框中输入目标单元格的地址，单击【确定】按钮即可，如图3-25所示。

图3-25　使用【定位】对话框快速选取指定单元格

本章3.1节曾介绍过，工作表中的"区域"指的是由多个单元格组成的群组。构成区域的多个单元格之间可以是相互连续的，也可以是相互独立不连续的。

在编辑表格时，对于连续的区域，用户可以使用矩形区域左上角和右下角的单元格地址进行标识，形式为"左上角单元格地址:右下角单元格地址"，例如图3-26所示区域地址为B2:D7，表示该区域包含了从B2单元格到D7单元格的矩形区域，矩形区域宽度为3列，高度为6行，一共包含18个连续的单元格。

1. 选取连续的区域

要选取工作表中的连续区域，可以使用以下几种方法。

▶ 选取一个单元格后，按住鼠标左键在工作表中拖动，选取相邻的连续区域。

▶ 选取一个单元格后，按住Shift键，然后使用方向键在工作表中选择相邻的连续区域。

▶ 在功能区【开始】选项卡的【编辑】命令组中单击【查找和选择】下拉按钮，在弹出的下拉列表中选择【转到】命令(或按F5键)，打开【定位】对话框，在【引用位置】文本框中输入目标区域的地址，然后单击【确定】按钮，如图3-27所示。

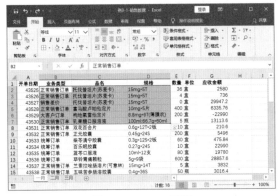

图3-26　B2:D7区域　　　　　　　　图3-27　定位指定区域

▶ 选取一个单元格后，按F8键，进入"扩展"模式，在窗口左下角的状态栏中会显示"扩展式选定"提示。之后，单击工作表中的另一个单元格时，将自动选中该单元格与选定单元格之间所构成的连续区域。再次按F8键，关闭"扩展"模式。

▶ 在Excel窗口的名称框中输入区域的地址，如"B3:E8"，按Enter键确认，即可选取并定位到目标区域。

 提示

　　在选取连续的区域后，鼠标或键盘第一个选定的单元格为选取区域中的活动单元格。若用户通过名称框或【定位】对话框选取区域，则所选取区域左上角的单元格就是选取区域中的活动单元格。

2. 选取不连续的区域

若用户需要在工作表中选取不连续的区域，可以参考以下几种方法。

▶ 选取一个单元格后，按住Ctrl键，然后通过单击或者拖动鼠标选择多个单元格或者连续区域即可(此时，鼠标最后一次单击的单元格或最后一次拖动开始之前选取的单元格就是选取区域中的活动单元格)。

▶ 按Shift+F8组合键，启动"添加"模式，然后使用鼠标选取单元格或区域。完成区域选取后，再次按Shift+F8组合键即可。

▶ 在Excel窗口的名称框中输入多个单元格或区域的地址，地址之间用半角状态下的逗号隔开，例如"A3:C8,D5,G2:H5"，然后按Enter键确认即可(此时，最后一个输入的连续区域的左上角或者最后输入的单元格为选取区域中的活动单元格)。

▶ 在功能区【开始】选项卡的【编辑】命令组中单击【查找和选择】下拉按钮，在弹出的下拉列表中选择【转到】命令(或按F5键)，打开【定位】对话框，在【引用位置】文本框中输入多个单元格地址(地址之间用半角状态下的逗号隔开)，然后单击【确定】按钮即可。

3. 选取多表区域

在Excel工作簿中，用户除了可以在一个工作表中选取区域外，还可以同时在多个工作表中选取相同的区域，具体操作方法如下。

01 在当前工作表中选取一个区域后，按住Ctrl键，在窗口左下角的工作表标签栏中通过单击选取多个工作表。

02 松开Ctrl键，即可在选中的多个工作表中同时选取相同的区域，即选取多表区域。

选取多表区域后，当用户在当前工作表中对多表区域执行编辑、输入、单元格设置等操作时，将同时应用在其他工作表相同的区域上。

4. 选取特殊区域

在【开始】选项卡的【编辑】命令组中单击【查找和选择】下拉按钮，在弹出的下拉列表中选择【转到】命令(或按F5键)，打开【定位】对话框后，单击该对话框中的【定位条件】按钮，在打开的【定位条件】对话框中用户可以设置在工作表中选取一些特定条件的单元格区域，如图3-28(a)所示。

在图3-28(a)所示的【定位条件】对话框中，选择特定的条件，然后单击【确定】按钮，Excel将会在当前选取区域中查找符合选定条件的所有单元格，如图3-28(b)所示。若用户当前只选取了一个单元格，则Excel会在整个工作表中进行查找，若查找范围中没有符合选定条件的单元格，Excel将打开提示对话框，提示"未找到单元格"。

(a)

(b)

图3-28　选取表格中的空值

【定位条件】对话框中各选项的功能说明如下。

▶ 批注：所有包含批注的单元格。

▶ 常量：所有不包含公式的非空单元格。选中该单选按钮后，用户可以在【公式】单选按钮下方的复选框中进一步筛选常量的数据类型。

▶ 公式：所有包含公式的单元格。用户可以在【公式】单选按钮下方的复选框中进一步筛选公式的数据类型。

▶ 空值：所有空单元格。

▶ 当前区域：当前单元格周围矩形区域内的单元格。该区域的范围由周围非空的行、列所决定。按Ctrl+Shift+8组合键可实现同样的操作。

▶ 当前数组：选中数组中的一个单元格，使用此定位条件可以选中这个数组的所有单元格。

▶ 对象：当前工作表中的所有对象，例如图片、文件、图表等。

▶ 行内容差异单元格：选取区域中每一行的数据均以活动单元格所在行作为此行的参照数据，横向比较数据，选取与参照数据不同的单元格。

▶ 列内容差异单元格：选定区域中每一列的数据均以活动单元格所在的列作为此列的参照数据，纵向比较数据，选取与参照数据不同的单元格。

▶ 引用单元格：当前单元格中公式所引用的所有单元格。

▶ 从属单元格：用户可以在【从属单元格】单选按钮下方的单选按钮组中进一步筛选从属的级别，包括【直属】和【所有级别】。

▶ 最后一个单元格：选择工作表中含有数据或格式的区域范围中右下角的单元格。

▶ 可见单元格：当前工作表选取区域中所有的可见单元格。

▶ 条件格式：工作表中所有运用了条件格式的单元格。

▶ 数据验证：工作表中所有运用了数据验证的单元格。在【数据验证】单选按钮下方的单选按钮组中可以选择定位的范围，包括【相同】(与当前单元格使用相同的数据验证规则)和【全部】。

3.4 高效输入数据

正确、合理地输入和编辑数据，对于表格数据采集和后续的处理与分析具有非常重要的作用。当用户掌握了科学的方法并运用一定的操作技巧，可以使数据的输入与编辑变得事半功倍。下面将重点介绍Excel中的各种数据类型，以及在表格中输入与编辑各类数据的方法。

3.4.1 认识 Excel 数据类型

在工作表中输入和编辑数据是用户使用Excel时最基本的操作之一。工作表中的数据都保存在单元格内，单元格内可以输入和保存的数据包括数值、日期和时间、文本和公式4种基本类型。除此以外，还有逻辑值、错误值等一些特殊的数值类型。

1. 数值

数值指的是所代表数量的数字形式，例如，企业的销售额、利润等。数值可以是正数，也可以是负数，都可以用于进行数值计算，例如，加、减、求和、求平均值等。除了普通的数字以外，还有一些使用特殊符号的数字也被Excel理解为数值，如百分号%、货币符号￥、千分间隔符及科学记数符号E等。

Excel可以表示和存储的数字最大精确到15位有效数字。对于超过15位的整数数字，例如342 312 345 657 843 742(18位)，Excel将会自动将15位以后的数字变为零，如342 312 345 657 843 000。对于大于15位有效数字的小数，则会将超出的部分截去。

因此，对于超出15位有效数字的数值，Excel无法进行精确的运算或处理，例如，无法比较两个相差无几的20位数字的大小，无法用数值的形式存储身份证号码等。用户可以通过使用文本形式来保存位数过多的数字，来处理和避免上面的这些情况，例如，在单元格中输入身份证号码的首位之前加上单引号，或者先将单元格格式设置为文本后，再输入身份证号码。

对于一些很大或者很小的数值，Excel会自动以科学记数法来表示，例如342 312 345 657 843 会以科学记数法表示为3.42312E+14，即为$3.42312×10^{14}$的意思，其中代表10的乘方的大写字母E不可以省略。

2. 日期和时间

在Excel中，日期和时间是以一种特殊的数值形式存储的，这种数值形式被称为"序列值"，在早期的版本中也被称为"系列值"。序列值是介于一个大于或等于0且小于2 958 466的数值区间的数值，因此，日期型数据实际上是一个包括在数值数据范畴中的数值区间。

在Windows系统所使用的Excel版本中，日期系统默认为"1900年日期系统"，即以1900年1月1日作为序列值的基准日，当日的序列值计为1，这之后的日期均以距基准日期的天数作为其序列值，例如，1900年2月1日的序列值为32，2017年10月2日的序列值为43 010。在Excel中可以表示的最后一个日期是9999年12月31日，当日的序列值为2 958 465。如果用户需要查看一个日期的序列值，具体操作方法如下。

01 在单元格中输入日期后，右击单元格，在弹出的菜单中选择【设置单元格格式】命令，打开【设置单元格格式】对话框。

02 在【设置单元格格式】对话框的【数字】选项卡中，选择【常规】选项，然后单击【确定】按钮，将单元格格式设置为"常规"，此时在单元格中显示该日期的序列值。

由于日期存储为数值的形式，因此它继承数值的所有运算功能，例如，日期数据可以参与加、减等数值的运算。日期运算的实质就是序列值的数值运算。例如要计算两个日期之间相距的天数，可以直接在单元格中输入两个日期，再用减法运算的公式来求得结果。

日期系统的序列值是一个整数数值，一天的数值单位就是1，那么1小时就可以表示为1/24天，1分钟就可以表示为1/(24×60)天等，一天中的每一个时刻都可以由小数形式的序列值来表示。例如，中午12:00:00的序列值为0.5(一天的一半)，12:05:00的序列值近似为0.503 472。

如果输入的时间值超过24小时，Excel会自动以天为单位进行整数进位处理。例如25:01:00，转换为序列值为1.04 236，即为1+0.4236(1天+1小时1分)。Excel中允许输入的最大时间为9999:59:59:9999。

将小数部分表示的时间和整数部分所表示的日期结合起来，就可用序列值表示一个完整的日期时间点。例如，2017年10月2日12:00:00的序列值为43 010.5。

3. 文本

文本通常指的是一些非数值型文字、符号等，例如，企业的部门名称、员工的考核科目、产品的名称等。除此之外，许多不代表数量的、不需要进行数值计算的数字也可以保存为文本形式，例如，电话号码、身份证号码、股票代码等。所以，文本并没有严格意义上的概念。事实上，Excel将许多不能理解为数值和公式的数据都视为文本。文本不能用于数值计算，但可以比较大小。

4. 逻辑值

逻辑值是一种特殊的参数，它只有TRUE(真)和FALSE(假)两种类型。
例如，公式

```
=IF(A3=0,"0",A2/A3)
```

中的A3=0就是一个可以返回TRUE(真)或FLASE(假)两种结果的参数。当A3=0为TRUE时，则公式返回结果为0，否则返回A2/A3的计算结果。

在逻辑值之间进行四则运算时，可以认为TRUE=1，FLASE=0，例如：

```
TRUE+TRUE=2
FALSE*TRUE=0
```

逻辑值与数值之间的运算，可以认为TRUE=1，FLASE=0，例如：

```
TRUE-1=0
FALSE*5=0
```

在逻辑判断中，非0的不一定都是TRUE，例如公式：

```
=TRUE<5
```

如果把TRUE理解为1，公式的结果应该是TRUE。但实际上结果是FALSE，原因是逻辑值就是逻辑值，不是1，也不是数值。在Excel中规定，数字<字母<逻辑值，因此应该是TRUE>5。

总之，TRUE不是1，FALSE也不是0，它们不是数值，它们就是逻辑值。只不过有些时候可以把它"当成"1和0来使用，但是逻辑值和数值有着本质的不同。

5. 错误值

经常使用Excel的用户可能都会遇到一些错误信息，例如#N/A!、#VALUE!等。出现这些错误的原因有很多种，如果公式不能计算正确结果，Excel将显示一个错误值。例如，在需要数字的公式中使用文本、删除了被公式引用的单元格等。

6. 公式

公式是Excel中一种非常重要的数据，Excel作为一种电子数据表格，其许多强大的计算功能都是通过公式来实现的。

公式通常都以"="开头，它的内容可以是简单的数学公式，例如：

```
=16*62*2600/60-12
```

也可以包括Excel的内嵌函数，甚至是用户自定义的函数，例如：

```
=IF(F3<H3,"",IF(MINUTE(F3-H3)>30,"50 元 ","20 元 "))
```

若用户要在单元格中输入公式，可以在开始输入的时候以一个"="开头，表示当前输入的是公式。除了等号外，使用"+"号或者"-"号开头也可以使Excel识别其内容为公式，但是在按Enter键确认后，Excel还是会在公式的开头自动加上"="号。

当用户在单元格内输入公式并确认后，默认情况下会在单元格内显示公式的运算结果。从数据类型上来说，公式的运算结果也大致可以区分为数值型数据和文本型数据两大类。选中公式所在的单元格后，在编辑栏内也会显示公式的内容。在Excel中有以下3种等效方法，可以在单元格中直接显示公式的内容。

- ▶ 选择【公式】选项卡，在【公式审核】命令组中单击【显示公式】切换按钮，使公式内容直接显示在单元格中，再次单击该按钮，则显示公式计算结果。
- ▶ 在【Excel选项】对话框中选择【高级】选项卡，然后选中或取消选中该选项卡中的【在单元格中显示公式而非计算结果】复选框。
- ▶ 按Ctrl+~组合键，在"公式"与"值"的显示方式之间进行切换。

3.4.2 输入与编辑数据

在了解了Excel的常见数据类型后，下面将详细介绍在工作表中输入与编辑数据的方法。

1. 在单元格中输入数据

要在单元格内输入数值和文本类型的数据，用户可以在选中目标单元格后，直接向单元格内输入数据。数据输入结束后按Enter键或者使用鼠标单击其他单元格都可以确认完成输入。要在输入过程中取消本次输入的内容，则可以按Esc键退出输入状态。

当用户输入数据的时候(Excel工作窗口底部状态栏的左侧显示"输入"字样，如图3-29所示)，原有编辑栏的左边出现两个新的按钮，分别是 ✕ 和 ✓，如图3-30所示。如果用户单击 ✓ 按钮，可以对当前输入的内容进行确认，如果单击 ✕ 按钮，则表示取消输入。

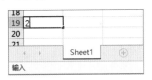

图3-29　状态栏中显示"输入"

图3-30　编辑栏左侧的按钮

虽然单击 ✓ 按钮和按Enter键同样都可以对输入内容进行确认，但两者的效果并不完全相同。当用户按Enter键确认输入后，Excel会自动将下一个单元格激活为活动单元格，这为需要连续输入数据的用户提供了便利。而当用户单击 ✓ 按钮确认输入后，Excel不会改变当前选中的活动单元格。

2. 编辑单元格中的内容

对于已经存放数据的单元格，用户可以在激活目标单元格后，重新输入新的内容来替换原有数据。但是，如果用户只想对其中的部分内容进行编辑修改，则可以激活单元格进入编辑模式。有以下几种方式可以进入单元格编辑模式。

▶ 双击单元格，在单元格中的原有内容后会出现竖线光标显示，提示当前进入编辑模式，光标所在的位置为数据插入位置。在原有内容中的不同位置单击鼠标，可以移动鼠标光标插入点的位置。用户可以在单元格中直接对其内容进行编辑修改。

▶ 激活目标单元格后按F2快捷键，进入编辑单元格模式。

▶ 激活目标单元格，然后单击Excel编辑栏内部。这样可以将竖线光标定位在编辑栏中，激活编辑栏的编辑模式。用户可以在编辑栏中对单元格原有的内容进行编辑修改。对于数据内容较多的编辑修改，特别是对公式的修改，建议用户使用编辑栏的编辑方式。

进入单元格的编辑模式后，按Home键可以将鼠标光标定位到单元格内容的开头，如图3-31所示，按End键则可以将光标插入点定位到单元格内容的末尾。在编辑修改完成后，按Enter键或者单击图3-30中的 ✓ 按钮可以对编辑的内容确认输入。

如果在单元格中输入的是一个错误的数据，用户可以再次输入正确的数据覆盖它，也可以单击【撤销】按钮 ↺ 或者按Ctrl+Z组合键撤销本次输入。

用户单击一次【撤销】按钮 ↺，只能撤销一步操作，如果需要撤销多步操作，用户可以多次单击【撤销】按钮 ↺，或者单击该按钮旁的 ▾ 下拉按钮，在弹出的下拉列表中选择需要撤销返回的具体操作，如图3-32所示。

图 3-31　按下 Home 键定位至单元格开头　　　　图 3-32　撤销多步操作

3. 数据显示与数据输入的关系

在单元格中输入数据后，将在单元格中显示数据的内容(或者公式的结果)，同时在选中单元格时，在编辑栏中显示输入的内容。用户可能会发现，有些情况下在单元格中输入的数值和文本，与单元格中的实际显示并不完全相同。

实际上，Excel对于用户输入的数据存在一种智能分析功能，软件总是会对输入数据的标识符及结构进行分析，然后以它所认为最理想的方式显示在单元格中，有时甚至会自动更改数据的格式或者数据的内容。对于此类现象及其原因，大致可以归纳为以下几种情况。

1) Excel系统规范

如果用户在单元格中输入位数较多的小数，例如111.555 678 333，而单元格列宽设置为默认值时，单元格内会显示111.5557，如图3-33所示。这是由于Excel系统默认设置了对数值进行四舍五入显示。

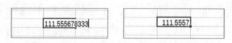

图 3-33　系统四舍五入显示数据

当单元格列宽无法完整显示数据的所有部分时，Excel将会自动以四舍五入的方式对数值的小数部分进行截取显示。如果将单元格的列宽调整得很大，显示的位数相应增多，但是最大也只能显示到保留10位有效数字。虽然单元格的显示与实际数值不符，但是当用户选中此单元格时，在编辑栏中仍可以完整显示整个数值，并且在数据计算过程中，Excel也是根据完整的数值进行计算的，而不是代之以四舍五入后的数值。

如果用户希望以单元格中实际显示的数值来参与数值计算，可以参考下面的方法设置。

01 打开【Excel选项】对话框，选择【高级】选项卡，选中【将精度设为所显示的精度】复选框，如图3-34所示，并在弹出的提示对话框中单击【确定】按钮。

02 在【Excel选项】对话框中单击【确定】按钮完成设置。

如果单元格的列宽很小，则数值的单元格内容显示会变为"#"符号，此时只要增加单元格列宽就可以重新显示数字。

与以上Excel系统规范类似，还有一些数值方面的规范，使得数据输入与实际显示不符，具体如下。

- 当用户在单元格中输入非常大或者非常小的数值时，Excel会在单元格中自动以科学记数法的形式来显示。
- 输入大于15位有效数字的数值时(例如18位身份证号码)，Excel会对原数值进行15位有效数字的自动截断处理，如果输入的数值是正数，则超过15位部分补零。
- 当输入的数值外面包括一对半角小括号时，例如(123456)，Excel会自动以负数的形式来保存和显示括号内的数值，而括号不再显示。
- 当用户输入以0开头的数值时(例如股票代码)，Excel会因将其识别为数值而将前置的0清除。
- 当用户输入末尾为0的小数时，系统会自动将非有效位数上的0清除，使其符合数值的规范显示。

对于上面提到的情况，如果用户需要以完整的形式输入数据，可以参考下面的方法解决问题。

- 对于不需要进行数值计算的数字，例如身份证号码、信用卡号码、股票代码等，可以将数据形式转换成文本形式来保存和显示完整的数字内容。在输入数据时，以单引号(')开始输入数据，Excel会将所输入的内容自动识别为文本数据，并以文本形式在单元格中保存和显示，其中的单引号(')不显示在单元格中(但在编辑栏中显示)。
- 用户也可以先选中目标单元格，右击鼠标，在弹出的快捷菜单中选择【设置单元格格式】命令，打开【设置单元格格式】对话框，选择【数字】选项卡，在【分类】列表框中选择【文本】选项，并单击【确定】按钮，如图3-35所示。这样，可以将单元格格式设置为文本形式，在单元格中输入的数据将保存并显示为文本。

图3-34 将精度设为所显示的精度

图3-35 设置单元格格式为文本

- 对于小数末尾中的0的保留显示(例如某些数字保留位数)，用户可以在输入数据的单元格中设置自定义的格式，例如0.00000(小数点后面0的个数表示需要保留显示的小数位数)。除了自定义的格式以外，使用系统内置的"数值"格式也可以达到相同的效果。在如图3-35所示的【设置单元格格式】对话框中选择【数值】选项后，对话框右侧会显示【小数位数】微调框，使用该微调框调整需要显示的小数位数，就可以将用户输入的数据按照需要的保留位置来显示。
- 设置成文本后的数据无法正常参与数值计算，如果用户不希望改变数值类型，希望在单元格中能够完整显示的同时，仍可以保留数值的特性，可以参考以下操作。

01 以股票代码000321为例，选取目标单元格，打开【设置单元格格式】对话框，选择【数字】选项卡，在【分类】列表框中选择【自定义】选项。

02 在对话框右侧出现的【类型】文本框中输入000000，然后单击【确定】按钮。此时再在单元格中输入000321，即可完全显示数据，并且仍保留数值的格式，如图3-36所示。

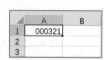

图3-36　设置自定义数值格式

除了以上提到的这些数值输入情况以外，某些文本数据也存在输入与显示不符的情况。例如，在单元格中输入内容较长的文本时(文本长度大于列宽)，如果目标单元格右侧的单元格内没有内容，则文本会完整显示甚至"侵占"右侧的单元格，如图3-37所示(A1单元格的显示)；而如果右侧单元格中本身就包含内容，则文本就会显示不完全，如图3-38所示。

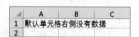

图3-37　"侵占"右侧单元格　　　　图3-38　文本显示不完全

如果用户需要将如图3-38所示的文本输入在单元格中完整显示出来，有以下几种方法。

▶ 选中单元格，打开【设置单元格格式】对话框，选择【对齐】选项卡，在【文本控制】区域中选中【自动换行】复选框(或者在【开始】选项卡的【对齐方式】命令组中单击【自动换行】按钮)，设置后的效果如图3-39所示。

▶ 将单元格所在的列宽调整得更大，容纳更多字符的显示(列宽最大可以容纳255个字符)。

图3-39　设置自动换行

2) 自动格式

在实际工作中,当用户输入的数据中带有一些特殊符号时,会被Excel识别为具有特殊含义,从而自动为数据设定特有的数字格式来显示。

▶ 在单元格中输入某些分数时,如11/12,Excel会自动将输入数据识别为日期形式,显示为日期的格式"11月12日",同时单元格的格式也会自动被更改。当然,如果用户输入的对应日期不存在,例如11/32(11月没有32天),单元格会保持原有的输入显示。但实际上此时单元格还是文本格式,并没有被赋予真正的分数数值意义。

▶ 在单元格中输入带有货币符号的数值时,例如$500,Excel会自动将单元格格式设置为相应的货币格式,在单元格中也可以货币的格式显示(自动添加千位分隔符、数值标红显示或者加括号显示)。如果选中单元格,可以看到在编辑栏内显示的是实际数值(不带货币符号)。

3) 自动更正

Excel软件中预置有一种"纠错"功能,会在用户输入数据时进行检查,在发现包含有特定条件的内容时,会自动进行更正,如以下两种情况所示。

▶ 在单元格中输入(R)时,单元格中会自动更正为®。

▶ 在输入英文单词时,如果开头有连续两个大写字母,例如EXcel,则Excel软件会自动将其更正为首字母大写的Excel。

以上情况的产生,都是基于Excel中【自动更正选项】的相关设置。"自动更正"是一项非常实用的功能,它不仅可以帮助用户减少英文拼写错误,纠正一些中文错别字和错误用法,还可以为用户提供一种高效的输入替换用法——输入缩写或者特殊字符,系统自动替换为全称或者用户需要的内容。上面列举的第一种情况,就是通过"自动更正"中内置的替换选项来实现的。用户也可以根据自己的需要进行设置,具体方法如下。

01 单击【文件】按钮,在弹出的菜单中选择【选项】命令,打开【Excel选项】对话框,选择【校对】选项卡。

02 在【Excel选项】对话框显示的选项区域中单击【自动更正选项】按钮,打开【自动更正】对话框。

03 在【自动更正】对话框中,用户可以通过选中相应复选框及列表框中的内容对原有的更正替换项目进行设置,也可以新增用户的自定义设置。例如,要在单元格中输入EX的时候,就自动替换为Excel,可以在【替换】文本框中输入EX,然后在【为】文本框中输入Excel,最后单击【添加】按钮,如图3-40所示,这样就可以成功添加一条用户自定义的自动更正项目,添加完毕后,单击【确定】按钮确认操作。

如果用户不希望自己输入的内容被Excel自动更改,可以对自动更正选项进行以下设置。

01 打开【自动更正】对话框,取消【键入时自动替换】复选框的选中状态,以使所有的更正项目停止使用。

02 也可以取消选中某个单独的复选框,或者在对话框下面的列表框中删除某些特定的替换内容,来中止一些特定的自动更正项目。例如,要取消前面提到的连续两个大写字母开头的英文更正功能,可以取消【更正前两个字母连续大写】复选框的选中状态。

图3-40 设置自动更正

4)自动套用格式

自动套用格式与自动更正类似，当在输入内容中发现包含特殊的文本标记时，Excel会自动对单元格加入超链接。例如，当用户输入的数据中包含@、WWW、FTP、FTP://、HTTP://等文本内容时，Excel会自动为此单元格添加超链接，并在输入的数据下显示下画线，如图3-41所示。

如果用户不希望输入的文本内容被加入超链接，可以在确认输入后未做其他操作前按Ctrl+Z组合键来取消超链接的自动加入。也可以通过【自动更正选项】按钮来进行操作。例如，在单元格中输入www.sina.com，Excel会自动为单元格加上超链接，当鼠标移动至文字上方时，会在开头文字的下方出现一个条状符号，将鼠标移动到该符号上，会显示【自动更正选项】下拉按钮，单击该下拉按钮，将显示如图3-42所示的下拉列表。

图3-41 自动套用格式　　　图3-42 自动更正选项

- 在图3-42所示的下拉列表中选择【撤销超链接】命令，可以取消在单元格中创建的超链接。如果选择【停止自动创建超链接】命令，在今后进行类似输入时就不会再加入超链接(但之前已经生成的超链接将继续保留)。
- 如果在如图3-42所示的下拉列表中选择【控制自动更正选项】命令，将打开【自动更正】对话框。在该对话框中，取消选中【Internet及网络路径替换为超链接】复选框，同样可以达到停止自动创建超链接的效果。

4. 日期和时间的输入与识别

日期和时间属于一类特殊的数值类型，其特殊的属性使此类数据的输入以及Excel对输入内容的识别，都有一些特别之处。在中文版的Windows系统的默认日期设置下，可以被Excel自动识别为日期数据的输入形式如下。

(1)使用短横线分隔符"-"的输入，如表3-2所示。

表 3-2　使用短横线分隔符的输入

单元格输入	Excel 识别	单元格输入	Excel 识别
2027-1-2	2027年1月2日	27-1-2	2027年1月2日
90-1-2	1990年1月2日	2027-1	2027年1月1日
1-2	当前年份的1月2日		

(2)使用斜线分隔符"/"的输入，如表3-3所示。

表 3-3　使用斜线分隔符的输入

单元格输入	Excel 识别	单元格输入	Excel 识别
2027/1/2	2027年1月2日	90/1/2	1990年1月2日
27/1/2	2027年1月2日	2027/1	2027年1月1日
1/2	当前年份的1月2日		

(3)使用包括英文月份的输入，如表3-4所示。

表 3-4　使用包括英文月份的输入

单元格输入	Excel 识别
March 2	
Mar 2	
2 Mar	
Mar-2	当前年份的3月2日
2-Mar	
Mar/2	
2/Mar	

(4)使用中文"年月日"的输入，如表3-5所示。

表 3-5　使用中文"年月日"的输入

单元格输入	Excel 识别	单元格输入	Excel 识别
2027年1月2日	2027年1月2日	90年1月2日	1990年1月2日
27年1月2日	2027年1月2日	2027年1月	2027年1月1日
1月2日	当前年份的1月2日		

对于以上4类可以被Excel识别的日期输入，有以下几点补充说明。

▶ 年份的输入方式包括短日期(如90年)和长日期(如1990年)两种。当用户以两位数字的短日期方式来输入年份时，软件默认将0~29的数字识别为2000~2029年，而将30~99的数字识别为1930~1999年。为了避免系统自动识别造成的错误理解，建议在输入年份时，使用4位完整数字的长日期方式，以确保数据的准确性。

- 短横线分隔符 "-" 与斜线分隔符 "/" 可以结合使用。例如，输入 2027-1/2 与 2027/1/2 都可以表示 "2027年1月2日"。
- 当用户输入的数据只包含年份和月份时，Excel会自动以这个月的1号作为它的完整日期值。例如，输入 2027-1 时，会被系统自动识别为 2027年1月1日。
- 当用户输入的数据只包含月份和日期时，Excel会自动以系统当年年份作为这个日期的年份值。例如输入 1-2，如果当前系统年份为 2027年，则会被Excel自动识别为 2027年1月2日。
- 包含英文月份的输入方式可以用于只包含月份和日期的数据输入，其中月份的英文单词可以使用完整拼写，也可以使用标准缩写。

除了上面介绍的可以被Excel自动识别为日期的输入方式外，其他不被识别的日期输入方式，则会被识别为文本形式的数据。例如，使用 "." 分隔符来输入日期 2027.1.2，这样输入的数据只会被Excel识别为文本格式，而不是日期格式，从而会导致数据无法参与各种运算，给数据的处理和计算造成不必要的麻烦。

5. 删除单元格中的内容

对于单元格中不再需要的内容，如果需要将其删除，可以先选中目标单元格(或单元格区域)，然后按Delete键，将单元格中所包含的数据删除。但是这样的操作并不会影响单元格中的格式、批注等内容。要彻底地删除单元格中的内容，可以在选中目标单元格(或单元格区域)后，在【开始】选项卡的【编辑】命令组中单击【清除】下拉按钮，在弹出的下拉列表中选择相应的命令，如图3-43所示。

图3-43所示下拉列表中各命令的说明如下。

- 全部清除：清除单元格中的所有内容，包括数据、格式、批注等。
- 清除格式：只清除单元格中的格式，保留其他内容。
- 清除内容：只清除单元格中的数据，包括文本、数值、公式等，保留其他内容。
- 清除批注：只清除单元格中附加的批注。
- 清除超链接(不含格式)：清除所选单元格中的超链接，格式仍保留。
- 删除超链接(含格式)：清除单元格中的超链接和格式。

在含有超链接的单元格中会弹出如图3-44所示的按钮，单击该按钮，用户在弹出的下拉列表中可以选中【仅清除超链接】或者【清除超链接和格式】单选按钮。

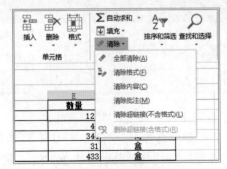

图3-43 选择清除命令

图3-44 利用单元格右侧的按钮清除超链接

3.5 快速填充数据

除了通常的数据输入方式外，如果数据本身包括某些顺序上的关联特性，用户还可以使用Excel所提供的填充功能快速地批量录入数据。

3.5.1 自动填充

当用户需要在工作表中连续输入某些"顺序"数据时，例如星期一、星期二、……，甲、乙、丙、……，等等，可以利用Excel的自动填充功能实现快速输入。例如，要在A列连续输入1~10的数字，只需要在A1单元格中输入1，在A2单元格中输入2，然后选中A1:A2单元格区域，拖动单元格右下角的控制柄即可，如图3-45所示。

图3-45 通过拖动单元格右侧的控制柄实现数据的快速自动填充

使用同样的方法也可以连续输入甲、乙、丙等10个天干，如图3-46所示。

图3-46 自动填充甲、乙、丙等天干

另外，如果使用Excel 2013以上的软件版本，使用"快速填充"功能还能够实现更多的应用，下面将通过实例进行介绍。

【例3-2】 快速提取数字和字符串并填充到列中。

01 在C2单元格中输入"北京"，选中C3单元格，如图3-47(a)所示。

02 按Ctrl+E组合键，即可提取B列数据中的头两个字符，如图3-47(b)所示。

	A	B	C	D
1	商品编码	生产商	产地	数量
2	1008438	北京诺华制药有限公司	北京	300
3	1008475	上海罗氏制药有限公司		200
4	1008546	北京万辉双鹤药业有限责任公司		300
5	1008578	浙江大冢制药有限公司		100
6	1008607	江苏恒瑞医药股份有限公司		10
7	1008630	上海中西制药有限公司		70
8	1008742	山东绿叶制药有限公司		1000
9				

(a)

	A	B	C	D
1	商品编码	生产商	产地	数量
2	1008438	北京诺华制药有限公司	北京	300
3	1008475	上海罗氏制药有限公司	上海	200
4	1008546	北京万辉双鹤药业有限责任公司	北京	300
5	1008578	浙江大冢制药有限公司	浙江	100
6	1008607	江苏恒瑞医药股份有限公司	江苏	10
7	1008630	上海中西制药有限公司	上海	70
8	1008742	山东绿叶制药有限公司	山东	1000
9				

(b)

图3-47 在C列提取B列中的字符串并快速填充

【例 3-3】 提取身份证号码中的生日并填充在列中。

01 选中需要提取身份证中生日信息的单元格区域。

02 按Ctrl+1组合键，打开【设置单元格格式】对话框，选择【自定义】选项，将【类型】设置为【yyyy/mm/dd】，然后单击【确定】按钮，如图3-48所示。

03 在B2单元格中输入A1单元格中身份证号码中的生日信息"1992/01/15"，然后按Enter键，再按Ctrl+E组合键，即可提取A列身份证号码中的生日信息，如图3-49所示。

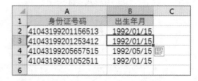

图3-48 【设置单元格格式】对话框　　　　图3-49 在B列提取A列身份证号码中的生日信息

【例 3-4】 将已有的多个数据合并为一列。

01 在D2单元格中输入A2、B2和C2单元格中的数据"中国北京诺华制药有限公司"，然后按Enter键，再按Ctrl+E键，如图3-50(a)所示。

02 此时，将在D列完成A、B、C列数据的合并填充，如图3-50(b)所示。

(a)　　　　　　　　　　　　　　　　　　　(b)

图3-50 在D列合并A、B、C列中的数据

【例 3-5】 向一列单元格数据中添加指定的符号。

01 在B2和B3单元格中根据A2和A3单元格中的地址输入类似的数据，如图3-51(a)所示。

02 按Ctrl+E组合键，即可为工作表A列中的数据添加两个分隔符(-)，如图3-51(b)所示。

(a)　　　　　　　　　　　　　　　　　　　(b)

图3-51 在B列中为A列数据添加分隔符

【例 3-6】 提取两列中的数据并实现组合填充。

01 在E2单元格中输入B2、C2和D2单元格中的一部分数据"广州王经理"，如图3-52(a)所示。

02 按Enter键，再按Ctrl+E组合键，即可在E列填充如图3-52(b)所示的数据。

(a) (b)

图3-52　在E列提取并填充B、C、D列中的数据

【例 3-7】 调整表格数据的顺序并快速填充。

01 在工作中有时可能需要调整一列中数据的字符位置。例如，在图3-53(a)中将"嘉元实业 CU0001"调整为"CU0001 嘉元实业"，按Enter键。

02 此时，借助"快速填充"功能可以迅速完成操作，如图3-53(b)所示。

(a) (b)

图3-53　利用自动填充快速调整A列中数据的排列顺序

【例 3-8】 将不符合规范的数字转换为标准格式。

当用户从其他软件向Excel中导入数据时，数据中有可能含有逗号或不可见的字符，对于这种不符合表格规范的数字，也可以利用"快速填充"功能来转换。

01 在C2单元格中输入规范的数字，然后按Enter键，如图3-54(a)所示。

02 按Ctrl+E组合键，即可在C列中按规范的格式填充A列数据，如图3-54(b)所示。

(a) (b)

图3-54　在C列快速填充A列数据并转换数字格式

3.5.2　设置序列

在Excel中可以实现自动填充的"顺序"数据被称为序列。在前几个单元格内输入序列中的元素，就可以为Excel提供识别序列的内容及顺序信息，Excel在使用自动填充功能时，自动按照序列中的元素、间隔顺序来依次填充。

打开【Excel选项】对话框，选中【高级】选项，在右侧【常规】选项区域中单击【编辑自定义列表】按钮，打开【自定义序列】对话框。用户可以在【自定义序列】对话框中查看可被自动填充的序列包括哪些，如图3-55所示。

图3-55　通过【Excel选项】对话框打开【自定义序列】对话框查看自动填充序列

在图3-55所示的【自定义序列】对话框左侧的列表框中显示了当前Excel中可以被识别的序列(所有的数值型、日期型数据都是可以被自动填充的序列，不再显示在列表框中)，用户也可以在右侧的【输入序列】文本框中手动添加新的数据序列作为自定义系列，或者引用表格中已经存在的数据列表作为自定义序列进行导入。

Excel中自动填充的使用方式相当灵活，用户并非必须从序列中的一个元素开始自动填充，而是可以始于序列中的任何一个元素。当填充的数据达到序列尾部时，下一个填充数据会自动取序列开头的元素，循环地继续填充。例如，在图3-56所示的表格中，显示了从"六月"开始自动填充多个单元格的结果。

除了对自动填充的起始元素没有要求之外，填充时序列中的元素的顺序间隔也没有严格限制。

当需要只在一个单元格中输入序列元素时(除了纯数值数据外)，自动填充功能默认以连续顺序的方式进行填充。而当用户在第一个、第二个单元格内输入具有一定间隔的序列元素时，Excel会自动按照间隔的规律来选择元素进行填充，例如，在如图3-57所示的表格中，显示了从六月、九月开始自动填充多个单元格的结果。

图3-56　从"六月"开始自动填充的结果　　图3-57　从"六月""九月"开始自动填充的结果

3.5.3　使用填充选项

自动填充完成后，填充区域的右下角将显示【自动填充选项】按钮，将鼠标指针移动至该按钮上并单击，在弹出的菜单中可显示更多的填充选项，如图3-58所示。

在图3-58所示的菜单中，用户可以为填充选择不同的方式，如【仅填充格式】【不带格式填充】和【快速填充】等，甚至可以将填充方式改为复制，使数据不再按照序列顺序递增，而是与最初的单元格保持一致。【自动填充选项】按钮下拉菜单中的选项内容取决于所填充的数据类型。例如，图3-59所示的填充目标数据是日期型数据，则在菜单中显示了更多与日期有关的选项，例如【以月填充】和【以年填充】等。

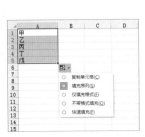

图3-58　选择数据的填充方式　　图3-59　日期型数据的填充选项

3.5.4　使用填充菜单

除了可以通过拖动或按Ctrl+E组合键的方式实现数据的快速填充外，使用Excel功能区中的填充命令，也可以在连续的单元格中批量输入定义为序列的数据内容。

01 选中图3-60(a)所示的区域后，选择【开始】选项卡，在【编辑】命令组中单击【填充】下拉按钮，在弹出的下拉列表中选择【序列】选项，打开【序列】对话框。

02 在【序列】对话框中，用户可以选择序列填充的方向为【行】或者【列】，也可以根据需要填充的序列数据类型，选择不同的填充方式，如图3-60(b)所示。

(a)　　　　　　　　　　　　　(b)

图3-60　通过填充菜单打开【序列】对话框设置数据的填充方式

3.6　案例演练

本节将通过案例介绍在Excel中输入与编辑表格数据的一些实用技巧，帮助用户进一步掌握所学的知识，提高工作效率。

【例 3-9】 在单元格中输入☑和☒。

01 选中需要输入☑的单元格，输入R，然后将其字体设置为Wingdings 2，R在单元格中将显示为☑。

02 在需要输入☒的单元格中输入S，然后将其字体设置为Wingdings 2，S在单元格中将显示为☒。

【例 3-10】 快速输入大量相同内容的数据。

01 打开工作表后，选中A2单元格，然后在【名称框】中输入A2:A500，选中A2:A500单元格区域。

02 在【编辑栏】中输入要在A2:A500中输入的数据，然后按Ctrl+Enter组合键即可。

03 重复以上操作，还可以快速编辑所选中单元格区域中输入的数据。

【例 3-11】 快速拆分数据。

01 打开图3-61所示的工作表后，在B2单元格中输入"张院长"，然后单击B2单元格右下角的控制柄，将输入的数据填充至B3:B10区域，然后单击B10单元格右下角的【自动填充选项】按钮，从弹出的列表中选择【快速填充】选项。

02 此时，B3:B10单元格中将自动填充A列中对应的数据，如图3-62所示。

图3-61　快速填充数据

图3-62　数据填充效果

03 在C2单元格中输入A2单元格中的电话号码，然后使用自动填充功能，即可在C列快速填充A列中对应的电话号码。

第 4 章
整理工作表

| 本章导读 |

　　本章将介绍如何整理包含数据的 Excel 工作表，包括为不同数据设置合理的数字格式，处理文本型数据，自定义数字格式以及在 Excel 中执行复制、剪切、隐藏、查找和替换等命令的方法。熟练掌握这些内容后，可以在工作中提高数据的整理效率，为使用 Excel 进行数据的统计和分析奠定基础。

4.1 设置数据的数字格式

Excel提供了多种对数据进行格式化的功能，除了对齐、字体、字号、边框等常用的格式化功能外，更重要的是其"数字格式"功能，该功能可以根据数据的意义和表达需求来调整显示外观，完成匹配展示的效果。例如，在图4-1中，通过对数据进行格式化设置，可以明显地提高数据的可读性。

	A	B	C
1	原始数据	格式化后的显示	格式类型
2	42856	2017年5月1日	日期
3	-1610128	-1,610,128	数值
4	0.531243122	12:44:59 PM	时间
5	0.05421	5.42%	百分比
6	0.8312	5/6	分数
7	7321231.12	¥7,321,231.12	货币
8	876543	捌拾柒万陆仟伍佰肆拾叁	特殊-中文大写数字
9	3.213102124	000° 00′ 03.2″	自定义（经纬度）
10	4008207821	400-820-7821	自定义（电话号码）
11	2113032103	TEL:2113032103	自定义（电话号码）
12	188	1米88	自定义（身高）
13	381110	38.1万	自定义（以万为单位）
14	三	第三生产线	自定义（部门）
15	右对齐	右对齐	自定义（靠右对齐）
16			

图4-1　通过设置数据格式提高数据的可读性

Excel内置的数字格式大部分适用于数值型数据，因此称之为"数字"格式。但数字格式并非数值数据专用，文本型的数据同样也可以被格式化。用户可以通过创建自定义格式，为文本型数据提供各种格式化的效果。

对单元格中的数据应用格式，可以使用以下几种方法。

▶ 选择【开始】选项卡，在【数字】命令组中使用相应的按钮，如图4-2所示。

▶ 打开【设置单元格格式】对话框，选择【数字】选项卡。

▶ 使用快捷键应用数字格式。

在Excel【开始】选项卡的【数字】命令组中，【数字格式】选项会显示活动单元格的数字格式类型。单击其右侧的下拉按钮，可以为活动单元格中的数据设置如图4-3所示的多种数字格式。

【数字格式】下拉按钮

图4-2　【数字】命令组

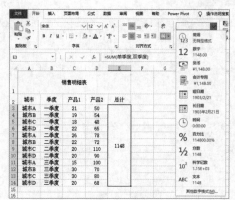

图4-3　【数字格式】下拉列表

另外，在工作表中选中包含数值的单元格区域，然后单击【数字】命令组中的按钮或选项，即可应用相应的数字格式。【数字】命令组中各个按钮的功能说明如下。

- 【会计数字格式】 ▾：在数值开头添加货币符号，并为数值添加千位分隔符，数值显示两位小数。
- 【百分比样式】 % ：以百分数形式显示数值。
- 【千位分隔符样式】 , ：使用千位分隔符分隔数值，显示两位小数。
- 【增加小数位数】 ⁺⁰⁸ ：在原数值小数位数的基础上增加一位小数位。
- 【减少小数位数】 ⁰⁸ ：在原数值小数位数的基础上减少一位小数位。
- 【数字格式】 常规 ：未经特别指定的格式，为Excel的默认数字格式。

4.1.1 使用快捷键应用数字格式

通过键盘快捷键也可以快速地对目标单元格和单元格区域设定数字格式，具体如下。

- Ctrl+Shift+~组合键：设置为常规格式。
- Ctrl+Shift+%组合键：设置为百分数格式，无小数部分。
- Ctrl+Shift+^组合键：设置为科学记数法格式，含两位小数。
- Ctrl+Shift+#组合键：设置为短日期格式。
- Ctrl+Shift+@组合键：设置为时间格式，包含小时和分钟的显示。
- Ctrl+Shift+!组合键：设置为千位分隔符显示格式，不带小数。

4.1.2 使用对话框应用数字格式

若用户希望在更多的内置数字格式中进行选择，可以通过【设置单元格格式】对话框中的【数字】选项卡来进行数字格式设置。选中包含数据的单元格或区域后，有以下几种等效方式可以打开【设置单元格格式】对话框。

- 在【开始】选项卡的【数字】命令组中单击【对话框启动器】按钮 ⌐。
- 在【数字】命令组的【数字格式】下拉列表中单击【其他数字格式】选项。
- 按Ctrl+1组合键。
- 右击鼠标，在弹出的快捷菜单中选择【设置单元格格式】命令，如图4-4所示。

打开【设置单元格格式】对话框后，选择【数字】选项卡，如图4-5所示。

图4-4 单元格右键菜单

图4-5 【数字】选项卡

在图4-5所示的【数字】选项卡的【分类】列表框中显示了Excel内置的12类数字格式，除了【常规】和【文本】外，其他每一种格式类型中都包含了更多的可选择样式或选项。在【分类】列表框中选择一种格式类型后，对话框右侧就会显示相应的选项区域，并根据用户所做的选择将预览效果显示在"示例"区域中。

【例4-1】 将数值设置为人民币格式(显示两位小数，负数显示为带括号的红色字体)。

01 选中A1:B5单元格区域，如图4-6所示，按Ctrl+1组合键，打开【设置单元格格式】对话框。

02 在【分类】列表框中选择【货币】选项，在对话框右侧的【小数位数】微调框中设置数值为2，在【货币符号(国家/地区)】下拉列表中选择¥，最后在【负数】下拉列表中选择带括号的红色字体样式，如图4-7所示。

03 单击【确定】按钮，格式化后的单元格的显示效果如图4-8所示。

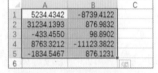 

图4-6　选中单元格区域　　　　图4-7　设置数字格式　　　　图4-8　数值格式化效果

【设置单元格格式】对话框中各类数字格式的详细说明如下。

▶ 常规：数据的默认格式，即未进行任何特殊设置的格式。

▶ 数值：可以设置小数位数、选择是否添加千位分隔符，负数可以设置特殊样式(包括显示负号、显示括号、红色字体等几种格式)。

▶ 货币：可以设置小数位数、货币符号。负数可以设置特殊样式(包括显示负号、显示括号、红色字体等几种样式)。数字显示自动包含千位分隔符。

▶ 会计专用：可以设置小数位数、货币符号，数字显示自动包含千位分隔符。与货币格式不同的是，本格式将货币符号置于单元格最左侧进行显示。

▶ 日期：可以选择多种日期显示模式，其中包括同时显示日期和时间的模式。

▶ 时间：可以选择多种时间显示模式。

▶ 百分比：可以选择小数位数。数字以百分数形式显示。

▶ 分数：可以设置多种分数，包括显示一位数分母、两位数分母等。

▶ 科学记数：以包含指数符号(E)的科学记数形式显示数字，可以设置显示的小数位数。

▶ 文本：将数值作为文本处理。

▶ 特殊：包含了几种以系统区域设置为基础的特殊格式。在区域设置为"中文(中国)"的情况下，包括3种用户自定义格式，其中Excel已经内置了部分自定义格式，内置的自定义格式不可删除。

▶ 自定义：包含多种用于各种情况的数字格式，用户也可以在此基础上创建新的数字格式。本章4.3节将对此进行详细介绍。

4.2　处理文本型数字

"文本型数字"是Excel中一种比较特殊的数据类型，它的数据内容是数值，但作为文本类型进行存储，具有和文本类型数据相同的特征。

4.2.1　设置"文本"数字格式

"文本"格式是特殊的数字格式，它的作用是设置单元格数据为"文本"。在实际应用中，这一数字格式并不总是如字面含义那样可以让数据在"文本"和"数值"之间进行转换。

如果用户在【设置单元格格式】对话框中，先将空白单元格设置为文本格式，如图4-9所示。然后输入数值，Excel会将其存储为"文本型数字"。"文本型数字"自动左对齐显示，在单元格的左上角显示绿色的三角形符号，如图4-10所示。

<table>
<tr><td colspan="2">图4-9　设置文本格式</td><td>图4-10　文本型数字</td></tr>
</table>

如果先在空白单元格中输入数值，然后再设置为文本格式，数值虽然也自动左对齐显示，但Excel仍将其视作数值型数据。

对于单元格中的"文本型数字"，无论修改其数字格式为"文本"之外的哪一种格式，Excel仍然视其为"文本"类型的数据，直到重新输入数据才会变为数值型数据。

4.2.2　转换文本型数字为数值型

"文本型数字"所在单元格的左上角会显示绿色的三角形符号，此符号为Excel"错误检查"功能的标识符，它用于标识单元格可能存在某些错误或需要注意的特点。选中此类单元格，会在单元格一侧出现【错误检查选项】按钮，单击该按钮右侧的下拉按钮，会显示如图4-11所示的菜单。

在如图4-11所示的下拉菜单中出现的【以文本形式存储的数字】提示，显示了当前单元格的数据状态。此时如果选择【转换为数字】命令，单元格中的数据将会转换为数值型。

如果用户需要保留这些数据为【文本型数字】类型，而又不显示绿色的三角符号，可以在图4-11所示的菜单中选择【忽略错误】命令，关闭此单元格的"错误检查"功能。

如果用户需要将"文本型数字"转换为数值，对于单个单元格，可以借助"错误检查"功能能提供的菜单命令。而对于多个单元格，则可以参考下面介绍的方法进行转换。

01 打开工作表，选中工作表中的一个空白单元格，按Ctrl+C组合键。

02 选中 A2:A5单元格区域，右击鼠标，在弹出的快捷菜单中选择【选择性粘贴】命令，在弹出的子菜单中选择【选择性粘贴】命令。

03 打开【选择性粘贴】对话框，选中【加】单选按钮，如图4-12所示，然后单击【确定】按钮，即可将A2:A5单元格区域中的数据类型转换为数值类型。

图4-11　错误检查选项　　　图4-12　选择性粘贴数据

4.2.3　转换数值型数字为文本型

如果要将工作表中的数值型数字转换为文本型数字，可以先将单元格设置为【文本】格式，然后双击单元格或按F2键激活单元格的编辑模式，最后按Enter键即可。但是此方法只对单个单元格起作用。如果要同时将多个单元格的数值转换为文本类型，且这些单元格在同一列，可以参考以下方法进行操作。

01 选中位于同一列的包含数值型数字的单元格区域，选择【数据】选项卡，在【数据工具】命令组中单击【分列】按钮。打开【文本分列向导-第1步，共3步】对话框，连续单击【下一步】按钮，打开【文本分列向导-第3步，共3步】对话框，选中【文本】单选按钮，然后单击【完成】按钮，如图4-13所示。

02 此时，被选中区域中的数值型数字已转换为文本型数字，如图4-14所示。

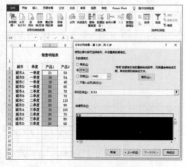

图4-13　使用文本分列向导　　　图4-14　将数值型数字转换为文本型

4.3　自定义数字格式

在【设置单元格格式】对话框的【数字】选项卡中，【自定义】类型包括了更多用于各种情况的数字格式，并且允许用户创建新的数字格式。此类型的数字格式都使用代码方式保存。

在【设置单元格格式】对话框【数字】选项卡的【分类】列表框中选择【自定义】类型，在对话框右侧将显示现有的数字格式代码，如图 4-15(a) 所示。

4.3.1　格式代码的组成规则

自定义的格式代码的完整结构如下：

正数；负数；零值；文本

以分号"；"间隔的 4 个区段构成了一个完整结构的自定义格式代码，每个区段中的代码对不同类型的内容产生作用。例如，在第 1 区段"正数"中的代码只会在单元格中的数据为正数数值时产生格式化作用，而第 4 区段"文本"中的代码只会在单元格中的数据为文本时才产生格式化作用。

除了以数值正负作为格式区段分隔依据外，用户也可以为区段设置自己所需的特定条件。例如，以下格式代码结构也是符合规则要求的：

大于条件值；小于条件值；等于条件值；文本

用户可以使用"比较运算符+数值"的方式来表示条件值，在自定义格式代码中可以使用的比较运算符包括大于号"＞"、小于号"＜"、等于号"＝"、大于或等于号"＞＝"、小于或等于号"＜＝"和不等于号"＜＞"等几种。

在实际应用中，用户最多只能在前两个区段中使用"比较运算符+数值"表示条件值，第 3 区段自动以"除此之外"的情况作为其条件值，不能再使用"比较运算符+数值"的形式，而第 4 区段"文本"仍然只对文本型数据起作用。

因此，使用包含条件值的格式代码结构也可以通过如下形式来表示：

条件值 1；条件值 2；同时不满足条件值 1、2 的数值；文本

此外，在实际应用中，用户不必每次都严格按照 4 个区段的结构来编写格式代码，区段数少于 4 个甚至只有 1 个都是允许的，如表 4-1 所示，列出了少于 4 个区段的代码结构的含义。

表 4-1　少于 4 个区段的代码结构的含义

区 段 数	代码结构的含义
1	格式代码作用于所有类型的数值
2	第 1 区段作用于正数和零值，第二区段作用于负数
3	第 1 区段作用于正数，第二区段作用于负数，第三区段作用于零值

对于包含条件值的格式代码来说，区段可以少于 4 个，但最少不能少于两个区段。相关的代码结构含义如表 4-2 所示。

表 4-2　包含条件值的格式代码结构的含义

区 段 数	代码结构的含义
2	第1区段作用于满足条件值1，第二区段作用于其他情况
3	第1区段作用于满足条件值1，第二区段作用于满足条件值2，第三区段作用于其他情况

除了特定的代码结构外，完成一个格式代码还需要了解自定义格式所使用的代码字符及其含义。如表4-3所示，显示了可以用于格式代码编写的代码符号及其对应的含义和作用。

表 4-3　用于格式代码的代码符号说明

日期时间代码符号	含义及作用
aaa	使用中文简称显示星期几（"一"~"日"）
aaaa	使用中文全称显示星期几（"星期一"~"星期日"）
d	使用没有前导零的数字来显示日期(1~31)
dd	使用有前导零的数字来显示日期(01~31)
ddd	使用英文缩写显示星期几(sun~sat)
dddd	使用英文全称显示星期几(Sunday~Saturday)
m	使用没有前导零的数字来显示月份(1~12)或分钟 (0~59)
mm	使用有前导零的数字来显示月份(01~12)或分钟(00~59)
mmm	使用英文缩写显示月份(Jan~Dec)
mmmm	使用英文全称显示月份(January~December)
mmmmm	使用英文首字母显示月份(J~D)
y	使用两位数字显示公历年份(00~99)
yy	
yyyy	使用四位数字显示公历年份(1900~9999)
b	使用两位数字显示泰历(佛历)年份(43~99)
bb	
bbbb	使用四位数字显示泰历(佛历)年份(2443~9999)
b2	在日期前加上b2前缀可显示回历日期
h	使用没有前导零的数字来显示小时(0~23)
hh	使用有前导零的数字来显示小时(00~23)
s	使用没有前导零的数字来显示秒钟(0~59)
ss	使用有前导零的数字来显示秒钟(00~59)
AM/PM	使用英文上下午显示12进制时间
A/P	
[h]、[m]、[s]	显示超出进制的小时数、分数、秒数
上午/下午	使用中文上下午显示12进制时间

4.3.2　创建自定义格式

要创建新的自定义数字格式，用户可以在【数字】选项卡右侧的【类型】列表框中输入新的数字格式代码，也可以选择现有的格式代码，然后在【类型】列表框中进行编辑。输入与编辑完成后，可以从【示例】区域显示格式代码对应的数据显示效果，按Enter键或单击【确定】按钮即可确认。

如果用户编写的格式代码符合Excel的规则要求，即可成功创建新的自定义格式，并应用于当前所选定的单元格区域中。否则，Excel会打开对话框提示错误，如图4-15(b)所示。

(a)自定义数字格式　　　　　　　　　(b)弹出错误提示对话框

图4-15　当自定义的数字格式不符合Excel规范时将弹出对话框提示错误

下面介绍一些自定义数字格式的方法。

1. 以不同方式显示分段数字

通过数字格式的设置，用户能够直接从数据的显示方式上轻松判断数值的正负、大小等信息。此类数字格式可以通过对不同的格式区段，设置不同的显示方式以及设置区段条件来达到效果。

【例4-2】　设置正数正常显示、负数红色显示带负号、零值不显示、文本显示为ERR!。

01 打开如图4-16所示的工作表，选中A1:B5单元格区域，打开【设置单元格格式】对话框，选择【自定义】选项，在【类型】文本框中输入(如图4-17所示):

> G/ 通用格式 ;[红色]-G/ 通用格式 ; ;"ERR!"

02 单击【确定】按钮后，自定义数字格式后的效果如图4-18所示。

【例4-3】　设置小于1的数字以两位小数的百分数显示，其他情况以普通的两位小数数字显示，并且以小数点位置对齐数字。

01 打开如图4-19所示的工作表，选中A1:B5单元格区域，打开【设置单元格格式】对话框，选择【自定义】选项，在【类型】文本框中输入:

[<1]0.00%;#.00_%

02 单击【确定】按钮后，自定义数字格式后的效果如图4-20所示。

图4-16　原始数据　　　　图4-17　自定义数字格式　　　　图4-18　数据显示方式

图4-19　原始数据　　　图4-20　自定义数据显示与对齐方式

2. 以不同的数值单位显示

所谓"数值单位"指的是"十、百、千、万、十万、百万"等十进制数字单位。在大多数英语国家中，习惯以"千(Thousand)"和"百万(Million)"作为数值单位，千位分隔符就是其中的一种表现形式。而在中文环境中，常以"万"和"亿(即万万)"作为数值单位。通过设置自定义数字格式，可以方便地使数值以不同的单位来显示。

【例4-4】　设置以万为单位显示数值。

01 打开如图4-21所示的工作表，依次选中A1~A4单元格，打开【设置单元格格式】对话框，选择【自定义】选项，在【类型】文本框中分别输入：

```
0!.0,
0" 万 "0,
0!.0," 万 "
0!.0000" 万元 "
```

02 自定义数字格式后的效果如图4-22所示。

	A
1	423245
2	3211454
3	33454
4	198377
5	

	A
1	42.3
2	321万1
3	3.3万
4	19.8377万元
5	

图4-21　原始数据　　　图4-22　以不同形式显示数值

3. 以不同方式显示分数

用户可以使用表4-4所示的格式代码显示分数值。

表4-4　显示分数值的自定义格式代码

格式代码	说　明
# ?/?	常见的分数形式，与内置的分数格式相同，包含整数部分和分数部分
#"又"?/?	以中文字符"又"替代整数部分与分数部分之间的连接符，符合中文的分数读法
#"+"?/?	以运算符号"+"替代整数部分与分数部分之间的连接符，符合分数的实际数学含义
?/?	以假分数的形式显示分数
# ?/20	分数部分以"20"为分母显示
# ?/50	分数部分以"50"为分母显示

4. 以多种方式显示日期和时间

用户可以使用表4-5所示的格式代码显示日期数据。

表4-5　显示日期数据的自定义格式代码

格式代码	说　明
yyyy"年"m"月"d"日"aaaa	以中文"年月日"及"星期"来显示日期，符合中文使用习惯
[DBNum1]yyyy"年"m"月"d"日"aaaa	以中文小写数字形式来显示日期中的数值
d-mmm-yy,dddd	符合英语国家习惯的日期及星期显示方式
![yyyy!]![mm!]![dd!]	以"."号分隔符间隔的日期显示，符合某些人的使用习惯
"["yyyy"]["mm"]["dd"]"	
"今天"aaaa	仅显示星期几，前面加上文本前缀适合某些动态日历的文字化显示

用户可以使用表4-6所示的格式代码显示时间数据。

表4-6　显示时间数据的自定义格式代码

格式代码	说　明
h:mm a/p".m."	符合英语国家习惯的12小时制时间显示方式
上午/下午 h"点"mm"分"ss"秒"	以中文"点分秒"及"上下午"的形式来显示时间，符合中文使用习惯
mm'ss.00!"	符合英语国家习惯的24小时制时间显示方式

以分秒符号"'""""代替分秒名称的显示，秒数显示到百分之一秒。符合竞赛类计时的习惯用法。

5. 显示电话号码

电话号码是工作和生活中常见的一类数字信息，通过自定义数字格式，可以在Excel中灵活显示并且简化用户输入操作。

对于一些专用业务号码，例如400电话、800电话等，使用以下格式可以使业务号段前置显示，使得业务类型一目了然。

"tel: "000-000-0000

以下格式适用于长途区号自动显示，其中本地号码段长度固定为8位。由于我国的城市长途区号分为3位(例如010)和4位(例如0511)两类，代码中的(0###)适应了小于或等于4位区号的不同情况，并且强制显示了前置0。后面的八位数字占位符#是实现长途区号与本地号码分离的关键，也决定了此格式只适用于8位本地号码的情况。

(0###) #### ####

在以上格式的基础上，下面的格式添加了转拨分机号的显示。

(0###) #### ####" 转 "####

6. 简化输入操作

在某些情况下，使用带有条件判断的自定义格式可以简化用户的输入操作，起到类似于"自动更正"功能的效果，如以下一些例子所示。

使用以下格式代码，可以用数字0和1代替×和√的输入。

[=1] " √ ";[=0] "×";;

由于符号√的输入并不方便，而通过设置包含条件判断的格式代码，可以使得当用户输入1时自动替换为√显示，输入0时自动替换为×显示，以输入0和1的简便操作代替了原有特殊符号的输入。如果输入的数值既不是1，也不是0，将不显示。

用户还可以设计一些类似上面的数字格式，在输入数据时以简单的数字输入来替代复杂的文本输入，并且方便数据统计，而在显示效果时以含义丰富的文本来替代信息单一的数字。例如，在输入数值大于零时显示YES，等于零时显示NO，小于零时显示空。

"YES";;"NO"

使用以下格式代码可以在需要输入大量有规律的编码时，极大程度地提高效率，例如特定前缀的编码，末尾是5位流水号。

" 苏 A-2017"-00000

7. 隐藏某些类型的数据

通过设置数字格式，还可以在单元格内隐藏某些特定类型的数据，甚至隐藏整个单元格的内容显示。但需要注意的是，这里所谓的"隐藏"只是在单元格显示上的隐藏，当用户选中单元格，其真实内容还是会显示在编辑栏中。

使用以下格式代码，可以设置当单元格数值大于1时才有数据显示，隐藏其他类型的数据。格式代码分为4个区段，第1区段当数值大于1时常规显示，其余区段均不显示内容。

[>1]G/ 通用格式 ;;;

以下代码分为4个区段，第1区段当数值大于零时，显示包含3位小数的数字；第2区段当数值小于零时，显示负数形式的包含3位小数的数字；第3区段当数值等于零时显示零值；第

4 区段文本类型数据以*代替显示。其中第 4 区段代码中的第一个*表示重复下一个字符来填充列宽，而紧随其后的第二个*则是用来填充的具体字符。

> 0.000;-0.000;0;**

以下格式代码为 3 个区段，分别对应于数值大于、小于及等于零的 3 种情况，均不显示内容，因此这个格式的效果为只显示文本类型的数据。

> ;;

以下代码为 4 个区段，均不显示内容，因此这个格式的效果为隐藏所有的单元格内容。此数字格式通常被用来实现简单地隐藏单元格数据，但这种"隐藏"方式并不彻底。

> ;;;

8. 文本内容的附加显示

数字格式在多数情况下主要应用于数值型数据的显示需求，但用户也可以创建出主要应用于文本型数据的自定义格式，为文本内容的显示增添更多样式和附加信息。例如，有以下一些针对文本数据的自定义格式。

下面所示的格式代码为 4 个区段，前 3 个区段禁止非文本型数据的显示，第 4 区段为文本数据增加了一些附加信息。此类格式可用于简化输入操作，或是某些固定样式的动态内容显示(如公文信笺标题、署名等)。用户可以按照此种结构根据自己的需要，创建出更多样式的附加信息类自定义格式。

> ;;;" 南京分公司 "@" 部 "

文本型数据通常在单元格中靠左对齐显示，设置以下格式可以在文本左边填充足够多的空格使得文本内容显示为靠右侧对齐。

> ;;;*@

下面所示的格式在文本内容的右侧填充下画线_，形成类似签名栏的效果，可用于一些需要打印后手动填写的文稿类型。

> ;;; @*_

4.4　复制与移动单元格

如果需要将表格中的数据从一个位置复制或移动到其他位置，在 Excel 中可以参考以下方法进行操作。

▶ 复制：选择单元格区域后，按 Ctrl+C 组合键，然后选取目标区域，按 Ctrl+V 组合键执行粘贴操作。

▶ 移动：选择单元格区域后，按 Ctrl+X 组合键，然后选取目标区域，按 Ctrl+V 组合键执行粘贴操作。

复制和移动的主要区别在于，复制是产生源区域的数据副本，最终效果不影响源区域，而移动则是将数据从源区域移走。

4.4.1 复制数据

用户可以参考以下几种方法复制单元格和区域中的数据。

- ▶ 选择【开始】选项卡，在【剪贴板】命令组中单击【复制】按钮 ⬚。
- ▶ 按Ctrl+C组合键。
- ▶ 右击选中的单元格区域，在弹出的快捷菜单中选择【复制】命令。

完成以上操作后，将会把目标单元格或区域中的内容添加到剪贴板中(这里所指的"内容"不仅包括单元格中的数据，还包括单元格中的任何格式、数据有效性及单元格的批注)。

另外，在Excel中使用公式统计表格后，如果需要将公式的计算结果转换为数值，可以按下列步骤进行操作。

【例 4-5】 通过"复制"将公式的计算结果转换为数值。

01 选中公式计算结果，按Ctrl+C组合键。

02 在按Ctrl键的同时按V键。

03 松开所有键，再按Ctrl键。

04 松开Ctrl键，最后按V键。此时，被选中单元格区域中的公式将被转换为普通的数据。

4.4.2 选择性粘贴数据

"选择性粘贴"是Excel中非常有用的粘贴辅助功能，其中包含了许多详细的粘贴选项设置，以方便用户根据实际需求选择多种不同的复制粘贴方式。用户在按Ctrl+C组合键复制单元格中的内容后，按Ctrl+Alt+V组合键，或者右击任意单元格，在弹出的快捷菜单中选择【选择性粘贴】命令，将打开如图4-23所示的【选择性粘贴】对话框。

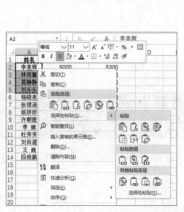

图4-23 打开【选择性粘贴】对话框

在【选择性粘贴】对话框中，各个选项的功能说明如下。

- ▶ 全部：粘贴源单元格和区域中的全部复制内容，包括数据(包括公式)、单元格中的所有格式(包括条件格式)、数据有效性以及单元格的批注。该选项为默认的常规粘贴方式。
- ▶ 公式：粘贴所有数据(包括公式)，不保留格式、批注等内容。

- ▶ 数值：粘贴数值、文本及公式运算结果，不保留公式、格式、批注、数据有效性等内容。
- ▶ 格式：只粘贴所有格式(包括条件格式)，而不保留公式、批注、数据有效性等内容。
- ▶ 批注：只粘贴批注，不保留其他任何数据内容和格式。
- ▶ 验证：只粘贴数据有效性的设置内容，不保留其他任何数据内容和格式。
- ▶ 所有使用源主题的单元：粘贴所有内容，并使用源区域的主题。一般在跨工作簿复制数据时，如果两个工作簿使用的主题不同，可以使用该项。
- ▶ 边框除外：保留粘贴内容的所有数据(包括公式)、格式(包括条件格式)、数据有效性及单元格的批注，但其中不包含单元格边框的格式设置。
- ▶ 列宽：仅将粘贴目标单元格区域的列宽设置成与源单元格的列宽相同，但不保留任何其他内容(注意，该选项与粘贴选项按钮下拉菜单中的【保留源列宽】功能有所不同)。
- ▶ 公式和数字格式：粘贴时保留数据内容(包括公式)以及原有的数字格式，而去除原来所包含的文本格式(如字体、边框、底色填充等格式设置)。
- ▶ 值和数字格式：粘贴时保留数值、文本、公式运算结果以及原有的数字格式，而去除原来所包含的文本格式(如字体、边框、底色填充等格式设置)，也不保留公式本身。
- ▶ 所有合并条件格式：合并源区域与目标区域中的所有条件格式。

在【选择性粘贴】对话框中，【运算】选项区域中还包含其他一些粘贴功能选项，通过其中的【加】【减】【乘】【除】4个选项按钮，我们可以在粘贴的同时完成一次数学运算。

【例 4-6】　将报表数据单位由元转换为万元。

01 在任意空白单元格中输入"10000"并按Ctrl+C组合键复制该单元格，选中需要修改单位的单元格区域，按Ctrl+Alt+V组合键，打开【选择性粘贴】对话框，选中【除】单选按钮，单击【确定】按钮，如图4-24所示。

02 此时，即可转换单元格区域中数据的单位，如图4-25所示。

图4-24　选择性粘贴数据

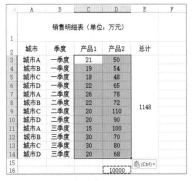

图4-25　转换数据单位后的效果

在【选择性粘贴】对话框中选择【跳过空单元】复选框，可以防止用户使用包含空单元格的源数据区域粘贴覆盖目标区域中的单元格内容。例如，用户选定并复制的当前区域的第一行为空行，则当粘贴到目标区域时，会自动跳过第一行，不会覆盖目标区域第一行中的数据。

例如，如果需要将A、B两列数据合并粘贴，在粘贴时忽略列中的空白单元格。

【**例 4-7**】 将两列包含空行的数据合并粘贴。

01 选中A列数据后，按Ctrl+C组合键，然后选择B列数据，按Ctrl+Alt+V组合键，打开【选择性粘贴】对话框，选中【跳过空单元】复选框后单击【确定】按钮，如图4-26所示。

02 此时A列数据将被复制到B列，效果如图4-27所示。

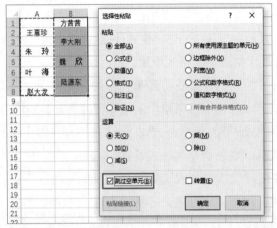

图4-26　跳过空单元复制数据　　　　图4-27　合并粘贴两列数据后的效果

在执行粘贴时，如果在【选择性粘贴】对话框中使用【转置】功能，可以将源数据区域的行列相对位置顺序互换后粘贴到目标区域，类似于二维坐标系中X坐标与Y坐标的互相转换。

【**例 4-8**】 利用"选择性粘贴"功能互换表格的行列。

01 选中图4-28所示区域后按Ctrl+C组合键，选择任意单元格(例如D1)，按Ctrl+Alt+V组合键，打开【选择性粘贴】对话框，选中【转置】复选框，单击【确定】按钮，如图4-28所示。

02 此时，将转换单元格的行列，效果如图4-29所示。

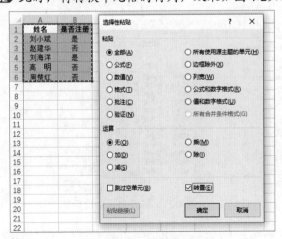

图4-28　转置列　　　　　　　　　图4-29　行列互换效果

在【选择性粘贴】对话框中单击【粘贴链接】按钮，可以为目标区域生成含引用的公式，链接指向源单元格区域。这样，复制后的数据可以随源数据自动更新。

【例4-9】　实现多表格内容同步更新。

01 选中图4-30所示的数据源表格后按Ctrl+C组合键，然后选中任意一个单元格，按Ctrl+Alt+V组合键，打开【选择性粘贴】对话框，单击该对话框中的【粘贴链接】按钮，如图4-30所示。

02 此时，将在选中的单元格位置创建一个与数据源表格一样的表格，修改数据源表格中的数据也将同时改变复制的表格中的数据，效果如图4-31所示。

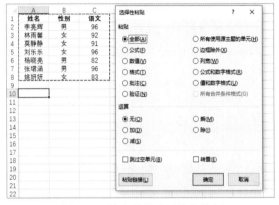

图4-30　单击【粘贴链接】按钮

图4-31　同步更新表格数据

4.4.3　拖动鼠标复制与移动数据

下面用一个实例介绍通过拖动鼠标复制与移动数据的方法。

01 选中需要复制的目标单元格区域，将鼠标指针移动至区域边缘，当指针颜色显示为黑色十字箭头时，按住鼠标左键，如图4-32所示。

02 拖动鼠标，移动至需要粘贴数据的目标位置后按Ctrl键，此时鼠标指针显示为带加号"+"的指针样式，如图4-33所示。

03 依次释放鼠标左键和Ctrl键，即可完成复制操作，效果如图4-34所示。

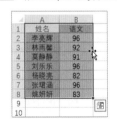
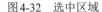

图4-32　选中区域　　　　图4-33　按住Ctrl键拖动区域　　　　图4-34　复制区域

通过拖动鼠标移动数据的操作与复制类似，只是在操作的过程中不需要按住Ctrl键。

使用鼠标拖动实现复制和移动的操作方式，不仅适合同一个工作表中的数据的复制和移动，同样也适用于不同工作表或不同工作簿之间的操作。

▶ 要将数据复制到不同的工作表中，可以在拖动过程中将鼠标移动至目标工作表标签上方, 然后按Alt键(同时不要松开鼠标左键), 即可切换到目标工作表中, 此时再执行上面步骤(2)的操作, 即可完成跨表粘贴。

▶ 要在不同的工作簿之间复制数据, 用户可以在【视图】选项卡的【窗口】命令组中选择相关命令, 同时显示多个工作簿窗口, 即可在不同的工作簿之间拖放数据进行复制。

4.5 隐藏与锁定单元格或区域

在工作中, 用户可能需要将某些单元格或区域隐藏, 或者将部分单元格或整个工作表锁定, 防止泄露机密或者意外地删除数据。设置Excel单元格格式的"保护"属性, 再配合"工作表保护"功能, 可以帮助用户方便地达到这些目的。

4.5.1 隐藏单元格或区域

要隐藏Excel工作表中的单元格或单元格区域, 用户可以执行以下操作。

01 选中需要隐藏内容的单元格或区域后, 按Ctrl+1组合键, 打开【设置单元格格式】对话框, 在【分类】列表框中选择【自定义】选项, 将单元格格式设置为";;;", 如图4-35所示。

02 选择【保护】选项卡, 选中【隐藏】复选框, 然后单击【确定】按钮, 如图4-36所示。

图4-35 自定义单元格格式

图4-36 【保护】选项卡

03 选择【审阅】选项卡, 在【更改】命令组中单击【保护工作表】按钮, 打开【保护工作表】对话框, 单击【确定】按钮即可完成单元格内容的隐藏, 如图4-37所示。

除了上面介绍的方法外, 用户也可以先将整行或者整列单元格选中, 在【开始】选项卡的【单元格】命令组中单击【格式】拆分按钮, 在弹出的菜单中选择【隐藏和取消隐藏】|【隐藏行】(或隐藏列)命令, 如图4-38所示, 然后再执行"工作表保护"操作, 达到隐藏数据的目的。

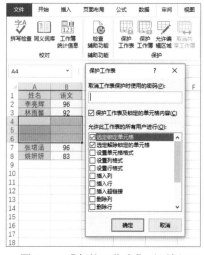

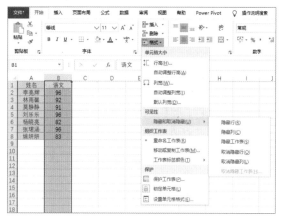

图4-37　【保护工作表】对话框　　　　　　图4-38　隐藏行或列

4.5.2　锁定单元格或区域

Excel中的单元格是否可以被编辑，取决于以下两项设置。

▶ 单元格是否被设置为"锁定"状态。

▶ 当前工作表是否执行了【工作表保护】命令。

当用户执行了【工作表保护】命令后，所有被设置为"锁定"状态的单元格，将不允许被编辑，而未被执行"锁定"状态的单元格仍然可以被编辑。

要将单元格设置为"锁定"状态，用户可以在【设置单元格格式】对话框中选择【保护】选项卡，然后选中该选项卡中的【锁定】复选框。

4.6　查找与替换数据

如果需要在工作表中查找一些特定的字符串，那么查看每个单元格就太麻烦了，特别是在一个较大的工作表或工作簿中进行查找时。Excel提供的查找和替换功能，可以方便地查找和替换需要的内容。

4.6.1　查找数据

在使用电子表格的过程中，常常需要查找某些数据。使用Excel的数据查找功能可以快速查找出满足条件的所有单元格，还可以设置查找数据的格式，这进一步提高了编辑和处理数据的效率。

在Excel中查找数据时，可以按Ctrl+F组合键，或者选择【开始】选项卡，在【编辑】命令组中单击【查找和选择】下拉列表按钮，然后在弹出的下拉列表中选择【查找】选项，打开【查找和替换】对话框。在该对话框的【查找内容】文本框中输入要查找的数据，然后单击【查找下一个】按钮，Excel会自动在工作表中选定相关的单元格，若想查看下一个查找结果，则再次单击【查找下一个】按钮即可。

另外，在Excel的查找和替换中使用星号(*)可以查找任意字符串，例如查找"IT*"可以找到表格中的"IT网站"和"IT论坛"等。使用问号(？)可以查找任意单个字符，例如查找"?78"可以找到"078"和"178"等。另外，如果要查找通配符，可以输入"~*""~?"，其中"~"为波浪号，如果要在表格中查找波浪号(~)，则可以输入两个波浪号"~~"。

【例 4-10】 使用通配符查找指定范围的数据。

01 按Ctrl+F组合键打开【查找和替换】对话框，在【查找内容】文本框中输入"*京"，单击【查找下一个】按钮，可以在工作表中依次查找包含"京"的文本，如图4-39所示。

02 单击【查找全部】按钮可以在工作簿中查找包含文本"京"的单元格，如图4-40所示。

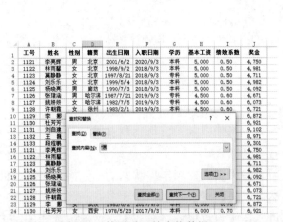

图4-39 使用通配符查找数据

图4-40 查找全部

03 在【查找和替换】对话框中单击【查找下一个】按钮时，Excel会按照某个方向进行查找，如果按住Shift键再单击【查找下一个】按钮，Excel将按照原查找方向相反的方向进行查找。

04 单击【关闭】按钮可以关闭【查找和替换】对话框，之后如果要继续查找表格中的查找内容，可以按Shift+F4组合键继续执行"查找"命令。

4.6.2 替换数据

在Excel中，若用户要统一替换一些内容，则可以按Ctrl+H组合键来实现数据替换功能。通过【查找和替换】对话框，不仅可以查找表格中的数据，还可以将查找的数据替换为新的数据，这样可以提高工作效率。

【例 4-11】 对指定数据执行批量替换操作。

01 按Ctrl+H组合键，打开【查找和替换】对话框，将【查找内容】设置为"专科"，将【替换为】设置为"大学"。

02 单击【全部替换】按钮后，Excel将提示进行了几处替换，单击【确定】按钮即可，如图4-41所示。

图4-41 批量替换数据

【例4-12】根据单元格格式替换数据。

01 按Ctrl+H组合键打开【查找和替换】对话框,单击【选项】按钮,在显示的选项区域中单击【格式】按钮旁的▼按钮,在弹出的菜单中选择【从单元格选择格式】命令,如图4-42所示。

02 选取表格中包含单元格格式的单元格(H2),返回【查找和替换】对话框。

03 返回【查找和替换】对话框后,单击【替换为】选项后的【格式】按钮。

04 打开【替换格式】对话框,选择【数字】选项卡,在选项卡左侧的列表框中选择【货币】选项,设置如图4-43所示的货币格式,单击【确定】按钮。

图4-42 选择【从单元格选择格式】命令

图4-43 【替换格式】对话框

05 返回【查找和替换】对话框,单击【全部替换】按钮,即可根据设置的单元格格式(即步骤(2)选取的单元格),按照所设置的内容,将所有符合条件的单元格中的数据以及单元格格式替换,如图4-44所示。

图4-44 根据格式替换数据后的效果

在设置替换表格中的数据时，如果需要区分替换内容的大小写，可以在【查找和替换】对话框中选中【区分大小写】复选框。

在完成按单元格格式替换表格数据的操作后，在【查找和替换】对话框中单击【格式】按钮，在弹出的菜单中选择【清除查找格式】或【清除替换格式】命令，可以删除对话框中设置的单元格查找格式与替换格式。

另外，如果要对某单元格区域内的指定数据进行替换，例如在图4-45(a)中要将0替换为90，将【查找内容】设置为0，将【替换为】设置为90，直接单击【全部替换】按钮。Excel会将所有单元格中的0全部替换为90，如图4-45(b)所示。

	A	B	C	D	E
1	商品编码	数量	金额	平均考核价	
2	1008438	300	6963	20	
3	1008475	200	11966	54.55	
4	1008546	0	9990	31.9	
5	1008578	100	1184	11.25	
6	1008607	0	2947.8	280	
7	1008630	70	2207.8	29.9	
8	1008742	110	7800	7.33	
9					

(a)

	A	B	C	D	E
1	商品编码	数量	金额	平均考核价	
2	1.9E+08	39090	6963	290	
3	1.9E+08	29090	11966	54.55	
4	1.9E+08	90	99990	31.9	
5	1.9E+08	19090	1184	11.25	
6	1.9E+09	90	2947.8	2890	
7	1.9E+09	790	22907.8	29.9	
8	1.9E+08	1190	789090	7.33	
9					

(b)

图4-45　直接将0替换为90

显然这种替换方法并不符合要求。这时，可以通过设置【单元格匹配】实现想要的结果。

【例4-13】将表格中的0替换为90。

01 打开表格后，按Ctrl+H组合键，打开【查找和替换】对话框。将【查找内容】设置为0，将【替换为】设置为90，然后选中【单元格匹配】复选框，并单击【全部替换】按钮，如图4-46(a)所示。

02 此时，Excel将自动筛选数据0，并将其替换为90，效果如图4-46(b)所示。

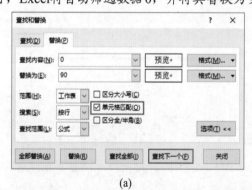

(a)

	A	B	C	D	E
1	商品编码	数量	金额	平均考核价	
2	1008438	300	6963	20	
3	1008475	200	11966	54.55	
4	1008546	90	9990	31.9	
5	100857	100	1184	11.25	
6	1008607	90	2947.8	280	
7	1008630	70	2207.8	29.9	
8	1008742	110	7800	7.33	
9					

(b)

图4-46　替换数据时匹配单元格

4.7　案例演练

本节将通过案例介绍在Excel中整理表格数据的一些实用技巧(包括使用Excel插件Power Query整理工作表的方法)，帮助用户进一步掌握所学的知识，提高工作效率。

【例4-14】隐藏数据小数点后的零值。

01 打开工作表后选中D3:D6单元格区域，然后右击鼠标，在弹出的快捷菜单中选择【设置单元格格式】命令，如图4-47所示。

图4-47　选择【设置单元格格式】命令

02 打开【设置单元格格式】对话框，选择【数字】选项卡，在【分类】列表框中选择【自定义】选项，在【类型】列表框中选择【G/通用格式】选项，然后单击【确定】按钮。此时，被选中单元格中的小数点后的零值将自动隐藏，效果如图4-48所示。

图4-48　隐藏零值效果

【例4-15】 为指定数据快速加上相同的数值。

01 选中B2:B14单元格区域，按Ctrl+C组合键复制该区域中的数据，然后选中C2:C14单元格区域，按Ctrl+V组合键，粘贴复制的数据，如图4-49所示。

02 在任意单元格中输入需要在C2:C14单元格区域中增加或减少的数值(例如15)，然后选中该单元格，按Ctrl+C组合键，并右击C2:C14单元格区域，从弹出的快捷菜单中选择【选择性粘贴】命令，如图4-50所示。

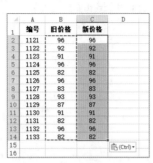

图 4-49　使用快捷键复制数据　　　图 4-50　选择【选择性粘贴】命令

03 打开【选择性粘贴】对话框，选中【数值】和【加】单选按钮，单击【确定】按钮。此时，C2:C14 单元格区域中的数值将统一增加 15，如图 4-51 所示。

图 4-51　粘贴数据时自动加 15

【例 4-16】 快速合并多个工作簿中的数据。

01 打开工作簿后，选择【数据】选项卡，单击【获取和转换数据】命令组中的【获取数据】下拉按钮，从弹出的下拉列表中选择【自文件】|【从文件夹】选项，如图 4-52 所示。

02 打开【文件夹】对话框，单击【浏览】按钮，如图 4-53 所示。

图 4-52　获取和转换数据　　　　图 4-53　【文件夹】对话框

03 打开【浏览文件夹】对话框，选中存放数据的文件夹，单击【确定】按钮，返回【文件夹】对话框，单击【确定】按钮，在图 4-54 所示的对话框中单击【转换数据】按钮。

04 打开Power Query编辑器，按住Ctrl键选中最左侧的两列数据，右击鼠标，从弹出的快捷菜单中选择【删除其他列】命令，如图4-55所示，删除选中列以外的其他列。

图4-54　转换数据

图4-55　删除其他列

05 选择【添加列】选项卡，单击【自定义列】按钮，如图4-56所示。

06 打开【自定义列】对话框，在【新列名】文本框中输入"数据"，在【自定义列公式】文本框中输入：

```
Excel.Workbook([Content],true)
```

然后单击【确定】按钮，如图 4-57 所示。

图4-56　【添加列】选项卡

图4-57　【自定义列】对话框

07 选中自定义列，右击鼠标，从弹出的快捷菜单中选择【删除其他列】命令，如图4-58所示。

08 单击自定义列右侧的按钮，从弹出的列表中单击【确定】按钮，如图4-59所示。

图4-58 删除除了自定义列以外的其他列   图4-59 展开自定义列

09 单击第2列数据右侧的按钮，从弹出的列表中单击【确定】按钮，如图4-60所示。

图4-60 展开数据列

10 选中最后两列数据，右击鼠标，从弹出的快捷菜单中选择【删除列】命令，将其删除。单击【文件】按钮，从弹出的列表中选择【关闭并上载】选项，即可在当前工作簿创建一个新的工作表，生成图4-61所示的数据，该数据为合并多个工作簿中全部工作表后的数据。

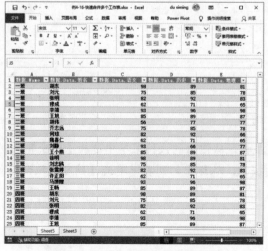

图4-61 合并多个工作簿中的数据

【例 4-17】 使用 Power Query 快速整理工作表。

01 打开图 4-62 所示的工作表后，选中 A 列和 B 列的数据，选择【数据】选项卡，单击【获取和转换数据】命令组中的【自表格/区域】按钮。

02 打开【创建表】对话框，单击【确定】按钮，如图 4-62 所示。

03 打开 Power Query 编辑器窗口，选中第 2 列数据，单击【拆分列】下拉按钮，从弹出的下拉列表中选择【按分隔符】选项，如图 4-63 所示。

图 4-62 获取来自表格区域的数据

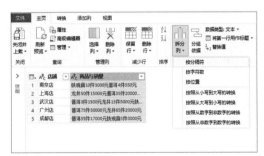

图 4-63 按分隔符拆分列

04 打开【按分隔符拆分列】对话框，单击【选择或输入分隔符】下拉按钮，从弹出的下拉列表中选择【自定义】选项，然后在该选项下的文本框中输入"元"，并单击【高级选项】选项，如图 4-64 所示。

05 展开高级选项区域，选中【行】单选按钮，单击【确定】按钮，如图 4-65 所示。

图 4-64 设置输入分隔符

图 4-65 设置高级选项

06 在拆分列结果中选中第 2 列数据，单击列右侧的▼按钮，从弹出的列表中取消【空白】复选框的选中状态，然后单击【确定】按钮，如图 4-66 所示。

07 单击【拆分列】下拉按钮，从弹出的下拉列表中选择【按照从非数字到数字的转换】选项。在拆分结果中选中第 3 列数据，再次单击【拆分列】下拉按钮，从弹出的下拉列表中选择【按照从数字到非数字的转换】选项，如图 4-67 所示。

08 双击列标题，依次重命名列标题，效果如图 4-68 所示。

09 单击【文件】按钮，从弹出的列表中选择【关闭并上载】选项，即可在当前工作簿创建一个新的工作表，生成图 4-69 所示的数据。

图 4-66　隐藏空白行

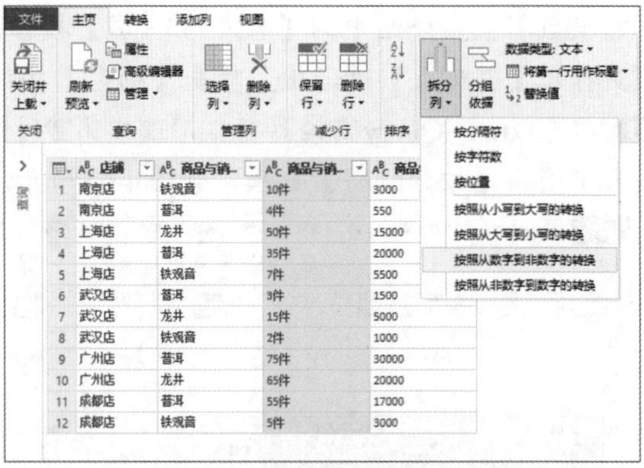

图 4-67　设置按从数字到非数字转换

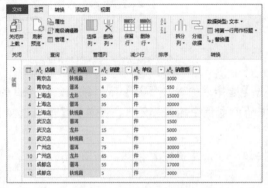

图 4-68　重命名列标题

图 4-69　数据整理结果

第 5 章
格式化工作表

| 本章导读 |

　　本章将介绍 Excel 2019 中格式化命令的使用方法和技巧，用户可以利用 Excel 丰富的格式化命令，对工作表的布局和数据进行格式化处理，使表格的效果更加美观，表格数据更易于阅读。

5.1 单元格格式简介

Excel工作表的整体外观由各个单元格的样式构成，单元格的样式外观在Excel的可选设置中主要包括数据显示格式、字体样式、文本对齐方式、边框样式及单元格颜色等。

5.1.1 认识格式工具

在Excel中，对于单元格格式的设置和修改，用户可以通过功能区命令组、浮动工具栏和【设置单元格格式】对话框来实现，下面将分别进行介绍。

1. 功能区命令组

在【开始】选项卡中提供了多个命令组用于设置单元格格式，包括【字体】【对齐方式】【数字】【样式】等，如图5-1所示。

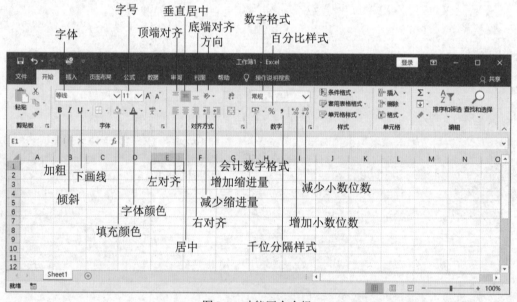

图5-1　功能区命令组

- ▶ 【字体】命令组：包括字体、字号、加粗、倾斜、下画线、填充颜色、字体颜色等。
- ▶ 【对齐方式】命令组：包括顶端对齐、垂直居中、底端对齐、左对齐、居中、右对齐、方向、自动换行、合并后居中等。
- ▶ 【数字】命令组：包括增加/减少小数位数、百分比样式、会计数字格式等对数字进行格式化的各种命令。
- ▶ 【样式】命令组：包括条件格式、套用表格格式、单元格样式等。

2. 浮动工具栏

选中并右击单元格，在弹出的快捷菜单上方将会显示如图5-2所示的浮动工具栏，在浮动工具栏中包括了常用的单元格格式设置命令。

3.【设置单元格格式】对话框

用户可以在【开始】选项卡中单击【字体】【对齐方式】【数字】等命令组右下角的对话框启动器按钮⬀(或者按Ctrl+1组合键，或者右击单元格，从弹出的快捷菜单中选择【设置单元格格式】命令)，打开如图5-3所示的【设置单元格格式】对话框。

图5-2　浮动工具栏

图5-3　【设置单元格格式】对话框

在【设置单元格格式】对话框中，用户可以根据需要选择合适的选项卡，设置表格单元格的格式(本章将详细介绍)。

5.1.2　使用 Excel 实时预览功能

设置单元格格式时，部分Excel工具在软件默认状态下支持实时预览格式效果，如果用户需要关闭或者启用该功能，可以参考以下方法进行操作。

01 选择【文件】选项卡，单击【选项】选项，打开【Excel选项】对话框，然后选择【常规】选项卡。

02 在对话框右侧的选项区域中选中【启用实时预览】复选框后，单击【确定】按钮即可。

5.1.3　设置对齐

打开图5-3所示的【设置单元格格式】对话框，选择【对齐】选项卡，该选项卡主要用于设置单元格文本的对齐方式，此外，还可以对文本方向、文字方向以及文本控制等内容进行相关的设置，具体如下。

1. 文本方向和文字方向

当用户需要将单元格中的文本以一定的倾斜角度进行显示时，可以通过【对齐】选项卡中的【方向】文本格式设置来实现。

▶ 设置倾斜文本角度：在【对齐】选项卡右侧的【方向】半圆形表盘显示框中，如图5-4所示，用户可以通过鼠标指针直接选择倾斜角度，或通过下方的微调框来设置文本的倾斜角度，改变文本的显示方向。文本倾斜角度设置范围为-90度至90度。图5-5所示从左到右依次展示了文本分别倾斜90度、45度、0度、-45度和-90度的效果。

图5-4 【对齐】选项卡

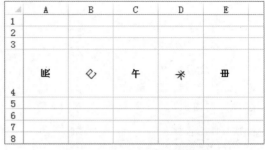

图5-5 文本方向的设置效果

▶ 设置竖排文本方向：竖排文本方向指的是将文本由水平排列状态转为竖直排列状态，文本中的每一个字符仍保持水平显示。要设置竖排文本方向，在【开始】选项卡的【对齐方式】命令组中单击【方向】下拉按钮，在弹出的下拉列表中选择【竖排文字】命令即可，如图5-6所示。

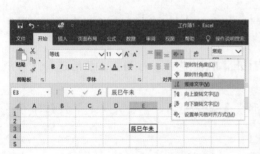

图5-6 设置竖排文本方向

▶ 设置垂直角度：垂直角度文本指的是将文本按照字符的直线方向垂直旋转90度或-90度后形成的垂直显示文本，文本中的每一个字符均向相应的方向旋转90度。要设置垂直角度文本，在【开始】选项卡的【对齐方式】命令组中单击【方向】下拉按钮，在弹出的下拉列表中选择【向上旋转文字】或【向下旋转文字】命令即可，设置效果如图5-7所示。

▶ 设置【文字方向】：【文字方向】指的是文字从左至右或者从右至左的书写和阅读方向，目前大多数语言都是从左到右书写和阅读的，但也有不少语言是从右到左书写和阅读的，如阿拉伯语、希伯来语等。在使用相应的语言支持的Office版本后，可以在如图5-4所示的【对齐】选项卡中单击【文字方向】下拉按钮，将文字方向设置为【总是从右到左】，以便于输入和阅读这些语言。但是需要注意两点：一是将文字设置为【总是从右到左】，对于通常的中英文文本不会起作用；二是对于大多数符号，如@、%、#等，可以通过设置【总是从右到左】改变字符的排列方向。

图5-7 设置垂直角度文本

2. 水平对齐

在Excel中设置水平对齐包括常规、靠左(缩进)、居中、靠右(缩进)、填充、两端对齐、跨列居中、分散对齐(缩进)8种对齐方式，如图5-8所示，其各自的作用如下。

▶ 常规：Excel默认的单元格内容的对齐方式为数值型数据靠右对齐、文本型数据靠左对齐、逻辑值和错误值居中。

▶ 靠左(缩进)：单元格内容靠左对齐。如果单元格内容长度大于单元格列宽，则内容会从右侧超出单元格边框显示；如果右侧单元格非空，则内容右侧超出部分不显示。在如图5-8所示【对齐】选项卡的【缩进】微调框中可以调整离单元格右侧边框的距离，可选缩进范围为0~15个字符。例如，如图5-9所示为以靠左(缩进)方式设置分级文本。

图5-8 设置水平对齐　　　　　图5-9 "靠左(缩进)"对齐

▶ 填充：重复单元格内容直到单元格的宽度被填满。如果单元格列宽不足以重复显示文本的整数倍数时，则文本只显示整数倍次数，其余部分不再显示出来，如图5-10所示。

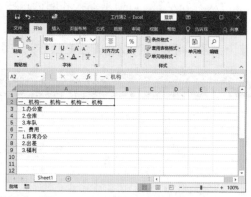

图5-10 设置"填充"对齐

▶ 居中：单元格内容居中，如果单元格内容长度大于单元格列宽，则内容会从两侧超出单元格边框显示。如果两侧单元格非空，则内容超出部分不显示。

▶ 靠右(缩进)：单元格内容靠右对齐，如果单元格内容长度大于单元格列宽，则内容会从左侧超出单元格边框显示。如果左侧单元格非空，则内容左侧超出部分不显示。可以在【缩进】微调框内调整距离单元格右侧边框的距离，可选缩进范围为0~15个字符。

▶ 两端对齐：使文本两端对齐。单行文本以类似"靠左"方式对齐，如果文本过长，超过列宽时，文本内容会自动换行显示，如图5-11所示。

▶ 跨列居中：单元格内容在选定的同一行内连续的多个单元格中居中显示。此对齐方式常用于在不需要合并单元格的情况下，例如居中显示表格标题，如图5-12所示。

图5-11 两端对齐　　　　图5-12 跨列居中

▶ 分散对齐(缩进)：对于中文字符，包括空格间隔的英文单词等，在单元格内平均分布并充满整个单元格宽度，并且两端靠近单元格边框。对于连续的数字或字母符号等文本则不产生作用。可以使用【缩进】微调框调整距离单元格两侧边框的边距，可缩进范围为0~15个字符。应用"分散对齐"格式的单元格当文本内容过长时会自动换行显示，如图5-13所示。

图5-13 分散对齐(缩进)

3. 垂直对齐

垂直对齐包括靠上、居中、靠下、两端对齐、分散对齐等几种对齐方式，如图5-14所示。

- ▶ 靠上：又称为"顶端对齐"，单元格内的文字沿单元格顶端对齐。
- ▶ 居中：又称为"垂直居中"，单元格内的文字垂直居中，这是Excel默认的对齐方式。
- ▶ 靠下：又称为"底端对齐"，单元格内的文字靠下端对齐。
- ▶ 两端对齐：单元格内容在垂直方向上两端对齐，并且在垂直距离上平均分布。应用该格式的单元格当文本内容过长时会自动换行显示。
- ▶ 分散对齐：这种对齐方式与"居中"类似。如果单元格中包含多个文字，Excel将从左到右把每一行的每个文字均匀地分布到单元格中。

如果用户需要更改单元格内容的垂直对齐方式，除了可以通过【设置单元格格式】对话框中的【对齐】选项卡以外，还可以在【开始】选项卡的【对齐方式】命令组中单击【顶端对齐】按钮、【垂直居中】按钮或【底端对齐】按钮，如图5-15所示。

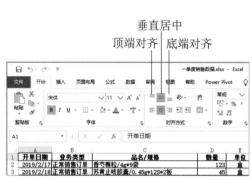

图5-14　设置垂直对齐　　　　图5-15　垂直对齐方式

4. 文本控制

在设置文本对齐的同时，还可以对文本进行输出控制，包括自动换行、缩小字体填充、合并单元格，如图5-4所示。

- ▶ 自动换行：当文本内容的长度超出单元格宽度时，可以选中【自动换行】复选框使文本内容分为多行显示。此时如果调整单元格宽度，文本内容的换行位置也将随之改变。
- ▶ 缩小字体填充：可以使文本内容自动缩小显示，以适应单元格的宽度大小。此时单元格文本内容的字体并未改变。

5. 合并单元格

合并单元格就是将两个或两个以上的连续单元格区域合并成占有两个或多个单元格空间的"超大"单元格。在Excel 2019中，用户可以使用合并后居中、跨越合并、合并单元格3种方法合并单元格。

用户选择需要合并的单元格区域后，直接单击【开始】选项卡【对齐方式】命令组中的【合并后居中】下拉按钮，在弹出的下拉列表中选择相应的合并单元格的方式，如图5-16所示。

- ▶ 合并后居中：将选中的多个单元格进行合并，并将单元格内容设置为水平居中和垂直居中。
- ▶ 跨越合并：在选中多行多列的单元格区域后，将所选区域的每行进行合并，形成单列

115

多行的单元格区域。

▶ 合并单元格：将所选单元格区域进行合并，并沿用该区域起始单元格的格式。

以上3种合并单元格方式的效果如图5-17所示。

图5-16　合并单元格

图5-17　3种合并单元格方式

如果在选取的连续单元格中包含多个非空单元格，则在进行单元格合并时会弹出警告对话框，提示用户如果继续合并单元格将仅保留左上角的单元格数据而删除其他数据，如图5-18所示。

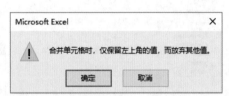

图5-18　合并区域包含多个数据时的警告对话框

5.1.4　设置字体

单元格字体格式包括字体、字号、颜色、背景图案等。Excel中文版的默认设置为：字体为【宋体】、字号为11号。用户可以按Ctrl+1组合键，打开【设置单元格格式】对话框，选择【字体】选项卡，通过更改相应的设置来调整单元格内容的字体格式，如图5-19所示。

图5-19　通过【设置单元格格式】对话框设置单元格内容的字体格式

【字体】选项卡中各个选项的功能说明如下。

- ▶ 字体：在该列表框中显示了Windows系统提供的各种字体。
- ▶ 字形：在该列表中提供了包括常规、倾斜、加粗、加粗倾斜4种字形。
- ▶ 字号：文字的显示大小，用户可以在【字号】列表框中选择字号，也可以直接在文本框中输入字号大小。
- ▶ 下画线：在该下拉列表中可以为单元格内容设置下画线，默认设置为无。Excel中可设置的下画线类型包括单下画线、双下画线、会计用单下画线、会计用双下画线4种(会计用下画线比普通下画线离单元格内容更靠下一些，并且会填充整个单元格的宽度)。
- ▶ 颜色：单击该按钮将弹出【颜色】下拉调色板，允许用户为文字设置颜色。
- ▶ 删除线：在单元格内容上显示横穿内容的直线，表示内容被删除。效果为~~删除内容~~。
- ▶ 上标：将文本内容显示为上标形式，例如K^3。
- ▶ 下标：将文本内容显示为下标形式，例如K_3。

除了可以对整个单元格的内容设置字体格式外，还可以对同一个单元格内的文本内容设置多种字体格式。用户只要选中单元格文本的某一部分，设置相应的字体格式即可。

5.1.5　设置边框

1. 通过功能区设置边框

在【开始】选项卡的【字体】命令组中，单击设置边框 田 ▾ 下拉按钮，在弹出的下拉列表中提供了13种边框设置方案，以及多种绘制和擦除边框的工具，如图5-20所示。

2. 使用【设置单元格格式】对话框设置边框

用户可以通过【设置单元格格式】对话框中的【边框】选项卡来设置更多的边框效果，如图5-21所示。

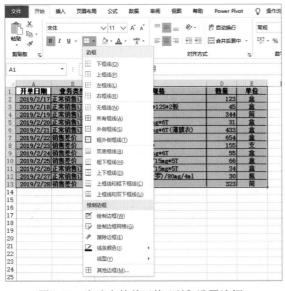

图5-20　为选中的单元格(区域)设置边框

图5-21　【边框】选项卡

【例 5-1】 使用 Excel 2019 为表格设置单斜线和双斜线表头的报表。

01 打开如图 5-22 所示的表格后,在 B2 单元格中输入表头标题"月份"和"部门",通过插入空格调整"月份"和"部门"之间的距离。

02 在 B2 单元格中添加从左上至右下的对角边框线条。选中 B2 单元格后,打开【设置单元格格式】对话框,选择【边框】选项卡并单击□按钮,如图 5-23 所示,然后单击【确定】按钮。

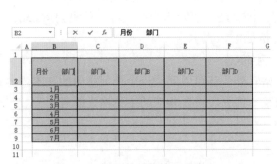

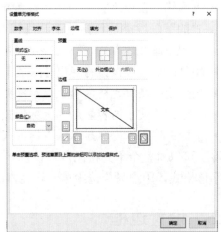

图 5-22 在 B2 单元格输入文本　　　　　　　　图 5-23 为表格设置单斜线表头

03 在 B2 单元格中输入表头标题"金额",放在"月份"和"部门"中间,通过插入空格调整"金额"和"部门"之间的距离,在"月份"之前按 Alt+Enter 键强制换行。

04 打开【设置单元格格式】对话框,选择【对齐】选项卡,设置 B2 单元格的水平对齐方式为【靠左(缩进)】,垂直对齐方式为【靠上】,如图 5-24 所示。

05 重复步骤(1) ～ (2)的操作,在 B2 单元格中设置单斜线表头。

06 选择【插入】选项卡,在【插入】命令组中单击【形状】拆分按钮,在弹出的菜单中选择【线条】命令,在 B2 单元格中添加如图 5-25 所示的直线,完成双斜线表头的制作。

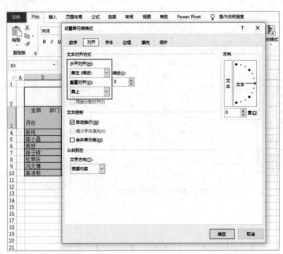

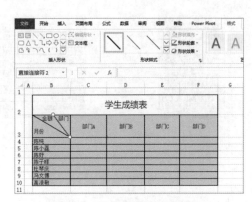

图 5-24 设置单元格对齐方式　　　　　　　　图 5-25 制作双斜线表头效果

5.1.6　设置填充

用户可以通过【设置单元格格式】对话框中的【填充】选项卡，对单元格的底色进行填充修饰。在【背景色】区域中可以选择多种填充颜色，或单击【填充效果】按钮，在弹出的【填充效果】对话框中设置渐变色。此外，用户还可以在【图案样式】下拉列表中选择单元格图案填充，并可以单击【图案颜色】按钮设置填充图案的颜色，如图 5-26 所示。

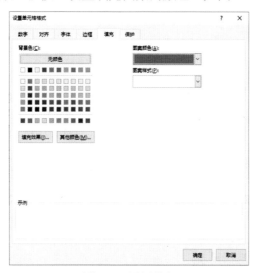

图 5-26　设置填充

5.1.7　复制格式

在日常办公中，如果用户需要将现有的单元格格式复制到其他单元格区域中，可以使用以下几种方法。

1. 复制、粘贴单元格

直接将现有的单元格复制、粘贴到目标单元格，这样在复制单元格格式的同时，单元格内原有的数据也被清除。

2. 仅复制粘贴格式

复制现有的单元格，在【开始】选项卡的【剪贴板】命令组中单击【粘贴】下拉按钮，在弹出的下拉列表中选择【格式】命令。

3. 利用【格式刷】复制单元格格式

用户也可以使用【格式刷】工具快速复制单元格格式，具体方法如下。

01 选中需要复制的单元格区域，在【开始】选项卡的【剪贴板】命令组中单击【格式刷】按钮。

02 移动光标到目标单元格区域，此时光标变为图形，单击鼠标将格式复制到目标单元格区域。

如果用户需要将现有单元格区域的格式复制到更大的单元格区域，可以在步骤(2)中在目标单元格的左上角单元格位置单击并按住左键，向下拖动至合适的位置，释放鼠标即可。

如果在【剪贴板】命令组中双击【格式刷】按钮，将进入"格式刷"重复使用模式，在该模式中用户可以将现有单元格中的格式复制到多个单元格，直到再次单击【格式刷】按钮或者按Esc键结束，如图5-27所示。

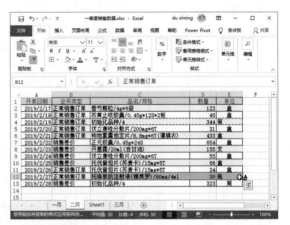

图5-27　进入重复模式复制单元格格式

5.1.8　快速格式化数据表

Excel 2019的【套用表格格式】功能提供了几十种表格格式，为用户格式化表格提供了丰富的选择方案。具体操作方法如下。

【例5-2】　在 Excel 2019 中使用【套用表格格式】功能快速格式化表格。

01 选中数据表中的任意单元格后，在【开始】选项卡的【样式】命令组中单击【套用表格格式】下拉按钮，如图5-28所示。

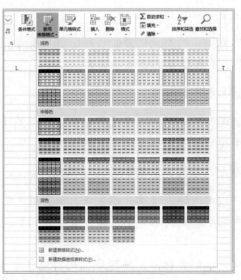

图5-28　套用表格格式

02 在展开的下拉列表中，单击需要的表格格式，打开【套用表格式】对话框。

03 在【套用表格式】对话框中确认引用范围，单击【确定】按钮，如图 5-29 所示，数据表被创建为表格并应用格式。

04 在【设计】选项卡的【工具】命令组中单击【转换为区域】按钮，在打开的对话框中单击【是】按钮，将表格转换为普通数据，但格式仍被保留，如图 5-30 所示。

图 5-29 【套用表格式】对话框

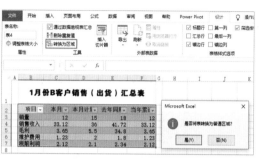

图 5-30 将表格转换为普通数据表区域

5.2 使用单元格样式

Excel 中的单元格样式是指一组特定单元格格式的组合。使用单元格样式，可以快速对应用相同样式的单元格或区域进行格式化。

5.2.1 应用 Excel 内置样式

Excel 2019 内置了一些典型的样式，用户可以直接套用这些样式来快速设置单元格格式，具体操作步骤如下。

01 选中单元格或单元格区域，在【开始】选项卡的【样式】命令组中，单击【单元格样式】下拉按钮，如图 5-31(a) 所示。

02 将鼠标指针移动至单元格样式列表中的某一项样式，目标单元格将立即显示应用该样式的效果，单击样式即可确认应用，效果如图 5-31(b) 所示。

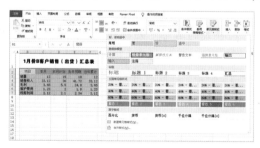

(a)　　　　　　　　　　　　(b)

图 5-31 应用 Excel 的内置单元格样式

如果用户需要修改Excel中的某个内置样式，可以在该样式上右击鼠标，在弹出的快捷菜单中选择【修改】命令，打开【样式】对话框，根据需要对相应样式的【数字】【对齐】【字体】【边框】【填充】【保护】等单元格格式进行修改，如图5-32所示。

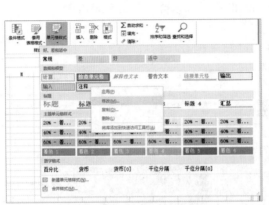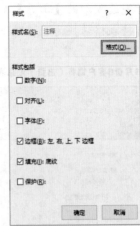

图5-32 修改Excel内置样式

5.2.2 创建自定义样式

当Excel中的内置样式无法满足表格设计的需求时，用户可以参考下面介绍的方法，自定义单元格样式。

【例5-3】 在如图5-31所示的工作表中创建自定义样式，要求如下。

▶ 表格标题采用Excel内置的【标题3】样式。
▶ 表格列标题采用字体为【微软雅黑】，字号为10号，【水平对齐】和【垂直对齐】方式均为居中。
▶ "项目"列数据采用字体为【微软雅黑】，字号为10号，【水平对齐】和【垂直对齐】方式均为居中，单元格填充色为绿色。
▶ "本月""本月计划""去年同期"和"当年累计"列数据采用字体为Arial Unicode MS，字号为10号，保留3位小数。

01 打开工作表后，在【开始】选项卡的【样式】命令组中单击【单元格样式】下拉按钮，在打开的下拉列表中选择【新建单元格样式】命令，打开【样式】对话框。

02 在【样式】对话框中的【样式名】文本框中输入样式的名称"列标题"，然后单击【格式】按钮，如图5-33(a)所示。

03 打开【设置单元格格式】对话框，选择【字体】选项卡，设置字体为【微软雅黑】，字号为10号，如图5-33(b)所示；选择【对齐】选项卡，设置【水平对齐】和【垂直对齐】为【居中】，如图5-33(c)所示，然后单击【确定】按钮。

04 返回【样式】对话框，在【样式包括(举例)】选项区域中选中【对齐】和【字体】复选框，然后单击【确定】按钮，如图5-34所示。

图5-33 创建自定义样式并设置样式的字体、字号和对齐方式

05 重复步骤(1)～(4)的操作新建【项目列数据】(如图5-35(a)所示)和【内容数据】(如图5-35(b)所示)的样式。

 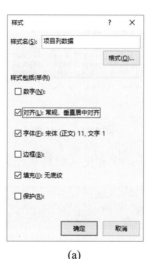 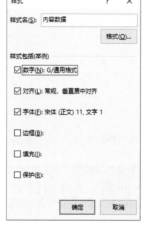

图5-34 设置【样式包括(举例)】 　　(a)　　　　　　　(b)

　　　　　　　　　　　　　图5-35 新建自定义样式

06 新建自定义样式后，在样式列表上方将显示如图5-36所示的【自定义】样式区。

07 分别选中数据表格中的标题、列标题、项目列数据和内容数据单元格区域，应用样式分别进行格式化，效果如图5-37所示。

图5-36 自定义样式区　　　图5-37 应用自定义样式格式化后的表格

5.2.3　合并单元格样式

在Excel中完成例5-3的操作所创建的自定义样式，只能保存在当前工作簿中，不会影响其他工作簿的样式。如果用户需要在其他工作簿中使用当前新创建的自定义样式，可以参考下面介绍的方法合并单元格样式。

【例5-4】　继续例5-3的操作，合并创建的自定义单元格样式。

01 完成例5-3的操作后，新建一个工作簿，在【开始】选项卡的【样式】命令组中单击【单元格样式】下拉按钮，在弹出的下拉列表中选择【合并样式】命令。

02 打开【合并样式】对话框，选中包含自定义样式的工作簿【例5-3销售汇总表.xlsx】，然后单击【确定】按钮，如图5-38所示。

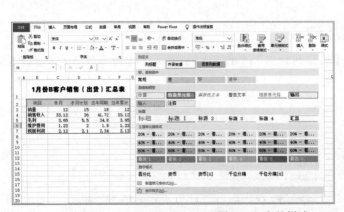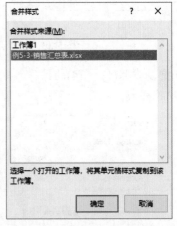

图5-38　合并样式

03 完成以上操作后，例5-3的工作簿中自定义的样式将被复制到新建的工作簿中。

5.3　使用主题

除了使用样式，还可以使用主题来格式化工作表。Excel中的主题是一组格式选项的组合，包括主题颜色、主题字体和主题效果等。

5.3.1　主题三要素简介

Excel中主题的三要素包括颜色、字体和效果。在【页面布局】选项卡的【主题】命令组中，单击【主题】下拉按钮，在展开的下拉列表中，Excel内置了如图5-39所示的主题供用户选择。

在主题下拉列表中选择一种Excel内置主题后，用户可以分别单击【颜色】【字体】和【效果】下拉按钮，修改选中主题的颜色、字体和效果，如图5-40所示。

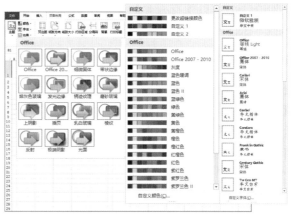

图5-39 选择主题 　　　图5-40 设置主题的颜色、字体和效果

5.3.2 应用文档主题

在Excel 2019中用户可以参考下面介绍的方法，使用主题对工作表中的数据进行快速格式化操作。

【例5-5】 对工作表中的数据应用文档主题。

01 打开一个工作表，参考例5-2的操作将数据源表进行格式化，效果如图5-41所示。

02 在【页面布局】选项卡的【主题】命令组中单击【主题】按钮，在展开的主题库中选择【离子会议室】主题，如图5-42所示。

图5-41 格式化数据表 　　　图5-42 应用【离子会议室】主题

通过【套用表格格式】格式化数据表，只能设置数据表的颜色，不能改变字体。使用【主题】可以对整个数据表的颜色、字体等进行快速格式化。

5.3.3 自定义和共享主题

在Excel 2019中，用户可以创建自定义的颜色组合和字体组合，混合搭配不同的颜色、字体和效果组合，并可以保存合并的结果作为新的主题，以便在其他的文档中使用(新建的主题颜色和主题字体仅作用于当前工作簿，不会影响其他工作簿)。

1. 新建主题颜色

在Excel中创建自定义主题颜色的方法如下。

01 在【页面布局】选项卡的【主题】命令组中单击【颜色】下拉按钮，在弹出的下拉列表中选择【自定义颜色】命令，如图5-43(a)所示。

02 打开【新建主题颜色】对话框，根据需要设置合适的主题颜色，然后单击【保存】按钮，如图5-43(b)所示。

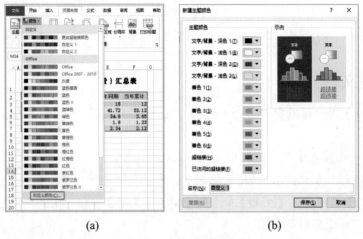

(a)   (b)

图5-43　新建主题颜色

2. 新建主题字体

在Excel中创建自定义主题字体的方法如下。

01 在【页面布局】选项卡的【主题】命令组中单击【字体】下拉按钮，在弹出的下拉列表中选择【自定义字体】命令，如图5-44(a)所示。

02 打开【新建主题字体】对话框，根据需要设置合适的主题字体，然后单击【保存】按钮，如图5-44(b)所示。

(a)   (b)

图5-44　新建主题字体

3. 保存自定义主题

用户可以通过将自定义的主题保存为主题文件(扩展名为.thmx)，将当前主题应用于更多的工作簿，具体操作方法如下。

01 在【页面布局】选项卡的【主题】命令组中单击【主题】下拉按钮，在弹出的下拉列表中选择【保存当前主题】命令，如图5-45(a)所示。

02 打开【保存当前主题】对话框，如图5-45(b)所示，在【文件名】文本框中输入自定义主题的名称后，单击【保存】按钮即可(保存自定义的主题后，该主题将自动添加到【主题】下拉列表中的【自定义】组中)。

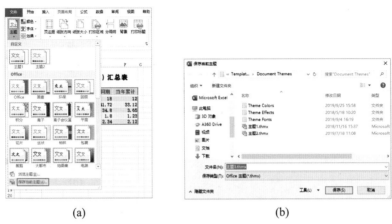

(a)   (b)

图5-45 保存工作表当前应用的自定义主题

5.4 使用批注

在数据表的单元格中插入批注，可以利用批注对数据进行注释。在Excel 2019中，插入与设置批注的方法如下。

01 选中单元格后右击鼠标，在弹出的快捷菜单中选择【插入批注】命令，如图5-46(a)所示，插入一个如图5-46(b)所示的批注。

(a)

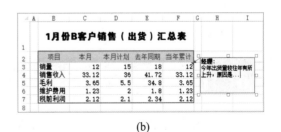

(b)

图5-46 通过右键菜单在单元格中插入批注

02 选中插入的批注，在【开始】选项卡的【单元格】命令组中单击【格式】拆分按钮，在弹出的菜单中选择【设置批注格式】命令。

03 打开【设置批注格式】对话框，在该对话框中包含了字体、对齐、颜色与线条、大小、保护、属性、页边距、可选文字等选项卡，通过这些选项卡中提供的选项，可以对当前选中的单元格批注的外观样式属性进行设置，如图5-47所示。

 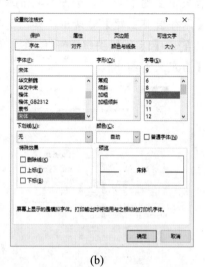

(a)   (b)

图5-47　打开【设置批注格式】对话框设置批注格式

【设置批注格式】对话框中各选项卡的设置内容如下。

- 字体：用于设置批注文字的字体、字形、字号、字体颜色，以及下画线、删除线等显示效果。
- 对齐：用于设置批注文字的水平、垂直对齐方式，以及文字方向等。
- 颜色与线条：用于设置批注外框线条的样式和颜色，以及批注背景的颜色、图案等。
- 大小：用于设置批注文本框的大小。
- 保护：用于设置锁定批注或批注文字的保护选项，只有当前工作表被保护后该选项才会生效。
- 属性：用于设置批注的大小和显示位置是否随单元格而变化。
- 页边距：用于设置批注文字与批注边框之间的距离。
- 可选文字：用于设置批注在网页中所显示的文字。
- 图片：可对图像的亮度、对比度等进行控制。当批注背景插入图片后，该选项才会出现。

在工作表中用户可以通过改变批注的边框样式，设置批注的背景图片的方法来制作出图文并茂的批注效果。

5.5　设置工作表背景

在Excel中，用户可以通过插入背景的方法增强工作表的表现力，具体操作方法如下。

01 在【页面布局】选项卡的【页面设置】命令组中，单击【背景】按钮，打开【插入图片】

界面，如图 5-48 所示。

02 在【插入图片】界面中，单击【从文件】选项后的【浏览】按钮，在打开的【工作表背景】对话框中选择一个图片文件，并单击【插入】按钮，如图 5-49 所示。

图 5-48 【插入图片】界面   图 5-49 【工作表背景】对话框

03 完成以上操作后，将为工作表设置如图 5-50 所示的背景效果。

04 在【视图】选项卡的【显示】命令组中，取消【网格线】复选框的选中状态，关闭网格线的显示，可以突出背景图片在工作表中的显示效果，如图 5-51 所示。

图 5-50 插入背景   图 5-51 关闭网格线

5.6 案例演练

本节将通过案例介绍在 Excel 2019 中格式化工作表的一些实用技巧，帮助用户进一步掌握所学的知识。

【例 5-6】 隐藏 Excel 数据报表中小数点后面的零值。

01 打开工作表后，选中 D3:E6 单元格区域，然后右击鼠标，在弹出的快捷菜单中选择【设置单元格格式】命令，如图 5-52 所示。

02 打开【设置单元格格式】对话框，选择【数字】选项卡，在【分类】列表框中选择【自定义】选项，在【类型】列表框中选择【G/通用格式】选项，然后单击【确定】按钮即可，如图 5-53 所示。

图 5-52　选择【设置单元格格式】命令　　　　图 5-53　【设置单元格格式】对话框

03 此时，被选中单元格中小数点后的零值将自动隐藏。

【例 5-7】 快速取消有合并单元格的列，并填充指定的数据。

01 打开图 5-54 所示的工作表后选中 C 列，在【开始】选项卡的【对齐方式】命令组中单击【合并后居中】下拉按钮，从弹出的下拉列表中选择【取消单元格合并】命令。

02 按 F5 键，打开【定位】对话框，单击【定位条件】按钮，如图 5-55 所示，打开【定位条件】对话框，选中【空值】单选按钮，然后单击【确定】按钮，如图 5-56 所示。

图 5-54　取消单元格合并　　　　图 5-55　【定位】对话框

03 输入 "="，然后单击 C2 单元格，如图 5-57 所示。

图 5-56　【定位条件】对话框　　　　图 5-57　单击 C2 单元格

04 按Ctrl+Enter组合键，即可在空白单元格中填充相应的数据，效果如图5-58所示。

【例5-8】 快速删除表格中的重复数据。

01 打开图5-59所示的工作表后，选中数据表中的任意单元格。

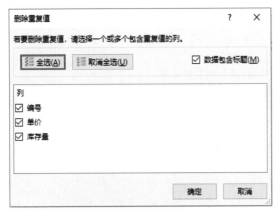

图5-58 数据填充效果   图5-59 打开工作表

02 选择【数据】选项卡，单击【删除重复值】按钮，打开【删除重复值】对话框，在对话框中的【列】列表框内选择需要检查重复值的列，然后单击【确定】按钮，如图5-60所示。

03 此时，Excel将删除数据表中重复的记录，并弹出提示对话框，提示删除的重复记录的数量，如图5-61所示。

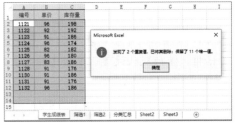

图5-60 【删除重复值】对话框   图5-61 删除重复值

【例5-9】 快速整理表格中不规范的数据。

01 打开图5-62所示的"负责人信息"工作表后，选择【数据】选项卡，单击【获取和转换数据】命令组中的【自表格/区域】按钮，打开【创建表】对话框，单击【确定】按钮。

02 打开【Power Query编辑器】窗口，先单击【负责人信息】字段标题，再单击【拆分列】下拉按钮，从弹出的菜单中选择【按分隔符】选项，如图5-63所示。

03 打开【按分隔符拆分列】对话框，如图5-64(a)所示，删除【自定义】选项下文本框中的内容，单击【高级选项】按钮，在展开的选项区域中选中【行】单选按钮，如图5-64(b)所示，选中【使用特殊字符进行拆分】复选框，然后单击【插入特殊字符】下拉按钮，从弹出的下拉列表中选择【换行】选项，单击【确定】按钮。

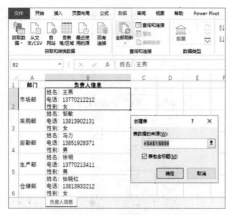

图5-62　【创建表】对话框

图5-63　设置按分隔符拆分

(a)

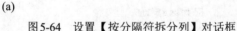

(b)

图5-64　设置【按分隔符拆分列】对话框

04 返回【Power Query编辑器】窗口，保持【负责人信息】字段的选中状态，单击【拆分列】下拉按钮，从弹出的下拉列表中选择【按分隔符】选项，打开图5-64(a)所示的【按分隔符拆分列】对话框，保持默认设置，单击【确定】按钮，返回【Power Query编辑器】窗口，创建图5-65所示的列。

图5-65　按分隔符拆分列

05 选择【转换】选项卡，单击【任意列】命令组中的【透视列】按钮，如图5-66所示。

图5-66　单击【透视列】按钮

06 打开【透视列】对话框，单击【值列】下拉按钮，从弹出的下拉列表中选择【负责人信息2】选项，如图5-67所示。

07 单击【高级选项】选项，在展开的选项区域中单击【聚合值函数】下拉按钮，从弹出的下拉列表中选择【不要聚合】选项，如图5-68所示，然后单击【确定】按钮。

图5-67　设置值列

图5-68　设置聚合值函数

08 返回【Power Query编辑器】窗口，该窗口中的数据如图5-69所示，选择【主页】选项卡，单击【关闭并上载】按钮。

09 此时，Excel将创建一个新的工作表，并将原始数据整理为如图5-70所示。

图5-69　单击【关闭并上载】按钮

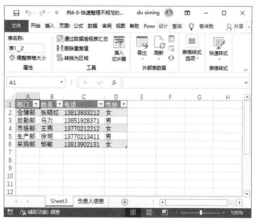

图5-70　数据整理后的结果

10 在【负责人信息】工作表中添加一个新的负责人信息，如图5-71所示。单击【数据】选项卡中的【全部刷新】按钮，Excel将会自动刷新数据整理工作表中的数据，如图5-72所示。

图5-71　添加数据

图5-72　通过刷新更新数据

第 6 章
设置打印报表

| 本章导读 |

　　尽管现在都在提倡无纸办公，但在具体的工作中将电子报表打印成纸质文档还是必不可少的操作。大多数 Office 软件的用户都擅长使用 Word 软件打印文档，而对于 Excel 文件的打印，可能并不熟悉。本章将介绍使用 Excel 打印文件的方法与技巧。

6.1　快速打印报表

如果要快速打印Excel表格，最简捷的方法是执行【快速打印】命令。

01 单击Excel窗口左上方快速访问工具栏右侧的 ▼ 下拉按钮，在弹出的下拉列表中选择【快速打印】命令后，会在快速访问工具栏中显示【快速打印】按钮🖶。

02 将鼠标悬停在【快速打印】按钮🖶上，可以显示当前的打印机名称(通常是系统默认的打印机)，单击该按钮即可使用当前打印机进行打印，如图6-1所示。

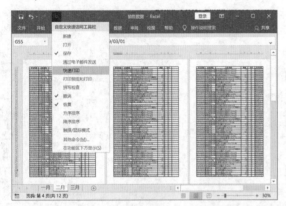

图6-1　在快速访问工具栏中单击【快速打印】按钮

所谓"快速打印"指的是不需要用户进行确认即可直接将电子表格输入打印机的任务中，并执行打印的操作。如果当前工作表没有进行任何有关打印的选项设置，则Excel将会自动以默认打印方式对其进行设置，这些默认设置中包括以下内容。

▶ 打印内容：当前选定工作表中所包含数据或格式的区域，以及图表、图形、控件等对象，但不包括单元格批注。

▶ 打印份数：默认为1份。

▶ 打印范围：整个工作表中包含数据和格式的区域。

▶ 打印方向：默认为"纵向"。

▶ 打印顺序：从上至下，再从左到右。

▶ 打印缩放：无缩放，即100%正常尺寸。

▶ 页边距：上、下页边距为1.91厘米，左、右页边距为1.78厘米，页眉、页脚边距为0.76厘米。

▶ 页眉页脚：无页眉页脚。

▶ 打印标题：默认为无标题。

如果用户对打印设置进行了更改，则按用户的设置打印输出，并且在保存工作簿时会将相应的设置保存在当前工作表中。

6.2　设置打印内容

在打印输出之前，用户首先要确定需要打印的内容及表格区域。通过以下内容的介绍，用户将了解如何选择打印输出的工作表区域及需要在打印中显示的各种表格内容。

6.2.1　选取需要打印的工作表

在默认打印设置下，Excel仅打印活动工作表中的内容。如果用户同时选中多个工作表后执行打印命令，则可以同时打印选中的多个工作表内容。如果用户要打印当前工作簿中的所有工作表，可以在打印之前同时选中工作簿中的所有工作表，也可以使用【打印】选项菜单中的【设置】进行设置，具体方法如下。

01 选择【文件】选项卡，在弹出的菜单中选择【打印】命令，或者按Ctrl+P组合键，打开打印选项菜单。

02 单击【打印活动工作表】下拉按钮，在弹出的下拉列表中选择【打印整个工作簿】命令，然后单击【打印】按钮，即可打印当前工作簿中的所有工作表，如图6-2所示。

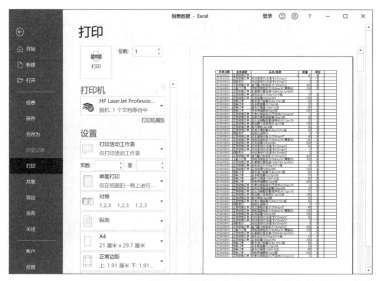

图6-2　设置打印当前工作簿中的所有工作表

6.2.2　设置打印区域

在默认方式下，Excel只打印那些包含数据或格式的单元格区域，如果选定的工作表中不包含任何数据或格式以及图表、图形等对象，则在执行打印命令时会打开警告窗口，提示用户未发现打印内容。但如果用户选定了需要打印的固定区域，即使其中不包含任何内容，Excel也允许将其打印输出。设置打印区域有如下几种方法。

▶ 选定需要打印的区域后，单击【页面布局】选项卡中的【打印区域】下拉按钮，在弹出的下拉列表中选择【设置打印区域】命令，即可将当前选定区域设置为打印区域，如图6-3所示。

▶ 在工作表中选定需要打印的区域后，按Ctrl+P组合键，打开打印选项菜单，单击【打印活动工作表】下拉按钮，在弹出的下拉列表中选择【打印选定区域】命令，然后单击【打印】命令。

▶ 选择【页面布局】选项卡，在【页面设置】命令组中单击【打印标题】按钮，打开【页面设置】对话框，选择【工作表】选项卡。将鼠标定位到【打印区域】的编辑栏中，然后在当前工作表中选取需要打印的区域，选取完成后在对话框中单击【确定】按钮即可，如图6-4所示。

图6-3　设置打印区域　　　　　　图6-4　【页面设置】对话框

　　打印区域可以是连续的单元格区域，也可以是非连续的单元格区域。如果用户选取非连续区域进行打印，Excel将会把不同的区域各自打印在单独的纸张页面上。

6.2.3　设置打印标题

　　许多表格都包含标题行或者标题列，在表格内容较多，需要打印成多页时，Excel允许将标题行或标题列重复打印在每个页面上。

　　如果用户希望对表格进行设置，在打印时使其列标题及行标题能够在多页重复显示，可以使用以下方法进行操作。

01 选择【页面布局】选项卡，在【页面设置】命令组中单击【打印标题】按钮，打开【页面设置】对话框，选择【工作表】选项卡。

02 单击【顶端标题行】文本框右侧的 按钮，在工作表中选择行标题区域，如图6-5所示。

图6-5　选择行标题区域

03 将鼠标定位到【从左侧重复的列数】文本框中，在工作表中选择列标题区域，如图6-6所示。

图6-6　选择列标题区域

04 返回【页面设置】对话框后单击【确定】按钮，在打印电子表格时，显示纵向和横向内容的每页都有相同的标题。

6.2.4　调整打印区域

在Excel中使用【分页预览】的视图模式，可以很方便地显示当前工作表的打印区域及分页设置，并且可以直接在视图中调整分页。单击【视图】选项卡中的【分页预览】按钮，可以进入如图6-7所示的分页预览模式。

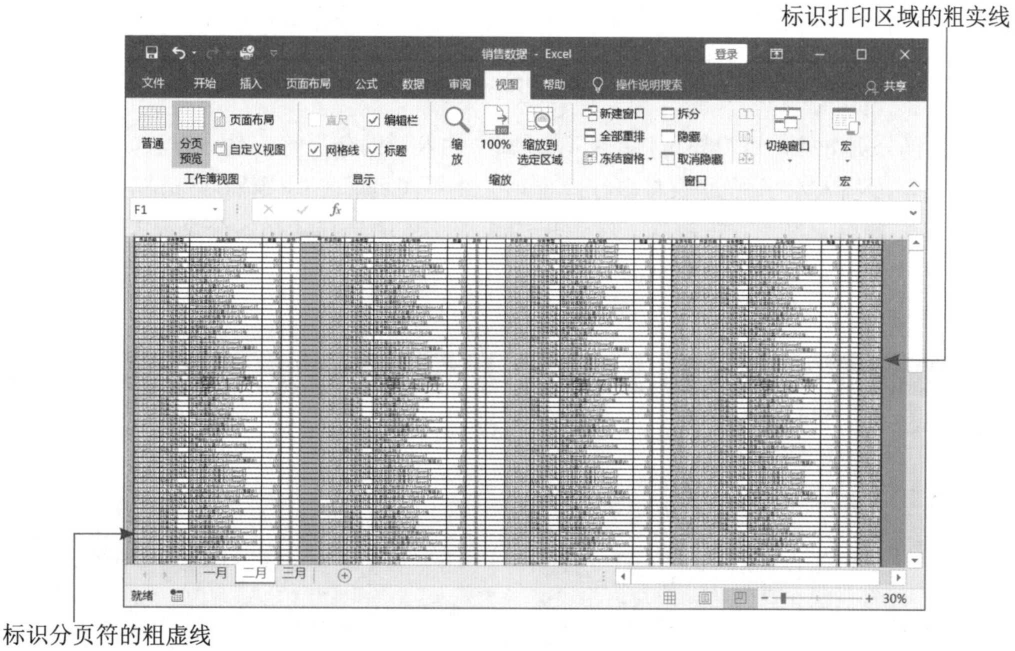

标识打印区域的粗实线

标识分页符的粗虚线

图6-7　分页预览模式

在【分页预览】视图中，被粗实线框所围起来的白色表格区域是打印区域，而线框外的灰色区域是非打印区域。

将鼠标指针移动至粗实线的边框上,当鼠标指针显示为黑色双向箭头时,用户可以按住鼠标左键拖动,调整打印区域的范围大小。此外,用户也可以在选中需要打印的区域后,右击鼠标,在弹出的快捷菜单中选择【设置打印区域】命令,重新设置打印区域。

6.2.5　设置打印分页符

在图6-7所示的分页预览视图中,打印区域中粗虚线的名称为"自动分页符",它是Excel根据打印区域和页面范围自动设置的分页标志。在虚线上方的表格区域中,背景下方的灰色文字显示了此区域的页次。用户可以对自动产生的分页符的位置进行调整,将鼠标移动至粗虚线的上方,当鼠标指针显示为黑色双向箭头时,按住鼠标左键拖动,可以移动分页符的位置,移动后的分页符由粗虚线改变为粗实线显示,此粗实线为"人工分页符",如图6-8所示。

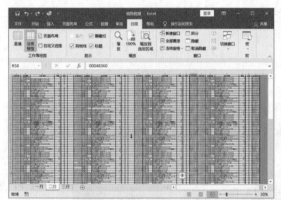

图6-8　调整打印分页符的位置

除了调整分页符外,用户还可以在打印区域中插入新的分页符,具体方法如下。

▶ 如果需要插入水平分页符(将多行内容划分在不同页面上),则需要选定分页符的下一行的最左侧单元格,右击鼠标,在弹出的快捷菜单中选择【插入分页符】命令,Excel将沿着选定单元格的边框上沿插入一条水平方向的分页符实线。如图6-9所示,如果希望从第55行开始的内容分页显示,则可以选中A55单元格插入水平分页符。

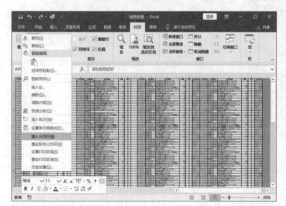

图6-9　在第55行插入水平分页符

▶ 如果需要插入垂直分页符(将多列内容划分在不同页面上)，则需要选定分页位置的右侧列的最顶端单元格，右击鼠标，在弹出的快捷菜单中选择【插入分页符】命令，Excel将沿着选定单元格的左侧边框插入一条垂直方向的分页符实线。如图6-10所示，如果希望将D列开始的内容分页显示，则可以选中D1单元格插入垂直分页符。

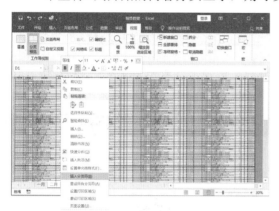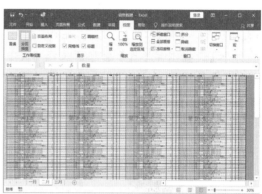

图6-10　在第D列插入垂直分页符

如果选定的单元格并非处于打印区域的边缘，则在选择【插入分页符】命令后，会沿着单元格的左侧边框和上侧边框同时插入垂直分页符和水平分页符各一条。

删除人工分页符的操作方法非常简单，选定需要删除的水平分页符下方的单元格，或选中垂直分页符右侧的单元格，右击鼠标，在弹出的快捷菜单中选择【删除分页符】命令即可。如果用户希望去除所有的人工分页设置，恢复自动分页的初始状态，可以在打印区域中的任意单元格上右击鼠标，在弹出的快捷菜单中选择【重设所有分页符】命令。

以上分页符的插入、删除与重设操作除了可以通过右键菜单实现外，还可以通过【页面布局】选项卡中的【分隔符】下拉菜单中的相关命令来实现，如图6-11所示。

选择【视图】选项卡，在【工作簿视图】命令组中单击【普通】按钮，将视图切换到普通视图模式，但分页符仍将显示。如果用户不希望在普通视图模式下显示分页符，可以在【文件】选项卡中选择【选项】命令，打开【Excel选项】对话框，单击【高级】选项，在【此工作表的显示选项】中取消【显示分页符】复选框的选中状态，如图6-12所示。取消分页符的显示并不会改变当前工作表的分页设置。

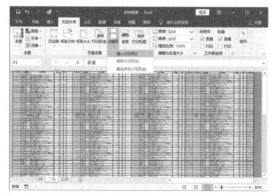

图6-11　【页面布局】选项卡中的【分隔符】下拉菜单　　图6-12　设置在普通视图模式不显示分页符

6.2.6 对象的打印设置

在Excel的默认设置中，几乎所有对象都可以在打印输出时显示，这些对象包括图表、图片、图形、艺术字等。如果用户不需要打印表格中的某个对象，可以修改这个对象的打印属性。例如，要取消某张图片的打印显示，操作方法如下。

01 选中表格中的图片，右击鼠标，在弹出的快捷菜单中选择【设置图片格式】命令，如图6-13所示。

02 打开【设置图片格式】窗格，选择【大小与属性】选项卡，展开【属性】选项区域，取消【打印对象】复选框的选中状态即可，如图6-14所示。

图6-13 设置图片格式　　　　　图6-14 设置打印表格时不打印图片

以上步骤中的快捷菜单命令以及窗格的具体名称都取决于选中对象的类型。如果选定的不是图片而是艺术字，则右键菜单会相应地显示【设置形状格式】命令，但操作方法基本相同，对于其他对象的设置可以参考以上对图片的设置方法。

如果用户希望同时更改多个对象的打印属性，可以在键盘上按Ctrl+G组合键，打开【定位】对话框，在对话框中单击【定位条件】按钮，在进一步显示的【定位条件】对话框中选择【对象】，然后单击【确定】按钮。此时即可选定全部对象，然后再进行详细的设置操作。

6.3 调整打印页面

在选定打印区域及打印目标后，用户可以直接进行打印，但如果用户需要对打印的页面进行更多的设置，例如设置打印方向、纸张大小、页眉/页脚等，则可以通过【页面设置】对话框进行进一步的调整。

在【页面布局】选项卡的【页面设置】命令组中单击【打印标题】按钮，可以显示【页面设置】对话框。其中包括【页面】【页边距】【页眉/页脚】和【工作表】4个选项卡，如图6-15所示。

6.3.1 设置页面

在【页面设置】对话框中选择【页面】选项卡，在该选项卡中可以进行以下设置。

图6-15　打开【页面设置】对话框的【页面】选项卡

▶ 方向：Excel默认的打印方向为纵向打印，但对于某些行数较少而列数跨度较大的表格，使用横向打印的效果更为理想。此外，在【页面布局】选项卡的【页面设置】命令组中单击【纸张方向】下拉列表，也可以对打印方向进行调整。

▶ 缩放：可以调整打印时的缩放比例。用户可以在【缩放比例】的微调框内选择缩放百分比，可以把范围调整为10%～400%，也可以让Excel根据指定的页数来自动调整缩放比例。

▶ 纸张大小：在该下拉列表中可以选择纸张尺寸。可供选择的纸张尺寸与当前选定的打印机有关。此外，在【页面布局】选项卡中单击【纸张大小】按钮，也可对纸张尺寸进行选择。

▶ 打印质量：可以选择打印的精度。对于需要显示图片细节内容的情况可以选择高质量的打印方式，而对于只需要显示普通文字内容的情况则可以相应地选择较低的打印质量。打印质量的高低影响打印机耗材的消耗程度。

▶ 起始页码：Excel默认设置为【自动】，即以数字1开始为页码标号，但如果用户需要页码起始于其他数字，则可在此文本框内填入相应的数字。例如输入数字7，则第一张的页码即为7，第二张的页码为8，以此类推。

6.3.2　设置页边距

在【页面设置】对话框中选择【页边距】选项卡，如图6-16所示，在该选项卡中可以进行以下设置。

▶ 页边距：可以在上、下、左、右4个方向上设置打印区域与纸张边界之间的留空距离。

▶ 页眉：在页眉微调框内可以设置页眉至纸张顶端之间的距离，通常此距离需要小于上页边距。

▶ 页脚：在页脚微调框内可以设置页脚至纸张底端之间的距离，通常此距离需要小于下页边距。

▶ 居中方式：如果在页边距范围内的打印区域还没有被打印内容填满，则可以在【居中方式】选项区域中选择将打印内容显示为【水平】或【垂直】居中，也可以同时选中两种居中方式。在对话框中间的矩形框内会显示当前设置下的表格内容位置。

此外，在【页面布局】选项卡中单击【页边距】按钮也可以对页边距进行调整，【页边距】下拉列表中提供了【上次的自定义设置】【常规】【宽】【窄】和【自定义页边距】等多种设置方式，如图6-17所示，选择【自定义页边距】选项后将打开【页面设置】对话框。

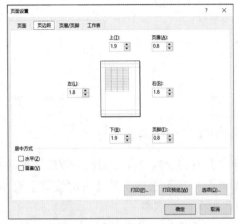

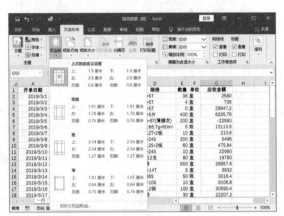

图6-16　【页边距】选项卡　　　　　图6-17　【页边距】下拉列表

6.3.3　设置页眉/页脚

在【页面设置】对话框中选择【页眉/页脚】选项卡，如图6-18所示，在该选项卡中可以对打印输出时的页眉/页脚进行设置。页眉和页脚指的是打印在每个纸张页面顶部和底部的固定文字或图片。通常情况下，用户会在这些区域设置一些标题、页码、时间、标志等内容。

要为当前工作表添加页眉，可在此选项卡中单击【页眉】列表框的下拉箭头，在下拉列表中从Excel内置的一些页眉样式中进行选择，然后单击【确定】按钮完成页眉设置。

如果下拉列表中没有用户中意的页眉样式，也可以单击【自定义页眉】按钮来设计页眉的样式，弹出的【页眉】对话框如图6-19所示。

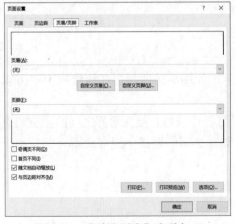

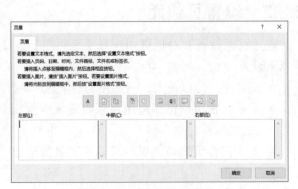

图6-18　【页眉/页脚】选项卡　　　　　图6-19　【页眉】对话框

在图6-19所示的【页眉】对话框中，用户可以在左部、中部、右部3个位置设定页眉的样式，相应的内容会显示在纸张页面顶部的左端、中间和右端。

【页眉】对话框中各按钮的含义如下。

► 格式文本：单击 按钮，可以设置页面中所包含文字的字体格式。

► 插入页码：单击 按钮，会在页眉中插入页码的代码"&[页码]"，实际打印时显示当前页的页码数。

► 插入页数：单击 按钮，会在页眉中插入总页数的代码"&[总页数]"，实际打印时显示当前分页状态下文档总共所包含的页码数。

► 插入日期：单击 按钮，在页眉中插入当前日期的代码"&[日期]"，显示打印时的实际日期。

► 插入时间：单击 按钮，在页眉中插入当前时间的代码"&[时间]"，显示打印时的实际时间。

► 插入文件路径：单击 按钮，在页眉中插入包含文件路径及名称的代码"&[路径]&[文件]"，会在打印时显示当前工作簿的路径及工作簿的文件名。

► 插入文件名：单击 按钮，在页眉中插入文件名的代码"&[文件名]"，会在打印时显示当前工作簿的文件名。

► 插入数据表名称：单击 按钮，在页眉中插入工作表标签的代码"&[标签名]"，会在打印时显示当前工作表的名称。

► 插入图片：单击 按钮，可以在页眉中插入图片，例如插入标志图片。

► 设置图片格式：单击 按钮，可以在打开的对话框中对插入图片的格式进行进一步设置。

除了上面介绍的按钮，用户也可以在页眉中输入自定义的文本内容，如果与按钮所产生的代码相结合，则可以显示一些更符合日常习惯且更容易理解的页眉内容。例如，使用"&[页码]页，共有&[总页数]页"的代码组合，可以在实际打印时显示为"第几页，共有几页"的样式。设置页脚的方式与此类似。

提示

要删除已经添加的页眉或页脚，可以在【页面设置】对话框的【页眉/页脚】选项卡中，设置【页眉】或【页脚】列表框中的选项为【无】。

6.4　打印设置

在【文件】选项卡中选择【打印】命令，或按Ctrl+P组合键，打开打印选项菜单，在此菜单中可以对打印方式进行更多的设置。

► 打印机：在【打印机】区域的下拉列表中可以选择当前计算机上所安装的打印机。如图6-20所示，当前选定的打印机是一台名为Microsoft XPS Document Writer的打印机，这是在Office软件默认安装中所包含的虚拟打印机，使用该打印机可以将当前的文档输出为XPS格式的可携式文件之后再打印。
- 页数：可以选择打印的页面范围，全部打印或指定某个页面范围。
- 打印活动工作表：可以选择打印的对象。默认为选定工作表，也可以选择整个工作簿或当前选定区域等。
- 份数：可以选择打印文档的份数。
- 对照：如果选择打印多份，在【对照】下拉列表中可进一步选择打印多份文档的顺序。默认为123类型逐份打印，即打印完一份完整文档后继续打印下一份副本。如果选择【非对照】选项，则会以111类型按页方式打印，即打印完第一页的多个副本后再打印第二页的多个副本，以此类推，【对照】下拉列表如图6-21所示。

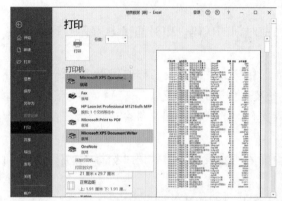

图6-20　【打印机】下拉列表

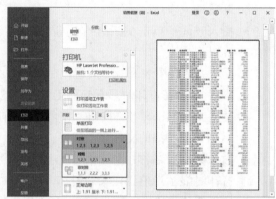

图6-21　【对照】下拉列表

单击【打印】按钮，可以按照当前的打印设置方式进行打印。此外，在打印选项菜单中还可以进行纸张方向、纸张大小、页面边距和文件缩放的一些设置。

6.5　打印预览

在对Excel进行最终打印之前，用户可以通过【打印预览】来观察当前的打印设置是否符合要求。在【视图】选项卡中单击【页面布局】按钮可以对文档进行预览，如图6-22所示。
在【页面布局】预览模式下，【视图】选项卡中主要按钮的具体作用如下所示。
- 普通：返回【普通】视图模式。
- 分页预览：退出【页面布局】视图模式，以【分页预览】的视图模式显示工作表。
- 页面布局：进入【页面布局】视图模式。
- 自定义视图：打开【视图管理器】对话框，用户可以添加自定义的视图。
- 标尺：显示在编辑栏的下方，拖动【标尺】的灰色区域可以调整页边距，取消选中【标尺】复选框将不再显示标尺。
- 网格线：显示工作表中默认的网格线，取消【网格线】复选框的选中状态将不再显示网格线。
- 编辑栏：输入公式或编辑文本，取消【编辑栏】复选框的选中状态将隐藏编辑栏。

▶ 标题：显示行号和列标，取消【标题】复选框的选中状态将不再显示行号和列标。

▶ 缩放：放大或缩小预览显示。

▶ 100%：将文档缩放为正常大小的100%。

▶ 缩放到选定区域：用于重点关注的表格区域，使当前选定单元格区域充满整个窗口。

此外，在【页面布局】预览模式中，拖动【标尺】的灰色区域可以调整页边距，如图6-23所示。

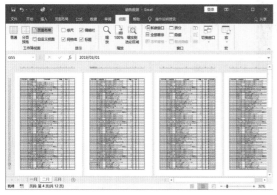

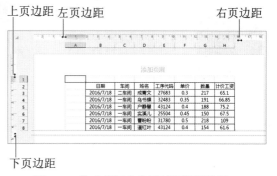

图6-22　预览打印效果　　　　　　　　　图6-23　拖动标尺灰色区域调整页边距

在【页面布局】预览模式下，工作表具有Excel完整的编辑功能，除了可以调整页边距外，还可以使用编辑栏，像往常那样切换不同的选项卡对工作表进行编辑操作，在这里所做的改动，同样会影响工作表中的实际内容。

 提 示

在预览模式下，用户对打印输出的显示效果确认之后，即可单击【快速打印】按钮打印电子表格。

6.6　案例演练

打印表格是所有Excel使用者所必备的技能，本节将通过案例介绍一些打印Excel表格的技巧，帮助用户巩固所学知识。

【例 6-1】　将全部报表缩放为一页打印。

01 按Ctrl+P组合键进入打印预览界面，在【设置】栏的下拉列表中选择【将工作表调整为一页】选项，如图6-24所示。

02 此时，Excel将会把表格的所有内容缩放到一页内。

【例 6-2】　调整表格打印的页边距。

01 按Ctrl+P组合键进入打印预览界面，在【设置】栏的下拉列表中单击【正常边距】选项，从弹出的列表中选择【自定义页边距】选项，如图6-25所示。

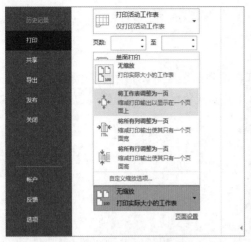
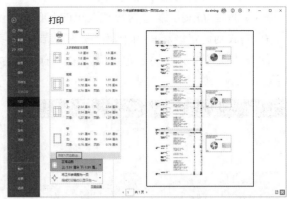

图6-24　将所有工作表内容调整为一页打印　　　　图6-25　自定义页边距

02 打开【页面设置】对话框，根据页面需求来自定义调整上下边距或左右边距的数值，如图6-26所示，然后单击【确定】按钮。

　　【例6-3】 打印选中的区域。

01 在工作表中选中要打印的单元格区域后，按Ctrl+P组合键进入打印预览界面。

02 在【设置】栏的下拉列表中单击【打印活动工作表】下拉按钮，从弹出的下拉列表中选择【打印选定区域】选项，如图6-27所示。

03 此后，在打印预览界面中将只显示步骤(1)选定的单元格区域。

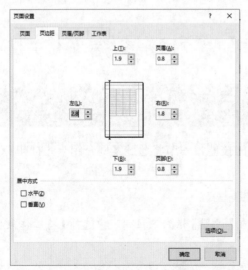

图6-26　【页面设置】对话框　　　　图6-27　打印选定的区域

　　【例6-4】 打印工作表的网格线。

01 选择【页面布局】选项卡，在【工作表选项】命令组的【网格线】下面选中【打印】复选框，如图6-28所示。

02 按Ctrl+P组合键进入打印预览界面，即可在打印预览中显示工作表的网格线。

【例 6-5】 打印表头标题行。

01 选择【页面布局】选项卡，单击【页面设置】命令组中的【打印表头】按钮。

02 打开【页面设置】对话框，单击【顶端标题行】文本框右侧的 ↑ 按钮，如图 6-29 所示。

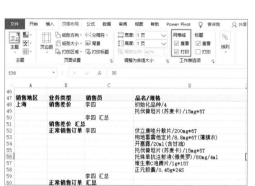

图 6-28　设置打印网格线

图 6-29　【页面设置】对话框

03 在工作表中选中需要每页都打印的表头部分，如图 6-30 所示，然后按 Enter 键。

04 返回【页面设置】对话框，单击【确定】按钮。按 Ctrl+P 组合键进入打印预览界面打印表格，Excel 将在每一页都打印表头标题行。

【例 6-6】 打印页眉和页脚。

01 选择【页面布局】选项卡，单击该选项卡右下角的对话框启动器按钮 🗗，打开【页面设置】对话框，选择【页眉/页脚】选项卡，为工作表设置页眉和页脚，如图 6-31 所示，然后单击【确定】按钮。

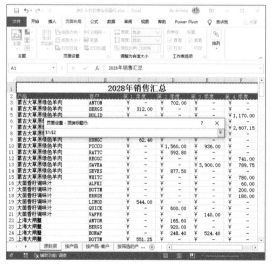

图 6-30　设置打印表头标题

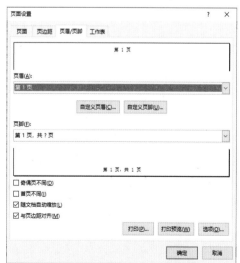

图 6-31　设置页眉和页脚

02 按Ctrl+P组合键进入打印预览界面打印表格，将打印表格的页眉和页脚。

【例6-7】 设置不打印工作表中的错误值。

01 选择【页面布局】选项卡，单击该选项卡右下角的对话框启动器按钮，打开【页面设置】对话框，选择【工作表】选项卡，单击【错误单元格打印为】下拉按钮，从弹出的下拉列表中选择【<空白>】选项，如图6-32所示，然后单击【确定】按钮。

02 按Ctrl+P组合键进入打印预览界面打印表格，将不再打印工作表中的错误值。

【例6-8】 设置同时打印多个工作表。

01 按住Ctrl键单击多个需要打印的工作表标签，如图6-33所示。

02 按Ctrl+P组合键进入打印预览界面打印表格，将会同时打印选中的多个工作表。

图6-32 设置不打印工作表中的错误值

图6-33 选中多个工作表

第 7 章
使用公式与函数

| 本章导读 |

　　分析和处理 Excel 工作表中的数据时，离不开公式和函数。公式和函数不仅可以帮助用户快速并准确地计算表格中的数据，还可以解决办公中的各种查询与统计问题。本章将对函数与公式的定义、单元格引用、公式的运算符等方面的知识进行讲解，为进一步学习和运用函数与公式解决办公问题提供必要的技术支撑。

7.1 公式的应用基础

公式是以"="号开头，通过运算符按照一定的顺序组合进行数据运算和处理的等式。而函数则是按特定算法执行计算的产生一个或一组结构的预定义的特殊公式。本节将重点介绍在Excel中输入、编辑、删除、复制与填充公式的方法。

7.1.1 公式的输入、编辑和删除

1. 输入公式

在Excel中，当以"="号作为开始在单元格中输入时，软件将自动切换成输入公式状态，如图7-1所示，以"+""-"号作为开始输入时，软件会自动在其前面加上等号并切换成输入公式状态。

在Excel的公式输入状态下，使用鼠标选中其他单元格时，被选中单元格将作为引用自动输入公式中，如图7-2所示。

图7-1 进入公式输入状态

图7-2 引用单元格

2. 编辑公式

按Enter键或者Ctrl+Shift+Enter组合键，可以结束普通公式和数组公式的输入或编辑状态。如果用户需要对单元格中的公式进行修改，可以使用以下3种方法。

- ▶ 选中公式所在的单元格，然后按F2键。
- ▶ 双击公式所在的单元格。
- ▶ 选中公式所在的单元格，单击窗口中的编辑栏。

3. 删除公式

选中公式所在的单元格，按Delete键可以清除单元格中的全部内容，或者进入单元格编辑状态后，将光标放置在某个位置并按Delete键或Backspace键，删除光标后面或前面的部分公式内容。当用户需要删除多个单元格数组公式时，必须选中其所在的全部单元格后再按Delete键。

7.1.2 公式的复制与填充

如果用户要在表格中使用相同的计算方法，可以通过复制和粘贴功能实现操作。此外，还可以根据表格的具体制作要求，使用不同方法在单元格区域中填充公式，以提高工作效率。

【例 7-1】　在 Excel 中使用公式在如图 7-1 所示表格的 F 列中计算水果销售金额。

01 在F2单元格中输入以下公式，并按Enter键：

=D2*E2

02 采用以下几种方法，可以将F2单元格中的公式应用到计算方法相同的F3:F23区域。

▶ 拖动F2单元格右下角的填充柄：将鼠标指针置于F2单元格的右下角，当鼠标指针变为黑色十字形时，按住鼠标左键向下拖动至F23单元格，如图7-3所示。

图7-3　通过拖动单元格右下角的控制柄复制公式

▶ 双击F2单元格右下角的填充柄：选中F2单元格后，双击该单元格右下角的填充柄，公式将向下填充到其相邻列的第一个空白单元格的上一行，即F23单元格。

▶ 使用快捷键：选择F2:F23单元格区域，按Ctrl+D组合键，或者选择【开始】选项卡，在【编辑】命令组中单击【填充】下拉按钮，在弹出的下拉列表中选择【向下】命令(当需要将公式向右复制时，可以按Ctrl+R组合键)。

▶ 使用选择性粘贴：选中F2单元格，在【开始】选项卡的【剪贴板】命令组中单击【复制】按钮，或者按Ctrl+C组合键，然后选择F3:F23单元格区域，在【剪贴板】命令组中单击【粘贴】拆分按钮，在弹出的菜单中选择【公式】命令。

▶ 多单元格同时输入：选中F2单元格，按住Shift键，单击所需复制单元格区域的另一个对角单元格F23，然后单击编辑栏中的公式，按Ctrl+Enter键，则F2:F23单元格区域中将输入相同的公式。

7.2　公式的运算符

运算符用于对公式中的元素进行特定的运算，或者用来连接需要运算的数据对象，并说明进行了哪种公式运算。

7.2.1　运算符的类型

Excel中包含了4种运算符类型：算术运算符、比较运算符、文本连接运算符与引用运算符。

1. 算数运算符

如果要完成基本的数学运算，如加法、减法和乘法等，可以使用如表7-1所示的算术运算符。

表7-1　算术运算符

运算符	含义	示范
+(加号)	加法运算	2+2
−(减号)	减法运算或负数	2−1或−1
*(星号)	乘法运算	2*2
/(正斜线)	除法运算	2/2

2. 比较运算符

使用比较运算符可以比较两个值的大小。当用比较运算符比较两个值时，结果为逻辑值，比较成立则为TRUE，反之则为FALSE，如表7-2所示。

表7-2　比较运算符

运算符	含义	示范
=(等号)	等于	A1=B1
>(大于号)	大于	A1>B1
<(小于号)	小于	A1<B1
>=(大于或等于号)	大于或等于	A1>=B1
<=(小于或等于号)	小于或等于	A1<=B1
<>(不等于号)	不等于	A1<>B1

3. 文本连接运算符

在Excel公式中，使用和号(&)可连接一个或更多文本字符串以产生一串新的文本，如表7-3所示。

表7-3　文本连接运算符

运算符	含义	示范
&(和号)	将两个文本值连接或串联起来以产生一个连续的文本	super &man

4. 引用运算符

单元格引用是用于表示单元格在工作表上所处位置的坐标集。例如，显示在第B列和第3行交叉处的单元格，其引用形式为B3。使用如表7-4所示的引用运算符，可以将单元格区域合并计算。

表7-4 引用运算符

运算符	含义	示范
:(冒号)	区域运算符，产生对包括在两个引用之间的所有单元格的引用	(A5:A15)
,(逗号)	联合运算符，将多个引用合并为一个引用	SUM(A5:A15,C5:C15)
(空格)	交叉运算符，产生对两个引用共有的单元格的引用	(B7:D7 C6:C8)

7.2.2 数据比较的原则

在Excel中，数据可以分为文本、数值、逻辑值、错误值等几种类型。其中，文本用一对半角双引号" "所包含的内容来表示，例如"Date"是由4个字符组成的文本。日期与时间是数值的特殊表现形式，数值1表示1天。逻辑值只有TRUE和FALSE两个，错误值主要有#VALUE!、#DIV/0!、#NAME?、#N/A、#REF!、#NUM!、#NULL!等几种组成形式。

除了错误值外，文本、数值与逻辑值比较时按照以下顺序排列：

…、-2、-1、0、1、2、…、A~Z、FALSE、TRUE

即数值小于文本，文本小于逻辑值，错误值不参与排序。

7.2.3 运算符的优先级

如果公式中同时用到多个运算符，Excel将会依照运算符的优先级来依次完成运算。如果公式中包含相同优先级的运算符，例如，公式中同时包含乘法和除法运算符，则Excel将从左到右进行计算。如表7-5所示的是Excel中的运算符优先级。其中，运算符优先级从上到下依次降低。

表7-5 运算符的优先级

运算符	含义
:(冒号)、(单个空格)和,(逗号)	引用运算符
–	负号
%	百分比
^	乘幂
* 和 /	乘和除
+ 和–	加和减
&	连接两个文本字符串
=、<、>、<=、>=、<>	比较运算符

如果要更改求值的顺序，可以将公式中需要先计算的部分用括号括起来。例如，公式

=8+2*4的值是16，因为Excel按先乘除后加减的顺序进行运算，即先将2与4相乘，然后再加上8，得到结果16。若在该公式上添加括号，即公式=(8+2)*4，则Excel先用8加上2，再用结果乘以4，得到结果40。

7.3 公式的常量

7.3.1 常量参数

公式中可以使用常量进行运算。常量指的是在运算过程中自身不会改变的值，但是公式以及公式产生的结果都不是常量。

- ▶ 数值常量：如=(3+9)*5/2
- ▶ 日期常量：如=DATEDIF("2017-10-10",NOW(),"m")
- ▶ 文本常量：如"I Love"&"You"
- ▶ 逻辑值常量：如=VLOOKUP("曹焱兵",A:B,2,FALSE)
- ▶ 错误值常量：如=COUNTIF(A:A,#DIV/0!)

1. 数值与逻辑值转换

在公式运算中，逻辑值与数值的关系如下。

- ▶ 在四则运算及乘幂、开方运算中，TRUE=1，FALSE=0。
- ▶ 在逻辑判断中，0=FALSE，所有非0数值=TRUE。
- ▶ 在比较运算中，数值<文本<FLASE<TRUE。

2. 文本型数字与数值转换

文本型数字可以作为数值直接参与四则运算，但当此类数据以数组或者单元格引用的形式作为某些统计函数(如SUM、AVERAGE和COUNT等)的参数时，将被视为文本来运算。例如，在A1单元格中输入数值1，在A2单元格中输入带前置单引号的数字'2，则对数值1和文本型数字2的运算如表7-6所示。

表7-6 文本型数字参与运算

公 式	返回结果	说 明
=A1+A2	3	文本2参与四则运算被转换为数值
=SUM(A1:A2)	1	文本2在单元格中被视为文本，未被SUM函数统计
=SUM(1, "2")	3	文本2直接作为参数，被视为数值
=COUNT(1, "2")	2	
=COUNT({1, "2"})	1	文本2在常量数组中被视为文本，可被COUNTA函数统计，但未被COUNT函数统计
=COUNTA({1, "2"})	2	

7.3.2　常用常量

以公式1和公式2为例介绍公式中的常用常量，这两个公式分别可以返回表格中A列单元格区域最后一个数值型和文本型的数据，如图7-4所示。

公式1：

=LOOKUP(9E+307,A:A)

公式2：

=LOOKUP("龠",A:A)

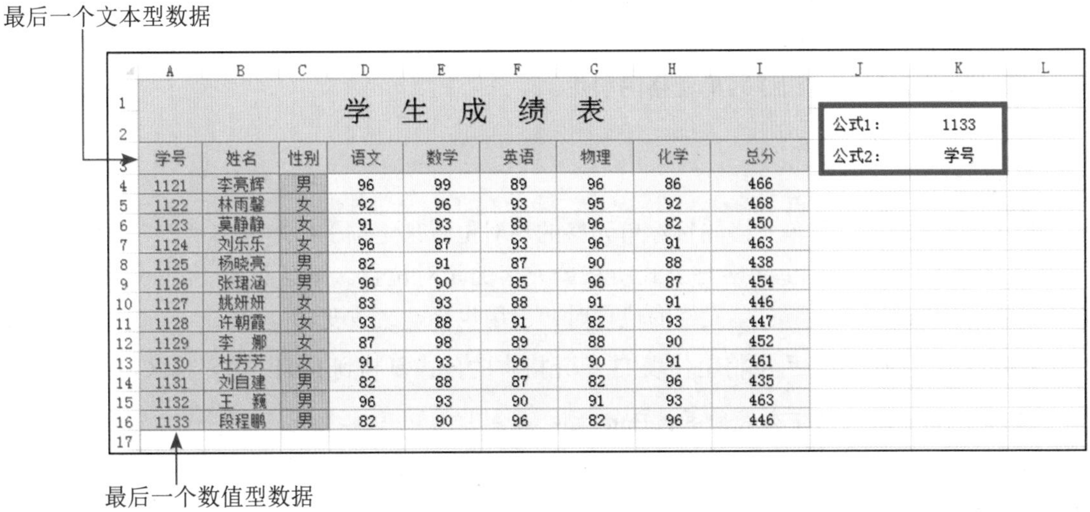

最后一个文本型数据

图7-4　公式1和公式2的运算结果

最后一个数值型数据

在公式1中，9E+307是数值9乘以10的307次方的科学记数法表示形式，也可以写作9E307。根据Excel计算规范限制，在单元格中允许输入的最大值为9.99999999999999E+307，因此采用较为接近限制值且一般不会使用到的一个大数9E+307来简化公式输入，用于在A列中查找最后一个数值。

在公式2中，使用"龠"(yuè)字的原理与9E+307相似，是接近字符集中最大全角字符的单字，此外也常用"座"或者REPT("座",255)来产生一串"很大"的文本，以查找A列中的最后一个数值型数据。

7.3.3　数组常量

在Excel中，数组是由一个或者多个元素按照行列排列方式组成的集合，这些元素可以是文本、数值、日期、逻辑值或错误值等。数组常量的所有组成元素为常量数据，其中文本必须使用半角双引号将首尾标识出来。具体表示方法为：用一对大括号{}将构成数组的常量包括起来，并以半角分号";"间隔行元素、以半角逗号","间隔列元素。

数组常量根据尺寸和方向的不同，可以分为一维数组和二维数组。只有1个元素的数组称为单元素数组，只有1行的一维数组又可称为水平数组，只有1列的一维数组又可称为垂直数组，具有多行多列(包含两行两列)的数组称为二维数组。其对应示例如下。

- 单元素数组：{1}，可以使用=ROW(A1)或者=COLUMN(A1)返回。
- 一维水平数组：{1,2,3,4,5}，可以使用=COLLUMN(A:E)返回。
- 一维垂直数组：{1;2;3;4;5}，可以使用=ROW(1:5)返回。
- 二维数组：{0, "不及格";60, "及格";70,"中";80, "良";90, "优"}。

7.4 单元格的引用

Excel工作簿可以由多个工作表组成，单元格是工作表中最小的组成元素，以窗口左上角第一个单元格为原点，向下向右分别为行、列坐标的正方向，由此构成单元格在工作表上所处位置的坐标集合。在公式中使用坐标方式表示单元格在工作中的"地址"，实现对存储于单元格中的数据调用，这种方法称为单元格的引用。

7.4.1 相对引用

相对引用是通过当前单元格与目标单元格的相对位置来定位引用单元格的。

相对引用包含了当前单元格与公式所在单元格的相对位置。默认设置下，Excel使用的都是相对引用，当改变公式所在单元格的位置时，引用也会随之改变。

【例 7-2】 通过相对引用将工作表 I3 单元格中的公式复制到 I4:I12 单元格区域中。

01 在I3单元格中输入以下公式，并按Enter键：

`=B3+C3+D3+E3+F3+G3+H3`

02 将鼠标光标移至单元格I3右下角的控制点■，当鼠标指针呈十字形状后，按住左键并拖动选定I4:I12单元格区域，如图7-5所示。

03 释放鼠标，即可将I3单元格中的公式复制到I4:I12单元格区域中，如图7-6所示。

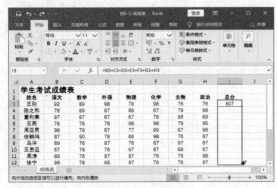
图7-5 拖动控制点

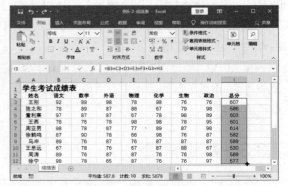
图7-6 相对引用结果

7.4.2 绝对引用

绝对引用就是公式中单元格的精确地址，与包含公式的单元格的位置无关。绝对引用与相对引用的区别在于：复制公式时使用绝对引用，则单元格引用不会发生变化。绝对引用的操作方法是，在列标和行号前分别加上美元符号$。例如，$B$2表示单元格B2的绝对引用，而$B$2:$E$5表示单元格区域B2:E5的绝对引用。

【例 7-3】　通过绝对引用将工作表 I3 单元格中的公式复制到 I4:I12 单元格区域中。

01 打开工作表后，在I3单元格中输入公式：

`=$B$3+$C$3+$D$3+$E$3+$F$3+$G$3+$H$3`

02 将鼠标光标移至单元格I3右下角的控制点■，当鼠标指针呈十字形状后，按住左键并拖动选定I4:I12单元格区域。释放鼠标，将会发现在I4:I12单元格区域中显示的引用结果与I3单元格中的结果相同。

7.4.3　混合引用

混合引用指的是在一个单元格引用中，既有绝对引用，同时也包含相对引用，即混合引用具有绝对列和相对行，或具有绝对行和相对列。绝对引用列采用 $A1、$B1 的形式，绝对引用行采用 A$1、B$1 的形式。如果公式所在单元格的位置改变，则相对引用改变，而绝对引用不变。如果多行或多列地复制公式，相对引用自动调整，而绝对引用不做调整。

【例 7-4】　将工作表中 E3 单元格中的公式混合引用到 E4:E12 单元格区域中。

01 打开工作表后，在E3单元格中输入公式：

`=$B3+$C3+D$3`

其中，$B3、$C3 是绝对列和相对行形式，D$3 是绝对行和相对列形式，按 Ctrl+Enter 键后即可得到合计数值。

02 将鼠标光标移至单元格E3右下角的控制点■，当鼠标指针呈十字形状后，按住左键并拖动选定E4:E12单元格区域。释放鼠标，混合引用填充公式，此时相对引用地址改变，而绝对引用地址不变，如图7-7所示。例如，将E3单元格中的公式填充到E4单元格中，如图7-8所示，公式将调整为：

`=$B4+$C4+D$3`

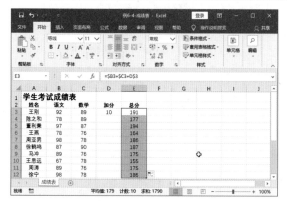

图7-7　混合引用结果

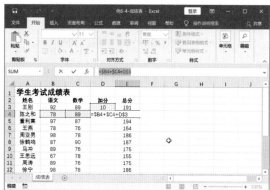

图7-8　公式自动调整结果

综上所述，如果用户需要在复制公式时能够固定引用某个单元格地址，则需要使用绝对引用符号$，加在行号或列号的前面。

在Excel中，用户可以使用F4键在各种引用类型中循环切换，其顺序如下。

绝对引用→行绝对列相对引用→行相对列绝对引用→相对引用

以公式=A2为例，单元格输入公式后按4下F4键，将依次变为：

=$A$2 → A$2 → =$A2 → =A2

7.4.4 多单元格/区域的引用

1. 合并区域引用

Excel除了允许对单个单元格或多个连续的单元格进行引用以外，还支持对同一工作表中不连续的单元格区域进行引用，称为"合并区域"引用，用户可以使用联合运算符","将各个区域的引用间隔开，并在两端添加半角括号( )将其包含在内，具体方法如下。

【例7-5】 通过合并区域引用计算学生成绩排名。

01 打开工作表后，在C2单元格中输入以下公式，如图7-9所示，并向下复制到C12单元格：

=RANK(B2,($B$2:$B$12,$E$2:$E$12,$H$2:$H$12))

02 选择C2:C12单元格区域后，按Ctrl+C组合键执行【复制】命令，然后分别选中F2和I2单元格，按Ctrl+V组合键执行【粘贴】命令，结果如图7-10所示。

图7-9　通过合并区域引用计算排名

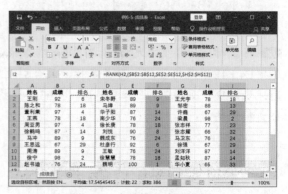

图7-10　考试排名统计结果

在本例所用公式中，($B$2:$B$12,$E$2:$E$12,$H$2:$H$12)为合并区域引用。

2. 交叉引用

在使用公式时，用户可以利用交叉运算符(单个空格)取得两个单元格区域的交叉区域，具体方法如下。

【例7-6】 通过交叉引用筛选鲜花品种"黑王子"在6月份的销量。

01 打开工作表后，在O2单元格中输入如图7-11(a)所示的公式：

=G:G 3:3

02 按Enter键即可在O2单元格中显示"黑王子"在6月份的销量,如图7-11(b)所示。

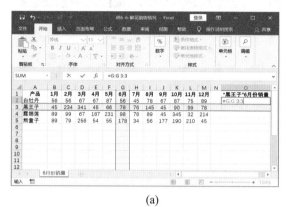

(a)   (b)

图7-11 筛选"黑王子"6月份的销量

在上例所示的公式中,G:G代表6月份,3:3代表"黑王子"所在的行,空格在这里的作用是引用运算符,分别对两个引用,引用其共同的单元格,本例为G3单元格。

3. 绝对交集引用

在公式中,对单元格区域而不是单元格的引用按照单个单元格进行计算时,依靠公式所在的从属单元格与引用单元格之间的物理位置,返回交叉点值,称为"绝对交集"引用或者"隐含交叉"引用。例如在图7-11(a)所示的O2单元格中输入公式=G2:G5,并且未使用数组公式方式编辑公式,该单元格返回的值为G2单元格的值,这是因为O2单元格和G2单元格位于同一行。

7.5 工作表与工作簿的引用

本节将介绍在公式中引用当前工作簿中其他工作表和其他工作簿中工作表单元格区域的方法。

7.5.1 引用其他工作表中的数据

如果用户需要在公式中引用当前工作簿中其他工作表内的单元格区域,可以在公式编辑状态下使用鼠标单击相应的工作表标签,切换到该工作表选取需要的单元格区域。

【例 7-7】 通过跨表引用其他工作表区域,统计"一月"工作表中的应收金额总额。

01 在"统计"工作表中选中B2单元格,并输入公式:

```
=SUM(
```

02 单击"一月"工作表标签,选择G2:G18单元格区域,然后按Enter键即可,如图7-12所示。

03 此时,在编辑栏中将自动在引用前添加工作表名称:

```
=SUM( 一月 !G2:G18)
```

图7-12 跨表引用

跨表引用的表示方式为"工作表名+半角感叹号+引用区域"。当所引用的工作表名是以数字开头或者包含空格，以及$、%、~、!、@、^、&、(、)、+、-、=、|、"、;、{、}等特殊字符时，公式中被引用的工作表名称将被一对半角单引号包含，例如，将例7-7中的"一月"工作表修改为"1月"，则跨表引用公式将变为：

=SUM('1 月 '!G2:G18)

在使用INDIRECT函数进行跨表引用时，如果被引用的工作表名称包含空格或者上述字符，需要在工作表名前后加上半角单引号才能正确返回结果。

7.5.2 引用其他工作簿中的数据

当用户需要在公式中引用其他工作簿中工作表内的单元格区域时，公式的表示方式将为"[工作簿名称]工作表名!单元格引用"，例如新建一个工作簿，并对例7-7中"一月"工作表内G2:G18单元格区域求和，公式如下：

=SUM('[例 7-7- 一季度销售情况 .xlsx] 一月 '!$G$2:$G$18)

当被引用单元格所在的工作簿关闭时，公式中将在工作簿名称前自动加上引用工作簿文件的路径。当路径或工作簿名称、工作表名称之一包含空格或相关特殊字符时，感叹号之前的部分需要使用一对半角单引号包含。

7.6 表格与结构化引用

在Excel 2019中，用户可以在【插入】选项卡的【表格】命令组中单击【表格】按钮，或按Ctrl+T组合键，创建一个表格，用于组织和分析工作表中的数据。

【例7-8】 在工作表中使用表格与结构化引用汇总数据。

01 打开工作表后，选中一个单元格区域，按Ctrl+T组合键打开【创建表】对话框，并单击【确定】按钮，如图7-13所示。

02 选择表格中的任意单元格，在【设计】选项卡的【属性】命令组中，在【表名称】文本框中将默认的"表1"修改为"一月"。

03 在【表格样式选项】命令组中，选中【汇总行】复选框，在G17单元格将显示【汇总】行，单击G17单元格中的下拉按钮，在弹出的下拉列表中选择【平均值】命令，如图7-14所示，将自动在该单元格中生成如下公式。

=SUBTOTAL(101,[应收金额])

图7-13　创建表

图7-14　使用表格汇总功能

在以上公式中使用"[应收金额]"表示G2:G16单元格区域，并且可以随着"表格"区域的增加与减少自动改变引用范围。这种以类似字段名方式表示单元格区域的方法称为"结构化引用"。

一般情况下，结构化引用包含以下几个元素。

▶ 表名称：例如例7-8中步骤(2)设置的"一月"，可以单独使用表名称来引用除标题行和汇总行以外的"表格"区域。

▶ 列标题：例如例7-8步骤(3)公式中的"[应收金额]"，用方括号包含，引用的是该列除标题和汇总以外的数据区域。

▶ 表字段：共有[#全部]、[#数据]、[#标题]、[#汇总]4项，其中[#全部]引用"表格"区域中的全部(含标题行、数据区域和汇总行)单元格。

例如，在例7-8创建的"表格"以外的区域中，输入"=SUM("，然后选择G2:G16单元格区域，按Enter键结束公式编辑后，将自动生成以下公式。

=SUM(一月 [应收金额])

7.7　函数的应用基础

Excel中的函数与公式一样，都可以快速计算数据。公式是由用户自行设计的对单元格进行计算和处理的表达式，而函数则是在Excel中已经被软件定义好的公式。用户在Excel中输入和编辑函数之前，首先应掌握函数的基本知识。

7.7.1　函数的结构

在公式中使用函数时，通常由表示公式开始的=号、函数名称、左括号、以半角逗号相间隔的参数和右括号构成，此外，公式中允许使用多个函数或计算式，通过运算符进行连接。

= 函数名称 (参数 1, 参数 2, 参数 3,...)

有的函数可以允许多个参数，如SUM(A1:A5,C1:C5)使用了两个参数。另外，也有一些函数没有参数或不需要参数，例如，NOW函数、RAND函数等没有参数，ROW函数、COLUMN函数等则可以省略参数返回公式所在的单元格行号、列标数。

函数的参数，可以由数值、日期和文本等元素组成，也可以使用常量、数组、单元格引用或其他函数。当使用函数作为另一个函数的参数时，称为函数的嵌套。

7.7.2　函数的参数

Excel函数的参数可以是常量、逻辑值、数组、错误值、单元格引用或嵌套函数等(其指定的参数都必须为有效参数值)，其各自的含义如下。

- ▶ 常量：指的是不进行计算且不会发生改变的值，如数字100与文本"家庭日常支出情况"都是常量。
- ▶ 逻辑值：逻辑值即TRUE(真值)或FALSE(假值)。
- ▶ 数组：用于建立可生成多个结果或可对在行和列中排列的一组参数进行计算的单个公式。
- ▶ 错误值：即#N/A、空值或_等值。
- ▶ 单元格引用：用于表示单元格在工作表中所处位置的坐标集。
- ▶ 嵌套函数：嵌套函数就是将某个函数或公式作为另一个函数的参数使用。

7.7.3　函数的分类

Excel函数包括【自动求和】【最近使用的函数】【财务】【逻辑】【文本】【日期和时间】【查找与引用】【数学和三角函数】及【其他函数】等几大类上百个具体函数，每个函数的应用各不相同。以常见的SUM(求和)、AVERAGE(计算算术平均数)、ISPMT、IF、HYPERLINK、COUNT、MAX、SIN、SUMIF、PMT等函数为例，它们的语法和作用如表7-7所示。

表 7-7　函数的语法和作用说明

语　　法	说　　明
SUM(number1,number2,...)	返回单元格区域中所有数值的和
ISPMT(rate,per,nper,pv)	返回普通(无担保)的利息偿还
AVERAGE(number1,number2,...)	计算参数的算术平均数，参数可以是数值或包含数值的名称、数组或引用
IF(logical_test,value_if_true,value_if_false)	执行真假值判断，根据对指定条件进行逻辑评价的真假而返回不同的结果

(续表)

语　法	说　明
HYPERLINK(link_location,friendly_name)	创建快捷方式，以便打开文档或网络驱动器或连接Internet
COUNT(value1,value2,...)	计算数字参数和包含数字的单元格的个数
MAX(number1,number2,...)	返回一组数值中的最大值
SIN(number)	返回角度的正弦值
SUMIF(range,criteria,sum_range)	根据指定条件对若干单元格求和
PMT(rate,nper,pv,fv,type)	返回在固定利率下，投资或贷款的等额分期偿还额

在常用函数中，使用频率最高的是SUM函数，其作用是返回某一单元格区域中所有数字之和，例如=SUM(A1:G10)，表示对A1:G10单元格区域内所有数据求和。SUM函数的语法是：

SUM(number1,number2, ...)

其中，number1, number2, ...为1 ～ N个需要求和的参数，其说明如下：

▶ 直接输入参数表中的数字、逻辑值及数字的文本表达式将被计算。

▶ 如果参数为数组或引用，只有其中的数字被计算。数组或引用中的空白单元格、逻辑值、文本或错误值将被忽略。

▶ 如果参数为错误值或为不能转换成数字的文本，将会导致计算错误。

7.7.4　函数的易失性

有时，用户打开一个工作簿不做任何编辑就关闭，Excel会提示"是否保存对文档的更改？"。这种情况可能是因为该工作簿中用到了具有Volatile特性的函数，即"易失性函数"。这种特性表现在使用易失性函数后，每激活一个单元格或者在一个单元格中输入数据，甚至只是打开工作簿，具有易失性的函数都会自动重新计算。

易失性函数在以下条件下不会引发自动重新计算。

▶ 工作簿的重新计算模式被设置为【手动计算】。

▶ 当手动设置列宽、行高而不是双击调整为合适列宽时(但隐藏行或设置行高值为0除外)。

▶ 当设置单元格格式或其他更改显示属性的设置时。

▶ 激活单元格或编辑单元格内容但按Esc键取消。

常见的易失性函数有以下几种。

▶ 获取随机数的RAND和RANDBETWEEN函数，每次编辑都会自动产生新的随机值。

▶ 获取当前日期、时间的TODAY、NOW函数，每次都会返回当前系统的日期和时间。

▶ 返回单元格引用的OFFSET、INDIRECT函数，每次编辑都会重新定位实际的引用区域。

▶ 获取单元格信息的CELL函数和INFO函数，每次编辑都会刷新相关信息。

此外，SUMF函数与INDEX函数在实际应用中，当公式的引用区域具有不确定性时，每当其他单元格被重新编辑，也会引发工作簿重新计算。

7.7.5　输入与编辑函数

在Excel中，所有的函数操作都是在【公式】选项卡的【函数库】命令组中完成的。

【例 7-9】　在表格内的 I13 单元格中插入求平均值函数。

01　选取I13单元格,选择【公式】选项卡,在【函数库】命令组中单击【其他函数】下拉列表按钮,在弹出的菜单中选择【统计】| AVERAGE选项,如图 7-15 所示。

02　在打开的【函数参数】对话框中，在AVERAGE选项区域的Number1 文本框中输入计算平均值的范围，这里输入I3:I12(如图 7-16 所示)，然后单击【确定】按钮。

图7-15　使用AVERAGE函数

图7-16　【函数参数】对话框

03　此时即可在I13单元格中显示计算结果。

当插入函数后，还可以将某个公式或函数的返回值作为另一个函数的参数来使用，这就是函数的嵌套使用。使用该功能的方法为：首先插入Excel 2019自带的一种函数，然后通过修改函数的参数来实现函数的嵌套使用，例如公式：

`=SUM(I3:I17)/15/3`

用户在运用函数进行计算时，有时需要对函数进行编辑，编辑函数的方法很简单，下面将通过一个实例详细介绍。

【例 7-10】　继续例 7-9 的操作，编辑 I13 单元格中的函数。

01　打开工作表，然后选择需要编辑函数的I13单元格，单击【插入函数】按钮，如图 7-17(a)所示。

02　在打开的【函数参数】对话框中将Number1 文本框中的单元格地址更改为I3:I10，如图 7-17(b)所示。

03　在【函数参数】对话框中单击【确定】按钮后，即可在工作表中的I13单元格内看到编辑函数后的计算结果。

用户在熟练掌握函数的使用方法后，也可以直接选择需要编辑的单元格，在编辑栏中对函数进行编辑。

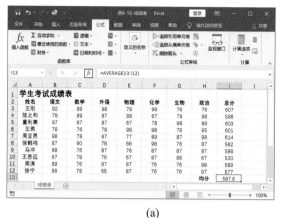

(a)

(b)

图7-17 通过Excel的【函数参数】对话框编辑函数

7.8 函数的应用案例

Excel软件提供了多种函数进行数据的计算和应用,比如数学和三角函数、日期和时间函数、查找和引用函数等。本节将主要介绍这些函数在表格中的一些常见应用。

7.8.1 大小写字母转换

下面介绍的技巧主要涉及与英文字母大小写有关的3个函数:LOWER、UPPER和PROPER。

1. LOWER 函数

LOWER函数可以将一个文本字符串中所有大写英文字母转换为小写英文字母,对文本的非字母的字符不做改变。

例如公式:

=LOWER("I Love Excel ！ ")

运算结果如图7-18所示。

2. UPPER 函数

UPPER函数的作用与LOWER函数正好相反,它将一个文本字符串中的所有小写英文字母转换为大写英文字母,对文本中的非字母的字符不做改变。

例如公式:

=UPPER("I Love Excel ！ ")

运算结果如图7-19所示。

3. PROPER 函数

PROPER函数将文本字符串的首字母及任何非字母字符(包括空格)之后的首字母转换成大

写，将其余的字母转换成小写。即实现通常意义下的英文单词首字母大写。

例如公式：

=PROPER("I Love Excel ！ ")

运算结果如图7-20所示。

图7-18　应用LOWER函数　　图7-19　应用UPPER函数　　图7-20　应用PROPER函数

7.8.2　生成 A~Z 序列

工作中经常需要在某列生成A~Z这26个英文字母的序列，利用CHAR函数就可以生成这样的字母序列。

例如，在A1单元格中输入公式：

=CHAR(ROW()+64)

将公式向下复制到A26单元格，公式就会直接用CHAR函数生成ANSI字符集中的对应代码为65~90的字符，即A~Z的序列。

7.8.3　生成可换行的文本

在图7-21所示的表格中，A列为人员"姓名"，B列为对应的"邮箱地址"清单，如果要将A、B两列数据合并为一列字符串，并将A列中的"姓名"和B列中的"邮箱地址"在同一个单元格中分两行显示，结果存放在C列中，可以在C2单元格中使用公式：

=A2&CHAR(10)&B2

然后将公式向下复制到C5单元格即可，效果如图7-22所示。

图7-21　包含姓名和邮箱地址的表格　　　图7-22　在C列合并A列和B列数据

ANSI字符集中代码10的对应字符为换行符，以上公式用CHAR函数将ANSI代码转换为实际字符，加入字符串中起强制换行的作用。

7.8.4　统计包含某字符的单元格个数

对于统计包含某个字符串的个数问题，通常会使用统计函数COUNTIF，也可以通过FIND函数过渡以后得到最终结果。

例如，图7-23所示A2:A15单元格区域存放着人员职务信息，如果要统计"副教授"职务的人数，可以使用以下公式：

=COUNTIF(B2:B15,"* 副 *")

或数组公式：

{=COUNT(FIND(" 副 ",B2:B15))}

 提示

要在Excel中输入以上数组公式，应先在单元格中输入=COUNT(FIND("副",B2:B15))，然后按 Ctrl+Shift+Enter键(注意：不要在公式中输入花括号{}，否则Excel会认为输入的是一段文本)。

以上数组公式使用FIND查找函数，如果查找到结果则返回数值，否则返回#N/A错误。由于COUNT函数可以直接过滤错误值，所以可以求得FIND的个数。

此外，COUNTIF函数不能区分大小写，如果目标字符为英文且需要区分大小写时，则要使用后一个数组公式。

7.8.5　将日期转换为文本

图7-24所示A2单元格为日期数据2020/1/1，在B2单元格中使用公式：

=TEXT(A2,"yyyymmdd")

或者

=TEXT(A3,"emmdd")

可以将A2单元格中的数据返回20200101。

使用公式：

=TEXT(A4,"yyyy.m.d")

或者

=TEXT(A5,"e.m.d")

可以将A列中的日期数据返回2020.1.4格式的日期文本。

	A	B
1	姓名	职务
2	李亮辉	教授
3	林雨馨	副教授
4	莫静静	讲师
5	王乐乐	教授
6	杨晓亮	教授
7	张珺涵	副教授
8	姚妍妍	教授
9	许朝霞	讲师
10	李　娜	教授
11	杜芳芳	讲师
12	刘自建	教授
13	王　巍	辅导员
14	段程鹏	副教授
15	王小燕	辅导员

图7-23　员工职务信息

	A	B
1	日期	将日期转换为文本
2	2020/1/1	20200101
3	2020/1/2	20200102
4	2020/1/3	2020.1.3
5	2020/1/4	2020.1.4

图7-24　将日期数据转换为文本数据

7.8.6　将英文月份转换为数值

如图7-25所示表格中的A2单元格是英文的月份，如果要将其在B2单元格转换为具体的月份数值，由于与年份及具体日期无关，因此可以使用公式：

```
=MONTH((A2&1))
```

公式将英文月份与1进行字符连接后转换为日期数据，再由MONTH函数求得月份数值。

7.8.7　按位舍入数字

以数值的某个数字位作为进位舍入，保留固定的小数位数或有效数字个数，这是一种按位舍入的方法，ROUNDUP和ROUNDDOWN这一对函数就是应用于这种需求的。

例如，图7-26所示表格中，B3和C3单元格中的公式分别为：

```
=ROUNDUP($A3,0)
```

和

```
=ROUNDDOWN($A3,0)
```

函数的第2参数为0表示数值的个位取整数，不保留小数。第一个公式的计算结果总是向绝对值增大方向(远离0的方向)舍入，而第二个公式的计算结果总是向绝对值减小的方向(接近0的方向)舍入，而不是四舍五入的运算。

如果需要舍入到一位小数，则可以将第2参数改为1；要舍入到两位小数，则可以将第2参数修改为2。舍入结果分别为图7-26中的D、E列和F、G列所示。

	A	B	C
1	英文月份	月份数值	
2	JAN	1	
3	OCT	10	
4	DEC	12	
5	MAY	5	
6	JUL	7	

图7-25　将英文月份转换为数值

	A	个位取整		舍入到1位小数		舍入到2位小数	
1-2	数值	ROUNDUP	ROUNDDOWN	ROUNDUP	ROUNDDOWN	ROUNDUP	ROUNDDOWN
3	8.183	9	8	8.2	8.1	8.19	8.18
4	349.391	350	349	349.4	349.3	349.4	349.39
5	-31.873	-32	-31	-31.9	-31.8	-31.88	-31.87
6	1.218	2	1	1.3	1.2	1.22	1.21
7	-2.531	-3	-2	-2.6	-2.5	-2.54	-2.53
8	-0.534	-1	0	-0.6	-0.5	-0.54	-0.53

图7-26　使用ROUNDUP函数和ROUNDDOWN函数

如果要舍入进位到百位，则需要将第2参数改为-2，例如公式=ROUNDUP(53421,-2)的结果为53400。

7.8.8　按倍舍入数字

CEILING函数和FLOOR函数这一对函数的作用与前面提到的ROUNDUP函数和ROUNDDOWN函数类似。CEILING函数是向绝对值增大的方向进位舍入，FLOOR函数则是向绝对值减小的方向进位舍入。所不同的是，这两个函数不是按照某个数字位来舍入，而是按照第2个参数的整数倍来舍入。

以图7-27所示A列中的数值为例，其中B3单元格和C3单元格中的公式分别为：

```
=CEILING($A3,SIGN($A3)*1)
```

和

=FLOOR($A3,SIGN($A3)*1)

CEILING函数和FLOOR函数的第2参数必须与第1参数正负号一致，SIGN函数可以得到数值的正负符号，第2参数数值为1，表示舍入到最接近1的整数倍；第2参数数值如果为3，则表示舍入到最接近的3的整数倍，如图7-27中D列和E列结果所示。

同理，如果要输入为0.01的整数倍(即舍入到两位小数)，则F3单元格和G3单元格中的公式分别为：

=CEILING($A3,SIGN($A3)*0.01)

和

=FLOOR($A3,SIGN($A3)*0.01)

7.8.9 截断舍入或取整数字

所谓截断舍入指的是在输入或取整过程中舍去指定位数后的多余数字部分，只保留之前的有效数字，在计算过程中不进行四舍五入运算。在Excel中，INT函数可用于截断取整，TRUNC函数可用于截断舍入。

如图7-28所示，A列中存放着要截断舍入或取整的数值，B2单元格和C2单元格中的公式分别为：

=INT(A2)

和

=TRUNC(A2)

	A	B	C	D	E	F	G
1	数值	1倍舍入		3倍舍入		0.01倍舍入	
2		CEILING	FLOOR	CEILING	FLOOR	CEILING	FLOOR
3	8.183	9	8	9	6	8.19	8.18
4	349.391	350	349	351	348	349.4	349.39
5	-31.873	-32	-31	-33	-30	-31.88	-31.87
6	1.218	2	1	3	0	1.22	1.21
7	-2.531	-3	-2	-3	0	-2.54	-2.53
8	-0.534	-1	0	-3	0	-0.54	-0.53

图7-27 使用CEILING函数和FLOOR函数

	A	B	C	D
1	数值	INT	TRUNC	TRUNC(截至1位小数)
2	8.183	8	8	8.1
3	349.391	349	349	349.3
4	-31.873	-32	-31	-31.8
5	1.218	1	1	1.2
6	-2.531	-3	-2	-2.5
7	-0.534	-1	0	-0.5

图7-28 使用INT函数和TRUNC函数

INT函数和TRUNC函数在计算上有所区别。INT函数向下取整，返回的整数结果总是小于或等于原有数值，而TRUNC函数直接截去指定小数之后的数字，因而计算结果总是沿着绝对值减小的方向(靠近0的方向)进行。

TRUNC函数可以通过设定第2参数来指定截取的小数位数，例如要截断到小数后1位，则可以在D2单元格中输入以下公式：

=TRUNC(A2,1)

7.8.10 四舍五入数字

四舍五入是最常见的一种计算方式，将需保留小数的后一位数字与5相比，不足5则舍弃，达到5则进位，ROUND函数是进行四舍五入运算最合适的函数之一。

如图7-29示，要将A列中数值四舍五入到整数，可在B3单元格内输入公式：

```
=ROUND(A3,0)
```

其中第2参数表示舍入的小数位数，要舍入到1位小数，则可将公式修改为：

```
=ROUND($A3,1)
```

如果需要舍入进位到百位，可以将第2参数修改为-2。

ROUND函数对数值舍入的方向以绝对值方向，不考虑正负符号的影响。

文本函数FIXED函数的功能与ROUND函数十分相似，也可以按指定位数对数值进行四舍五入，所不同的是FIXED函数所返回的结果为文本型数据。

7.8.11 批量生成不重复的随机数

在工作中，排考试座位等需求通常需要生成一组不重复的随机数，这些随机数的个数和数值区间相对固定，但各数值的出现顺序是随机而定的。

以生成1~15之间不重复的15个随机数为例，具体操作步骤如下。

01 在图7-30的A2单元格中输入公式：

```
=RAND( )
```

将公式向下填充到A16单元格，在A列生成15个随机小数，如图7-30(a)所示。

02 在B2单元格中输入公式：

```
=RANK(A2,$A$2:$A$16)
```

将B2单元格的公式向下填充到B16单元格。这样即可在B列生成15个随机整数，如图7-30(b)所示。

数值	舍入到整数 ROUND	舍入到1位小数 ROUND
8.183	8	8.2
349.391	349	349.4
-31.873	-32	-31.9
1.218	1	1.2
-2.531	-3	-2.5
-0.534	-1	-0.5

图7-29　使用ROUND函数

随机数1	随机数2
0.096819	
0.843069	
0.907112	
0.973244	
0.373728	
0.00741	
0.089535	
0.779303	
0.266675	
0.7203	
0.285441	
0.514084	
0.793118	
0.229743	
0.621886	

(a)

随机数1	随机数2
0.046176	15
0.317757	11
0.828611	4
0.295903	12
0.936429	1
0.840648	3
0.902078	2
0.727908	5
0.615023	7
0.624278	6
0.459812	9
0.132215	14
0.47105	8
0.285874	13
0.32416	10

(b)

图7-30　生成不重复的随机数

以上公式在A列通过随机函数生成15个随机小数，由于这些随机小数精确到15位有效数字，出现相同数值的概率非常小，因此B列可以通过对A列数值的大小进行排序编号得到15个随机数值。

7.8.12　自定义顺序查询数据

利用MATCH函数返回表示位置的数值的特性，可以将文本按自定义顺序数值化，并通过加权排序实现自定义排序功能。例如，在图7-31所示的工作表中，要求根据F列所给定的部门顺序重新列出数据表，结果如工作表中的A12:D18单元格区域所示。

在A12单元格中输入：

```
=INDEX(A$2:A$8,MOD(SMALL(MATCH($A$2:$A$8,$F$2:$F$5,0)*100+ROW($A$2:$A$8)-1,ROW(1:1)),100))
```

按Ctrl+Shift+Enter键，输入数组公式：

```
{=INDEX(A$2:A$8,MOD(SMALL(MATCH($A$2:$A$8,$F$2:$F$5,0)*100+ROW($A$2:$A$8)-1,ROW(1:1)),100))}
```

然后，向右向下复制填充至D18单元格。

在本例公式中，MATCH($A$2:$A$8,$F$2:$F$5,0)指的是根据F2:F5单元格区域中的部门名称的自定义顺序，精确查找A2:A8单元格区域相应部门的位置，即顺序数值化，结果为{2;4;3;4;2;3;1}。将此结果放大100倍后与行号进行加权，再用SMALL函数从小到大依次取得其中的结果，并利用MOD函数求余数，得到加权之后的行号部分。

7.8.13　条件查询数据

如图7-32所示，如果需要根据A11、B11指定的“顾客”和“商家”查找出相应的“订单”，在C11单元格中输入以下数组公式：

```
{=INDEX($C$2:$C$7,MATCH(1,($A$2:$A$7=A11)*($B$2:$B$7=B11),0))}
```

在公式中，($A$2:$A$7=A11)*($B$2:$B$7=B11)利用逻辑数组相乘得到由1和0组成的数组，1表示同时满足顾客字段条件和商家字段条件，再利用MATCH函数在这一结果中精确查找第一次出现的位置，最后用INDEX函数引用该位置的值。

	A	B	C	D	E	F
1	部门	姓名	性别	年龄		自定义顺序
2	技术部	李亮辉	男	32		技术部
3	业务部	林雨馨	女	32		业务部
4	技术部	莫静静	女	25		后勤部
5	后勤部	王乐乐	男	26		财务部
6	业务部	杨晓亮	男	32		
7	后勤部	张珺涵	女	27		
8	财务部	姚妍妍	女	35		
9						
10	结果表					
11	部门	姓名	性别	年龄		
12	技术部	李亮辉	男	32		
13	技术部	莫静静	女	25		
14	业务部	林雨馨	女	32		
15	业务部	杨晓亮	男	32		
16	后勤部	王乐乐	男	26		
17	后勤部	张珺涵	女	27		
18	财务部	姚妍妍	女	35		

图7-31　按指定部门顺序整理员工信息表

	A	B	C
1	顾客	商家	订单
2	李亮辉	公司A	1100
3	林雨馨	公司B	3000
4	莫静静	公司C	800
5	王乐乐	公司D	870
6	杨晓亮	公司E	1390
7	张珺涵	公司F	3090
8			
9	多条件查询		
10	顾客	商家	订单
11	王乐乐	公司D	870

图7-32　订单查询

7.8.14　正向查找数据

在如图7-33所示的学生成绩数据表中，如果需要根据指定的“姓名”和“学科”查找相应的成绩。

在C15单元格中输入公式：

```
=VLOOKUP($A15,$A$1:$D$11,MATCH(B15,A1:D1,),0)
```

在C16单元格中输入公式：

```
=HLOOKUP(B16,$A$1:$D$11,MATCH(A16,A1:A10,),)
```

上面第1个公式用VLOOKUP函数根据A15单元格中的学生“名称”，在选择的数据区域A1:D11中进行查找，并返回MATCH函数查找出“数学”所在的数据表第3列的成绩。第2个公式是用HLOOKUP函数根据B16单元格中的“学科”科目，在选择的数据区域A1:D11中进行查找，并返回MATCH函数查找出“林雨馨”所在数据第3行的成绩。

两个函数从行或列的不同角度进行查找，结果相同。公式中第4个参数，在C15单元格的公式中使用了0值表示精确查找，也可以简写为一个逗号，如C16单元格中的公式。

当公式使用了错误的查询时，可能会查询到相应的记录而返回错误值#N/A。例如C17单元格中的公式的第4参数值为1，但A1:A11的姓名没有按升序排列，得到不正确的结果。

当查询的对象没有出现在目标区域时，函数也会返回#N/A错误，如C18单元格中公式查询的对象“王小燕”并不存在于A列的姓名列表中，公式返回错误值。

7.8.15 逆向查找数据

如果被查找的值不在数据表首列，用户可以通过IF函数构建一个由查找区域作为首列与目标区域构成的2列的数组，再利用VLOOKUP函数实现逆向查找。可以归纳为以下公式：

```
=VLOOKUP( 查找值 ,IF({1,0}, 查找区域 , 目标区域 ),2,0)
```

例如，图7-34中，要求根据拼音简码(如LTSY)，查找对应的股票代码，可以通过以下公式计算出结果：

```
=VLOOKUP("LTSY",IF({1,0},B2:B6,A2:A6),2,0)
```

	A	B	C	D
1	姓名	语文	数学	英语
2	李亮辉	96	99	89
3	林雨馨	92	96	93
4	莫静静	91	93	88
5	刘乐乐	96	87	93
6	杨晓亮	82	91	87
7	张珺涵	96	90	85
8	姚妍妍	83	93	88
9	许朝霞	93	88	91
10	李　娜	87	98	89
11	杜芳芳	91	93	96
12				
13	例：根据选定姓名和学科查找成绩			
14	姓名	学科	成绩	
15	林雨馨	数学	96	
16	林雨馨	数学	96	
17	林雨馨	数学	#N/A	
18	王小燕	数学	#N/A	
19	林雨馨	数学		

图7-33　从学生成绩表中查询信息

	A	B	C
1	代码	拼音简码	名称
2	602053	YNYH	云南盐化
3	600328	LTSY	兰太实业
4	600827	LHGF	鑫湖股份
5	610092	SHJC	上海机场
6	601928	CXTX	超讯通信

图7-34　使用VLOOKUP函数进行逆向查找

7.8.16 分段统计学生成绩

如图7-35所示，D2:D21单元格区域为学生考试成绩，按规定低于60分为“不及格”、

60~70分段为“及格”、70~80分段为“中等”、80~90分段为“良好”，90及以上为“优秀”，所有分段区间均包括下限，但不包括上限，如“良好”区段大于或等于80分，但小于90分。

要求在I2:I6单元格区域统计各分数段的人数。根据规则，在H2:H6单元格区域设置各分数段的分段点，然后同时选中I2:I6单元格区域，输入：

```
=FREQUENCY($D$2:$D$21,$H$2:$H$5-0.001)
```

然后按Ctrl+Shift+Enter键，输入数组公式：

```
{=FREQUENCY($D$2:$D$21,$H$2:$H$5-0.001)}
```

FREQUENCY函数返回元素的个数比bins_array参数中元素的个数多1个，多出来的元素表示超出最大间隔的数值个数。

此外，FREQUENCY函数在按间隔统计时，是按包括间隔，但不包括下限进行统计。根据该函数的这些特征，在进行公式设计时需要给出间隔区间数据进行必要的修正，才能得出正确的结果。

- 间隔区间要少取一个，取H2:H5数据区域，而不是表中显示的H2:H6数据区域。
- 在给出的间隔区间上限值的基础上要减去一个较小的值0.001，以调整间隔区间上下限的开闭区间关系。

7.8.17 剔除极值后计算平均得分

在使用Excel进行统计工作时，常常需要将数据最大值和最小值去掉之后再求平均值。比如竞技比赛中常用的评分规则为：去掉一个最高分和一个最低分后取平均值为最后得分。要解决此类问题，可以使用TRIMMEAN函数。

例如，图7-36所示是某学校体操比赛的评分表，由8位评委对7名选手分别打分，要求计算“去掉一个最高分和一个最低分”后的平均分。

	A	B	C	D	E	F	G	H	I
1	学号	姓名	性别	成绩		标准	分值区间	分段区间	统计结果
2	1121	李亮辉	男	96		不及格	[0,60]	60	1
3	1122	林雨馨	女	72		及格	[60,70]	70	2
4	1123	莫静静	女	91		中等	[70,80]	80	2
5	1124	刘乐乐	女	100		良好	[80,90]	90	5
6	1125	杨晓亮	男	82		优秀	[90,100]	100	10
7	1126	张珺涵	男	96					
8	1127	姚妍妍	女	83					
9	1128	许朝霞	女	93					
10	1129	李　娜	女	100					
11	1130	杜芳芳	女	91					
12	1131	刘自建	男	82					
13	1132	王　巍	男	67					
14	1133	段程鹏	男	82					
15	1134	王小燕	女	96					
16	1135	刘强生	男	92					
17	1136	徐马东	男	77					
18	1137	赵志斌	男	96					
19	1138	何超琼	男	61					
20	1139	袁志强	男	39					
21	1140	马超越	女	83					

图7-35 分段统计学生成绩

	A	B	C	D	E	F	G	H	I	J
1	选手	1	2	3	4	5	6	7	8	最终得分
2	李亮辉	90	87	80	98	78	89	88	81	85.83
3	林雨馨	78	88	78	79	81	98	97	96	86.50
4	莫静静	93	89	92	87	85	91	90	91	90.00
5	刘乐乐	87	71	71	73	91	87	99	88	82.83
6	杨晓亮	79	81	98	97	73	91	87	99	88.83
7	张珺涵	85	91	90	98	78	88	98	78	88.33
8	姚妍妍	78	88	73	91	87	99	71	73	81.67

图7-36 体操比赛评分表

在J2单元格中输入公式：

```
=TRIMMEAN(B2:I2,2/COUNTA(B2:I2))
```

然后将公式复制到J3:J8单元格区域。

对于选手"李亮辉"，评委4打了最高分98，而评委5打了最低分78，TRIMMEAN函数剔除这两个极值分后，计算剩余的6个分值的平均值，得出最后得分85.83。

如果出现相同极值时，TRIMMEAN函数只会按要求剔除1个值，然后计算平均值。例如选手"张珺涵"，TRIMMEAN函数将剔除一个最大值98和一个最小值78，然后计算其平均值为88.33。

7.8.18　屏蔽公式返回的错误值

在使用Excel函数与公式进行计算时，可能会因为某些原因无法得到正确的结果，而返回一个错误值，Excel共计有8种错误值：####、#VALUE!、#N/A、#REF!、#DIV/0!、#NUM!、#NAME?和#NULL!。

产生这些错误值的原因有许多，其中一类原因是公式本身存在错误，例如错误值#NAME?通常是指公式中使用了不存在的函数名称或定义名称；#REF!通常表示公式中的引用出现了错误；#NULL!则表示公式中使用了空格作为交叉运算符，但引用的区域实际上并不存在交叉区域。

还有另外一类情况则是公式本身并不存在错误，返回的错误值表达了一种特定的信息。例如在图7-37所示的数据表中，E列使用查询公式，通过D列的编号来查询数据源中所对应的员工姓名，其中E3单元格公式为：

```
=VLOOKUP(D3,$A$2:$B$14,2,0)
```

因为数据源(A1:A14单元格区域)中不存在员工编号为1152的记录，所以公式返回错误值#N/A，以此表示VLOOKUP函数没有查询到匹配的记录。

为了显示美观，用户有时需要屏蔽这些错误值，例如用空文本或一些其他的标记来替代这些错误值的显示。通常可以使用信息函数ISERROR，以图7-38所示的数据表为例，E3单元格中的公式为：

```
=IF(ISERROR(VLOOKUP(D3,$A$2:$B$14,2,0)),"",VLOOKUP(D3,$A$2:$B$14,2,0))
```

	A	B	C	D	E
1	员工编号	员工姓名		查询编号	查询结果
2	1121	李亮辉		1121	李亮辉
3	1122	林雨馨		1152	#N/A
4	1123	莫静静		1123	莫静静
5	1124	刘乐乐		1124	刘乐乐
6	1125	杨晓亮		1125	杨晓亮
7	1126	张珺涵		1176	#N/A
8	1127	姚妍妍		1127	姚妍妍
9	1128	许朝霞			
10	1129	李　娜			
11	1130	杜芳芳			
12	1131	刘自建			
13	1132	王　巍			
14	1133	段程鹏			

图7-37　错误值代表了一种特定的信息

	A	B	C	D	E
1	员工编号	员工姓名		查询编号	查询结果
2	1121	李亮辉		1121	李亮辉
3	1122	林雨馨		1152	
4	1123	莫静静		1123	莫静静
5	1124	刘乐乐		1124	刘乐乐
6	1125	杨晓亮		1125	杨晓亮
7	1126	张珺涵		1176	
8	1127	姚妍妍		1127	姚妍妍
9	1128	许朝霞			
10	1129	李　娜			
11	1130	杜芳芳			
12	1131	刘自建			
13	1132	王　巍			
14	1133	段程鹏			

图7-38　使用空文本替代错误值的显示

以上公式中的VLOOKUP(D3,$A$2:$B$14,2,0)部分重复出现了两次。这种屏蔽错误值的公式模型如下：

```
=IF(ISERROR( 原公式 ),"", 原公式 )
```

与上述公式中ISERROR函数作用类似的信息函数还包括ISERR、ISNA等。

在此类屏蔽错误值的公式中，如果"原公式"部分较为复杂，则会使整个公式成倍地增加计算量，不仅会使公式变得很长，而且会导致大量重复计算的产生。

7.9 使用命名公式——名称

在Excel中，名称是一种比较特殊的公式，多数由用户自行定义，也有部分名称可以随创建列表、设置打印区域等操作自动产生。

7.9.1 认识名称

作为一种特殊的公式，名称也是以"="开始，可以由常量数据、常量数组、单元格引用、函数与公式等元素组成，并且每个名称都具有唯一的标识，可以方便地在其他名称或公式中使用。与一般公式有所不同的是，普通公式存在于单元格中，名称保存在工作簿中，并在程序运行时存在于Excel的内存中，通过其唯一标识(名称的命名)进行调用。

1. 名称的作用

在Excel中合理地使用名称，可以方便地编写公式，主要有以下几个作用。

▶ 增强公式的可读性：例如，将存放在B4:B7单元格区域的考试成绩定义为"语文"，使用以下两个公式都可以求语文的平均成绩，显然公式1比公式2更易于理解。

公式1：

```
=AVERAGE( 语文 )
```

公式2：

```
=AVERAGE(B4:B7)
```

▶ 方便公式的统一修改：例如，在工资表中有多个公式都使用2000作为基本工资来乘以不同奖金系数进行计算，当基本工资额发生改变时，要逐个修改相关公式将较为烦琐。如果定义一个"基本工资"的名称并代入公式中，则只需要修改名称即可。

▶ 可替代需要重复使用的公式：在一些比较复杂的公式中，可能需要重复使用相同的公式段进行计算，这会导致整个公式冗长，不利于阅读和修改，例如：

```
=IF(SUM($B4:$B7)=0,0,G2/SUM($B4:$B7))
```

将以上公式中的SUM($B4:$B7)部分定义为"库存"，则公式可以简化为：

```
=IF( 库存 =0,0,G2/ 库存 )
```

▶ 可替代单元格区域存储常量数据：在一些查询计算中，常常使用关系对应表作为查询依据。可使用常量数组定义名称，这省去了单元格存储空间，避免删除或修改等误操作导致关系对应表的缺失或者变动。

▶ 可解决数据有效性和条件格式中无法使用常量数组、交叉引用问题：在数据有效性和条件格式中使用公式，程序不允许直接使用常量数组或交叉引用(即使用交叉运算符空格获取单元格区域交集),但可以将常量数组或交叉引用部分定义为名称,然后在数据有效性和条件格式中进行调用。

▶ 可以解决工作表中无法使用宏表函数的问题:宏表函数不能直接在工作表单元格中使用,必须通过定义名称来调用。

2. 名称的级别

有些名称在一个工作簿的所有工作表中都可以直接调用,而有些名称只能在某一个工作表中直接调用。这是由于名称的级别不同,其作用的范围也不同。类似于在VBA代码中定义全局变量和局部变量,Excel的名称可以分为工作簿级名称和工作表级名称。

1)工作簿级名称

一般情况下,用户定义的名称都能够在同一工作簿的各个工作表中直接调用,称为"工作簿级名称"或"全局名称"。例如,在工资表中,某公司采用固定基本工资和浮动岗位、奖金系数的薪酬制度。基本工资仅在有关工资政策变化时才进行调整,而岗位系数和奖金系数则变动较为频繁。因此需要将基本工资定义为名称进行维护。

【例 7-11】 在"工资表"中创建一个名为"基本工资"的工作簿级名称。

01 打开工作簿后,选择【公式】选项卡,在【定义的名称】命令组中单击【定义名称】下拉按钮,在弹出的下拉列表中选择【定义名称】选项。

02 打开【新建名称】对话框,在【名称】文本框中输入"基本工资",在【引用位置】文本框中输入=3000,然后单击【确定】按钮,如图7-39所示。

03 选择E3:E12单元格区域,在编辑栏中执行以下公式:

= 基本工资 *D3

04 选择E3:E12单元格区域,选择【开始】选项卡,在【剪贴板】命令组中单击【复制】按钮,选择G3:G12单元格区域,单击【粘贴】按钮。

05 此时,表格数据效果如图7-40所示。

在【新建名称】对话框的【名称】文本框中的字符表示名称的命名,在【范围】下拉列表中可以选择工作簿和具体的工作表两种级别,【引用位置】文本框用于输入名称的值或定义公式。

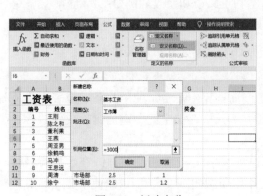

图7-39 新建名称

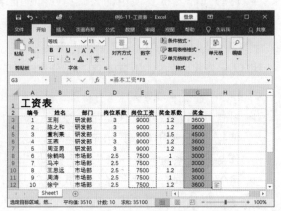

图7-40 复制公式

在公式中调用其他工作簿中的全局名称，表示方法为：

工作簿全名 + 半角感叹号 + 名称

例如，若用户需要调用"工作表.xlsx"中的全局名称"基本工资"，应使用：

= 工资表 .xlsx! 基本工资

2)工作表级名称

当名称仅能在某一个工作表中直接调用时，所定义的名称为工作表级名称，又称为"局部名称"。如图7-39所示的【新建名称】对话框中，单击【范围】下拉列表，在弹出的下拉列表中可以选择定义工作表级名称所使用的工作表。

在公式中调用工作表级名称的表示方法如下：

工作表名 + 半角感叹号 + 名称

Excel允许工作表级、工作簿级名称使用相同的名称。当存在同名的工作表级和工作簿级名称时，在工作表级名称所在的工作表中，调用的名称为工作表级名称，在其他工作表中调用的为工作簿级名称。

3. 名称的限制

在实际工作中，有时当用户定义名称时，将打开【名称无效】对话框，这是因为在Excel中对名称的命名没有遵循其限定的规则。

- ▶ 名称的命名可以是任意字符与数字组合在一起，但不能以纯数字命名或以数字开头，如1Abc就是无效的名称，可以在前面加上下画线，如以_1Abc命名。
- ▶ 不能以字母R、C、r、c作为名称命名，因为R、C在R1C1引用样式中表示工作表的行、列，不能与单元格地址相同，如B3、USA1等。
- ▶ 不能使用除下画线、点号和反斜线以外的其他符号，不能使用空格，允许用问号，但不能作为名称的开头，如可以用Name？。
- ▶ 字符不能超过255个，一般情况下，名称的命名应该便于记忆并且尽量简短，否则就违背了定义名称功能的目的。
- ▶ 字母不区分大小写，例如NAME与name是同一个名称。

此外，名称作为公式的一种存在形式，同样受到函数与公式关于嵌套层数、参数个数、计算精度等方面的限制。从使用名称的目的看，名称应尽量更直观地体现其所引用数据或公式的含义，不宜使用可能产生歧义的名称，尤其是使用较多名称时，如果命名过于随意，则不便于名称的统一管理和对公式的解读与修改。

7.9.2　定义名称

下面将介绍在Excel中定义名称的方法和对象。

1. 定义名称的方法

在Excel中定义名称有以下几种方法。

1)在【新建名称】对话框中定义名称

Excel提供了以下几种方法可以在【新建名称】对话框中定义名称。

- 选择【公式】选项卡，在【定义的名称】命令组中单击【定义名称】按钮。
- 选择【公式】选项卡，在【定义的名称】命令组中单击【名称管理器】按钮，打开【名称管理器】对话框后单击【新建】按钮。
- 按Ctrl+F3组合键打开【名称管理器】对话框，然后单击【新建】按钮。

2)使用名称框快速创建名称

打开如图7-41所示的"工资表"后，选中A3:A12单元格区域，将鼠标指针放置在【名称框】中，将其中的内容修改为"编号"，并按Enter键，即可将A3:A6单元格区域定义名称为"编号"，如图7-41所示。

使用【名称框】可以方便地将单元格区域定位为名称，默认为工作簿级名称，若用户需要定义工作表级名称，需要在名称前加工作表名和感叹号，如图7-42所示。

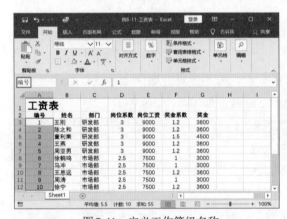

图7-41 定义工作簿级名称

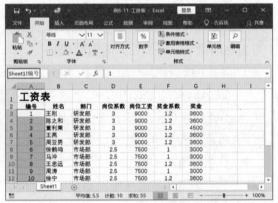

图7-42 定义工作表级名称

3)根据所选内容批量创建名称

如果用户需要对表格中多行单元格区域按标题、列定义名称，可以使用以下方法。

01 选择"工资表"中的A2:D12单元格区域，选择【公式】选项卡，在【定义的名称】命令组中单击【根据所选内容创建】按钮，或者按Ctrl+Shift+F3组合键。

02 打开【根据所选内容创建名称】对话框，选中【首行】复选框并取消其他复选框的选中状态，然后单击【确定】按钮，如图7-43所示。

03 选择【公式】选项卡，在【定义的公式】命令组中单击【名称管理器】按钮，打开【名称管理器】对话框，可以看到以【首行】单元格中的内容命名的4个名称，如图7-44所示。

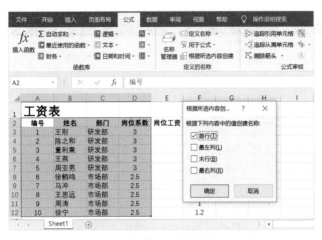

图 7-43 根据所选内容批量创建名称　　　　图 7-44 【名称管理器】对话框

2. 定义名称的对象

1) 使用合并区域引用和交叉引用

有些工作表由于需要按照规定的格式，把计算的数据存放在不连续的多个单元格区域中，在公式中直接使用合并区域引用会让公式的可读性变弱，此时可以将其定义为名称来调用。

【例 7-12】 在降雨量统计表中统计降雨量的最高值、最低值、平均值及降雨天数。

01 打开降雨量统计表后，按住 Ctrl 键，选中 B3:B12、D3:D12、F3:F12 单元格区域和 H3 单元格，在名称框中输入"降雨量"，按 Enter 键，或者打开【新建名称】对话框，在【引用位置】文本框中输入以下公式：

=Sheet1!$B$3, Sheet1!$B$3:$B$12,Sheet1!$D$3:$D$12,Sheet1!$F$3:$F$12,Sheet1!$H$3

在【名称】文本框中输入"降雨量"，然后单击【确定】按钮，如图 7-45 所示。

02 在 I5 单元格中输入公式：

=MAX(降雨量)

03 在 I6 单元格中输入公式：

=MIN(降雨量)

04 在 I7 单元格中输入公式：

=AVERAGE(降雨量)

05 在 I8 单元格中输入公式：

=COUNT(降雨量)

06 完成以上公式的执行后，即可在 I5:I8 单元格区域中得到相应的结果，如图 7-46 所示。

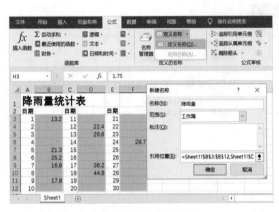
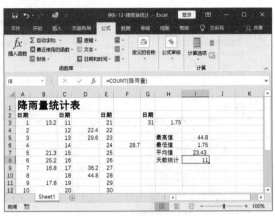

| 图7-45 定义名称 | 图7-46 通过合并区域引用计算结果 |

在名称中使用交叉运算符(单个空格)的方法与在单元格的公式中一样,例如要定义一个名称"降雨量",使其引用Sheet1工作表的B3:B12、D3:D12单元格区域,打开【新建名称】对话框,在【引用位置】文本框中输入:

=Sheet1!$B$3:$B$12 Sheet1!$D$3:$D$12

或者单击【引用位置】文本框后的 按钮,选取B3:B12单元格区域,自动将=Sheet1!$B$3:$B$12应用到文本框,按空格键输入一个空格,再使用鼠标选取D3:D12单元格区域,单击【确定】按钮退出对话框。

2)使用常量

如果用户需要在整个工作簿中多次重复使用相同的常量,如产品利润率、增值税率、基本工资额等,将其定义为一个名称并在公式中使用名称,就可以使公式的修改、维护变得方便。

【例 7-13】 在工作表中定义一个名为"税率"的名称。

01 选择【公式】选项卡,在【定义的名称】命令组中单击【定义名称】按钮,打开【新建名称】对话框。

02 在【名称】文本框中输入"税率",在【引用位置】文本框中输入:

=3%

03 在【批注】文本框中输入备注内容"税率为3%",然后单击【确定】按钮即可。

3)使用常量数组

在单元格中查询所需的常用数据时,由于误操作(例如删除行、列操作,或者选取数据单元格区域时不小心按到键盘造成的数据意外修改)导致查询结果的错误。这时,可以在公式中使用常量数组或定义名称让公式更易于阅读和维护。

【例 7-14】 使用常量数组统计产品检验质量等级。

01 打开工作表后,选择【公式】选项卡,在【定义的名称】命令组中单击【定义名称】按钮,打开【新建名称】对话框。

02 在【名称】文本框中输入"评定",在【引用位置】文本框中输入以下等号和常量数组(定义产品检验不良率小于1.5%、5%、10%的分别算特级、优质、一般，达到或超过10%的为劣质)，然后单击【确定】按钮，如图7-47所示。

={0," 特级 ";1.5," 优质 ";5," 一般 ";10," 劣质 "}

03 在D3单元格中输入如下公式。

=LOOKUP(C3*100, 评定)

其中，C3 单元格为百分比数值，因此需要 *100 后进行查询。

04 双击填充柄，向下复制到D12单元格，即可得到如图7-48所示的结果。

图7-47 使用常量数组定义质量"评定"名称　　　图7-48 公式计算结果

3. 定义名称的技巧

1)使用相对引用和混合引用定义名称

在名称中使用鼠标选取方式输入单元格引用时，默认使用带工作表名称的绝对引用方式，例如单击【引用位置】文本框右侧的按钮，然后单击选择Sheet1工作表中的A1单元格，相当于输入=Sheet1A$1。当需要使用相对引用或混合引用时，用户可以通过按F4键进行切换。

在单元格中的公式内使用相对引用，是与公式所在单元格形成相对位置关系；在名称中使用相对引用，则是与定义名称时的活动单元格形成相对位置关系。例如，当B1单元格是当前活动单元格时创建名称"降雨量"，定义中使用公式并相对引用A1单元格，则在C1单元格中输入"=降雨量"时，是调用B1单元格而不是A1单元格。

2)省略工作表名定义名称

默认情况下，在【新建名称】对话框的【引用位置】文本框中使用鼠标指定单元格引用时，将以带工作表名称的完整的绝对引用方式生成定义公式，例如：

= 三季度 !A$$1

当需要在不同工作表内引用各自表中的某个特定单元格区域，也需要引用各自表中的A1单元格时，可以使用"省略工作表名的单元格引用"方式来定义名称，即手工删除工作表名但保留感叹号，实现"工作表名"的相对引用。

3)定义永恒不变引用的名称

在名称中对单元格区域的引用，即使是绝对引用，也可能因为数据所在单元格区域的插入行(列)、删除行(列)、剪切操作等而发生改变，导致名称与实际期望引用的区域不相符。

如图7-49(a)所示，将B3:B12单元格区域定义为名称"语文"，默认为绝对引用。将第5行整行剪切后，在第13行执行【插入剪切的单元格】命令，再打开【名称管理器】对话框，就会发现"语文"引用的单元格区域由B3:B12变为B3:B11，如图7-49(b)所示。

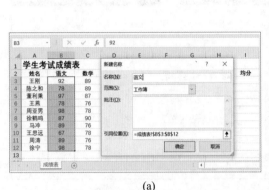

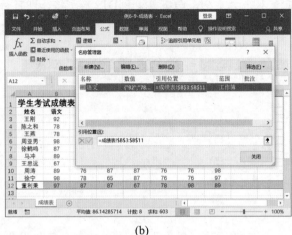

(a)   (b)

图7-49　引用的单元格区域发生变化

如果用户需要永恒不变地引用"学生成绩表"工作表中的B3:B12单元格区域，可以将名称"语文"的【引用位置】改为：

=INDIRECT("学生成绩表!B3:B12")

如果希望这个名称能够在各个工作表分别引用各自的B3:B12单元格区域，可以将"语文"的【引用位置】改为：

=INDIRECT("B3:B12")

7.9.3　管理名称

Excel 2019提供"名称管理器"功能，可以帮助用户方便地进行名称的查询、修改、筛选、删除操作。

1. 修改名称的名称

在Excel 2019中，选择【公式】选项卡，在【定义的名称】命令组中单击【名称管理器】按钮，或者按Ctrl+F3组合键，可以打开【名称管理器】对话框，如图7-50所示。在该对话框中选择名称，单击【编辑】按钮，可以打开【编辑名称】对话框，在【名称】文本框中修改名称的名称，如图7-51所示。

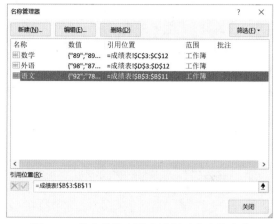

图7-50　从名称管理器中选择已定义的名称　　　图7-51　【编辑名称】对话框

完成名称的修改后，在【编辑名称】对话框中单击【确定】按钮，返回【名称管理器】对话框，单击【关闭】按钮即可。

2. 修改名称的引用位置

与修改名称的名称操作相同，如果用户需要修改名称的引用位置，可以打开【编辑名称】对话框，在【引用位置】文本框中输入新的引用位置公式即可。

在编辑【引用位置】文本框中的公式时，按方向键或Home、End键以及用鼠标单击单元格区域，都会将光标激活的单元格区域以绝对引用方式添加到【引用位置】的公式中。这是由于【引用位置】编辑框在默认状态下是"点选"模式，按方向键只是对单元格进行操作。按F2键切换到"编辑"模式，就可以在编辑框的公式中移动光标，修改公式。

3. 修改名称的级别

如果用户需要将工作表级名称更改为工作簿级名称，可以打开【编辑名称】对话框，复制【引用位置】文本框中的公式，然后单击【名称管理器】对话框中的【新建】按钮，新建一个同名不同级别的名称，然后单击【删除】按钮将旧名称删除。反之，工作簿级名称修改为工作表级名称也可以使用相同的方法来实现。

4. 筛选和删除错误的名称

当用户不再需要使用名称或名称出现错误无法使用时，可以在【名称管理器】对话框中进行筛选和删除操作，具体方法如下。

01 打开【名称管理器】对话框，单击【筛选】下拉按钮，在弹出的下拉列表中选择【有错误的名称】选项，如图7-52所示。

02 此时，在筛选后的名称管理器中，将显示存在错误的名称。选中该名称，单击【删除】按钮，再单击【关闭】按钮即可，如图7-53所示。

此外，在名称管理器中用户还可以通过筛选，显示工作簿级名称或工作表级名称、定义的名称或表名称。

图7-52　筛选有错误的名称　　　　　　　　　图7-53　删除名称

5. 在单元格中查看名称中的公式

在【名称管理器】对话框中，虽然用户也可以查看各名称使用的公式，但受限于对话框，有时并不方便显示整个公式。用户可以将定义的名称全部罗列在单元格中并显示出来。

如图7-54(a)所示，选择需要显示公式的单元格，按F3键或者选择【公式】选项卡，在【定义的名称】命令组中单击【用于公式】下拉按钮，从弹出的下拉列表中选择【粘贴名称】选项，将以一列名称、一列文本公式的形式粘贴到单元格区域中，如图7-54(b)所示。

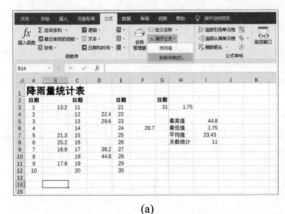
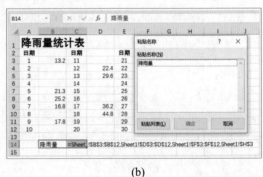

(a)　　　　　　　　　　　　　　　　　(b)

图7-54　在单元格中粘贴名称列表

7.9.4　使用名称

1. 在公式中使用名称

当用户需要在单元格的公式中调用名称时，可以选择【公式】选项卡，在【定义的名称】命令组中单击【用于公式】下拉按钮，在弹出的下拉列表中选择相应的名称，也可以在公式编辑状态下手动输入，名称也将出现在【公式记忆式键入】列表中。

例如，工作簿中定义了营业税的税率名称为"营业税的税率"，在单元格中输入其开头"营业"或"营"，该名称即可以出现在【公式记忆式键入】列表中。

2. 在图表中使用名称

Excel支持使用名称来绘制图表，但在指定图表数据源时，必须使用完整的名称格式。例如，在名为"降雨量调查表"的工作簿中定义了工作簿级名称"降雨量"。在【编辑数据系列】对话框的【系列值】编辑框中，输入完整的名称格式，即工作簿名+感叹号+名称，如图7-55所示。

```
= 降雨量调查表 .xlsx! 降雨量
```

如果直接在【系列值】文本框中输入"=降雨量"，将弹出如图7-56所示的警告对话框。

图7-55　在图表系列中使用名称

图7-56　警告对话框

3. 在条件格式和数据有效性中使用名称

条件格式和数据有效性在实际办公中应用非常广泛，但它们不支持直接使用常量数组、合并区域引用和交叉引用，因此用户必须先定义为名称后再进行调用。

7.10　案例演练

本节将通过案例操作，帮助用户巩固本章所学的知识。

【例 7-15】　使用 IF 函数、NOT 函数和 OR 函数考评和筛选数据。

01 新建一个名为"成绩统计"的工作簿，然后重命名Sheet1工作表为"考评和筛选"，并在其中创建数据。

02 选中F3单元格，在编辑栏中输入公式：

```
=IF(AND(C3>=80,D3>=80,E3>=80)," 达标 "," 没有达标 ")
```

03 按Ctrl+Enter组合键，对"李亮辉"进行成绩考评，满足考评条件，则考评结果为"达标"，如图 7-57 所示。

04 将光标移至F3单元格的右下角，当光标变为实心十字形时，按住鼠标左键向下拖至F15单元格，进行公式填充。公式填充后，如果有一门功课成绩小于80，将返回运算结果"没有达标"。

05 选中G3单元格，在编辑栏中输入公式：

```
=NOT(B3=" 否 ")
```

按 Ctrl+Enter 组合键，返回结果 TRUE，筛选竞赛得奖者与未得奖者，如图 7-58 所示。

图7-57　对"李亮辉"进行成绩考评

图7-58　筛选竞赛结果

06 使用相对引用方式复制公式到G4:G15单元格区域，如果"是"竞赛得奖者，则返回结果TRUE；反之，则返回结果FALSE。

【例7-16】　使用SIN函数、COS函数和TAN函数计算正弦值、余弦值和正切值。

01 新建一个名为"三角函数查询表"的工作簿，并在Sheet1工作表中创建数据。

02 选中B3单元格，打开【公式】选项卡，在【函数库】命令组中单击【插入函数】按钮，打开【插入函数】对话框。在【或选择类别】下拉列表中选择【数学与三角函数】选项，在【选择函数】列表框中选择RADIANS选项，并单击【确定】按钮，如图7-59所示。

03 打开【函数参数】对话框后，在Angle文本框中输入A3，并单击【确定】按钮，如图7-60所示。

图7-59　插入函数

图7-60　设置函数参数

04 此时，在B3单元格中将显示对应的弧度值。使用相对引用，将公式复制到B4:B19单元格区域中。

05 选中C3单元格，使用SIN函数在编辑栏中输入公式：

=SIN(B3)

06 按Ctrl+Enter组合键，计算出对应的正弦值，如图7-61所示。

07 使用相对引用，将公式复制到C4:C19单元格区域中。

08 选中D3单元格，使用COS函数在编辑栏中输入公式：

=COS(B3)

按 Ctrl+Enter 组合键，计算出对应的余弦值。

09 使用相对引用，将公式复制到D4:D19单元格区域中。

10 选中E3单元格，使用TAN函数在编辑栏中输入公式：

=TAN(B3)

按 Ctrl+Enter 组合键，计算出对应的正切值。

11 使用相对引用，将公式复制到E4:E19单元格区域中，完成表格的制作，如图7-62所示。

C3		▼ : × ✓ fx	=SIN(B3)		
	A	B	C	D	E
1		三角函数查询			
2	角度	弧度	正弦值	余弦值	正切值
3	10	0.174533	0.173648		
4	15	0.261799			
5	20	0.349066			
6	25	0.436332			
7	30	0.523599			
8	35	0.610865			
9	40	0.698132			
10	45	0.785398			
11	50	0.872665			
12	55	0.959931			
13	60	1.047198			
14	65	1.134464			
15	70	1.22173			
16	75	1.308997			
17	80	1.396263			
18	85	1.48353			
19	90	1.570796			

图7-61 计算正弦值

	A	B	C	D	E
1		三角函数查询			
2	角度	弧度	正弦值	余弦值	正切值
3	10	0.174533	0.173648	0.984808	0.176326981
4	15	0.261799	0.258819	0.965926	0.267949192
5	20	0.349066	0.34202	0.939693	0.363970234
6	25	0.436332	0.422618	0.906308	0.466307658
7	30	0.523599	0.5	0.866025	0.577350269
8	35	0.610865	0.573576	0.819152	0.700207538
9	40	0.698132	0.642788	0.766044	0.839099631
10	45	0.785398	0.707107	0.707107	1
11	50	0.872665	0.766044	0.642788	1.191753593
12	55	0.959931	0.819152	0.573576	1.428148007
13	60	1.047198	0.866025	0.5	1.732050808
14	65	1.134464	0.906308	0.422618	2.144506921
15	70	1.22173	0.939693	0.34202	2.747477419
16	75	1.308997	0.965926	0.258819	3.732050808
17	80	1.396263	0.984808	0.173648	5.67128182
18	85	1.48353	0.996195	0.087156	11.4300523
19	90	1.570796	1	0	1.63246E+16
20					

图7-62 三角函数查询表

【例 7-17】 在"贷款借还信息统计"工作簿中使用日期函数统计借款、还款信息。

01 新建"贷款借还信息统计"工作簿，在Sheet1工作表中输入数据。

02 选中图7-63所示的C3单元格，选择【公式】选项卡，在【函数库】命令组中单击【插入函数】按钮，打开【插入函数】对话框。在【或选择类别】下拉列表中选择【日期与时间】选项，在【选择函数】列表框中选择WEEKDAY选项，单击【确定】按钮，如图7-63所示。

03 打开【函数参数】对话框，在Serial_number文本框中输入B3，在Return_type文本框中输入2，单击【确定】按钮，计算出还款日期所对应的星期数为5，即星期五，如图7-64所示。

04 将光标移至C3单元格的右下角，当光标变成实心十字形时，按住鼠标左键向下拖动到C10单元格，然后释放鼠标左键，即可进行公式填充，并返回计算结果，计算出还款日期所对应的星期数

图 7-63　设置【插入函数】对话框

图 7-64　【函数参数】对话框

05 在 D3 单元格中输入公式：

=DATEVALUE("2020/3/13")-DATEVALUE("2020/3/2")

06 按 Ctrl+Enter 组合键，即可计算出借款日期和还款日期的间隔天数，如图 7-65 所示。

07 使用 DAYS360 函数也可计算出借款日期和还款日期的间隔天数，选中 D4 单元格，在编辑栏中输入以下公式：

=DAYS360(A4,B4,FALSE)

按 Ctrl+Enter 组合键即可，结果如图 7-66 所示。

图 7-65　计算借款日期和还款日期的间隔天数　　　　　图 7-66　使用 DAY360 函数

08 使用相对引用方式，计算出所有的借款日期和还款日期的间隔天数。

09 在 E3 单元格中输入公式：

=YEARFRAC(A3,B3,3)

10 按 Ctrl+Enter 组合键，即可以"实际天数/365"为计数基准类型计算出借款日期和还款日期之间的天数占全年天数的百分比，如图 7-67 所示。

11 使用相对引用方式，计算出所有借款日期和还款日期之间的天数占全年天数的百分比。

12 在 F3 单元格中输入公式：

=IF(DATEDIF(A3,B3,"D")>50," 超过还款日 "," 没有超过还款日 ")

按 Ctrl+Enter 组合键，即可判断还款天数是否超过到期还款日，如图 7-68 所示。

| 图 7-67 | 使用YEARFRAC函数 | 图 7-68 | 判断还款天数是否超过50日 |

13 将光标移至F3单元格的右下角，当光标变为实心十字形状时，按住鼠标左键向下拖动到 F10单元格，然后释放鼠标，即可进行公式填充，并返回计算结果，判断所有的还款天数是否 超过到期还款日。

14 选中C12单元格，在编辑栏中输入如下公式：

=TODAY()

按 Ctrl+Enter 组合键，即可计算出当前的系统日期。

【例 7-18】 利用 TEXT 函数计算两个时间的差。

01 打开工作表后在C2单元格中输入公式：

=TEXT(B2-A2,"[m] 分钟 ")

02 按Ctrl+Enter组合键，即可在C2单元格中计算出2020/9/1 10:32:00到2020/9/1 16:17:00的时 间差。TEXT函数可以将数字或文本格式化显示。公式中的"[m]分钟"在表示时间的自定义格式 内，小时为h，分钟为m，秒为s，如果要以小时为间隔单位计算时间，把m替换为h即可(加[ ] 可以显示大于24小时的小时数、60分钟的分钟数)。

03 将公式复制到C3:C4单元格区域，效果如图7-69所示。

【例 7-19】 利用 EDATE 函数计算到期时间。

01 打开工作表后在C2单元格中输入公式：

=EDATE($A2,$B2)

02 按Ctrl+Enter组合键，即可在C2单元格中计算出贷款的到期日期。将公式复制到C3:C4单 元格区域，效果如图7-70所示。

| 图 7-69 | 计算两个时间的差 | 图 7-70 | 计算贷款到期时间(日期) |

【例 7-20】 使用 LOOKUP 函数计算业绩提成比例。

01 打开工作表后在C10单元格中输入公式：

=LOOKUP(B10,B$2:C6)

02 按Ctrl+Enter组合键，即可在C10单元格中根据B2:C6单元格区域中提供的提成范围计算业务员的提成比例，如图7-71所示。将公式复制到C11:C13单元格区域，效果如图7-72所示。

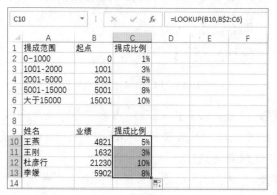

图7-71　根据业绩计算提成比例　　　　　　图7-72　复制公式

第 8 章
使用图表与图形

| 本章导读 |

在 Excel 电子表格中，通过插入图表与图形可以更直观地呈现表格中数据的发展趋势或分布状况，从而创建出引人注目的报表。结合 Excel 的函数公式、定义名称、窗体控件以及 VBA 等功能，还可以创建实时变化的动态图表。

8.1　使用迷你图

迷你图是工作表单元格中的一种微型图表。在数据表的旁边显示迷你图，可以清晰地反映一系列数据的变化趋势。

8.1.1　创建单个迷你图

在Excel 2019中，要为数据创建迷你图，用户可以参考以下方法。

01 打开工作表，选择【插入】选项卡，在【迷你图】命令组中单击一种迷你图类型(例如本例创建"折线"迷你图，单击【折线】按钮)。

02 打开【创建迷你图】对话框，在【数据范围】文本框中输入迷你图引用的数据范围(例如B2:E2)，在【位置范围】文本框中输入迷你图的位置(例如$F$2)，单击【确定】按钮。

03 此时，Excel将在F2单元格中创建一个折线迷你图，如图8-1所示。

图8-1　创建折线迷你图

> **提示**
> 在Excel中，迷你图仅提供折线迷你图、柱形迷你图和盈亏迷你图3种图表类型，并且不能一次创建两种以上图表类型的组合。

8.1.2　创建一组迷你图

在Excel中，用户可以为多行(或者多列)数据创建一组迷你图，一组迷你图具有相同的图表特征。创建一组迷你图的方法如下。

01 在【插入】选项卡的【迷你图】命令组中单击【折线】按钮，打开【创建迷你图】对话框。

02 选择创建迷你图所需的数据，例如本例选择的数据范围为B2:E9区域。

03 选择放置迷你图的位置范围，例如本例选择的位置范围为F2:F9区域($F$2:$F$9)。

04 在【创建迷你图】对话框中单击【确定】按钮，即可在F2:F9单元格区域创建一组折线迷你图，如图8-2所示。

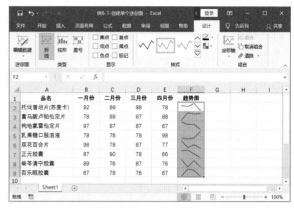

图8-2　创建一组折线迷你图

8.1.3　修改迷你图的类型

1. 改变单个迷你图的类型

如果用户要改变一组迷你图中的单个迷你图的类型，先要将该迷你图独立出来，再改变其类型，具体方法如下。

01 选中一组迷你图中的一个单元格(例如本例选择F3单元格)，在【设计】选项卡的【组合】命令组中单击【取消组合】按钮，取消迷你图的组合，如图8-3所示。

02 在【设计】选项卡的【类型】命令组中单击【盈亏】按钮，即可将单元格F3的折线迷你图修改为盈亏迷你图，如图8-4所示。

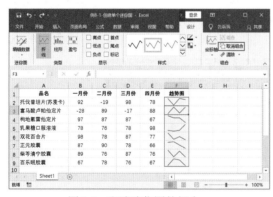

图8-3　取消迷你图的组合　　　　　　图8-4　将单个迷你图的类型修改为盈亏类型

2. 改变一组迷你图的类型

如果用户需要改变一组迷你图的类型，选中迷你图所在的单元格后，在如图8-4所示的【设计】选项卡中单击【类型】命令组中需要修改的迷你图的类型按钮即可。

8.1.4　清除迷你图

清除工作表中迷你图的方法有以下几种。

▶ 选中迷你图所在的单元格，右击鼠标，在弹出的快捷菜单中选择【迷你图】|【清除所选的迷你图】命令，即可清除所选的迷你图。如果在弹出的快捷菜单中选择【迷你图】|【清除所选迷你图组】命令，则会清除所选的迷你图所在的一组迷你图。

▶ 选中迷你图所在的单元格，在【设计】选项卡的【分组】命令组中，单击【清除】下拉按钮，打开清除下拉列表，再选择【清除所选的迷你图】或者【清除所选的迷你图组】命令。

▶ 选中迷你图所在的单元格，右击鼠标，在弹出的快捷菜单中选择【删除】命令。

8.2 使用图表

为了能更加直观地呈现电子表格中的数据，用户可将数据以图表的形式来表示，因此图表在制作电子表格时具有极其重要的作用。

8.2.1 认识图表

1. 图表的结构

在Excel中，图表通常以两种方式存在：一种是嵌入式图表；另一种是图表工作表。其中，嵌入式图表就是将图表看作一个图形对象，并作为工作表的一部分进行保存；图表工作表是工作簿中具有特定工作表名称的独立工作表。在需要独立于工作表数据来查看、编辑庞大而复杂的图表或需要节省工作表上的屏幕空间时，就可以使用图表工作表。无论是创建哪一种图表，创建图表的依据都是工作表中的数据。当工作表中的数据发生变化时，图表便会随之更新。

图表的基本结构包括图表区、绘图区、图表标题、数据系列、网格线、图例等，如图8-5所示。

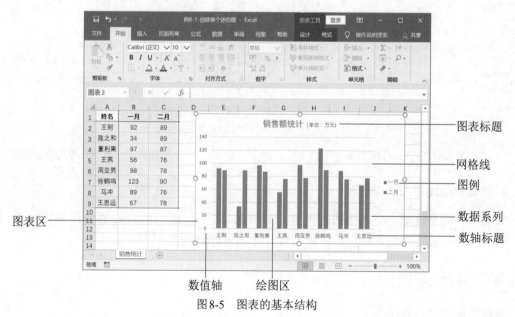

图8-5　图表的基本结构

图表各组成部分的介绍如下。

(1)图表区。在Excel中,图表区指的是包含绘制的整张图表及图表中元素的区域。如果要复制或移动图表,必须先选定图表区。

(2)绘图区。绘图区指图表中的整个绘制区域。二维图表和三维图表的绘图区有所区别。在二维图表中,绘图区是以坐标轴为界并包括全部数据系列的区域;而在三维图表中,绘图区是以坐标轴为界并包含数据系列、分类名称、刻度线和坐标轴标题的区域。

(3)图表标题。图表标题在图表中起到说明的作用,是图表性质的大致概括和内容总结,它相当于一篇文章的标题并可用来定义图表的名称。它可以自动地与坐标轴对齐或居中排列于图表坐标轴的外侧。

(4)数据系列。在Excel中数据系列又称为分类,它指的是图表上的一组相关数据点。在Excel图表中,每个数据系列都用不同的颜色和图案加以区分。每一个数据系列分别来自工作表的某一行或某一列。在同一张图表中(除了饼图外)可以绘制多个数据系列。

(5)网格线。网格线指图表中从坐标轴刻度线延伸并贯穿整个绘图区的可选线条系列。网格线的形式有水平的、垂直的、主要的、次要的等,还可以对它们进行组合。网格线使得对图表中的数据进行观察和估计更为准确和方便。

(6)图例。在图表中,图例是包围图例项和图例项标示的方框,每个图例项左边的图例项标示和图表中相应数据系列的颜色与图案相一致。

(7)数轴标题。数轴标题用于标记分类轴和数值轴的名称,在Excel默认设置下其位于图表的下面和左面。

提示

此外,Excel图表中还可以包括数据表、误差线、趋势线、数据标签等元素。本章将在后面的内容中进行介绍。

2. 图表的类型

Excel 2019 提供了多种图表,如柱形图、折线图、饼图、条形图、面积图和散点图等,每种图表各有优点,适用于不同的场合。

(1)柱形图。柱形图可直观地对数据进行对比分析并呈现对比结果。在Excel 2019中,柱形图又可细分为二维柱形图、三维柱形图、圆柱图、圆锥图以及棱锥图。图8-6所示为二维柱形图。

(2)折线图。折线图可直观地显示数据的走势情况。在Excel 2019中,折线图又分为二维折线图与三维折线图。图8-7所示为折线图。

(3)饼图。饼图能直观地显示数据的占有比例,而且比较美观。在Excel 2019中,饼图又可分为二维饼图、三维饼图、复合饼图等多种形式。图8-8所示为三维饼图。

(4)条形图。条形图就是横向的柱形图,其作用与柱形图相同,可直观地对数据进行对比分析。在Excel 2019中,条形图又可分为簇状条形图、堆积条形图等。图8-9所示为条形图。

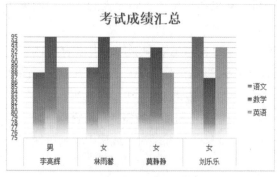

图8-6 二维柱形图

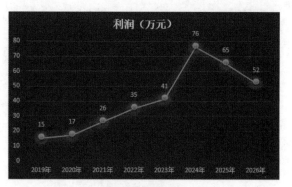

图8-7 折线图

图8-8 三维饼图

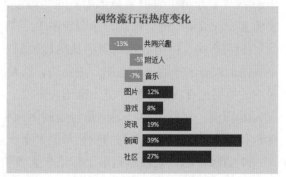

图8-9 条形图

(5)面积图。面积图能直观地显示数据的大小与走势范围。在Excel 2019中,面积图又可分为二维面积图与三维面积图。图8-10所示为面积图。

(6)散点图。散点图可以直观地显示图表数据点的精确值,以便对图表数据进行统计运算。图8-11所示为散点图。

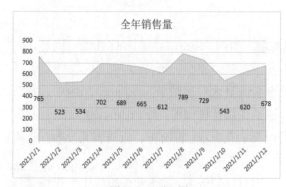

图8-10 面积图

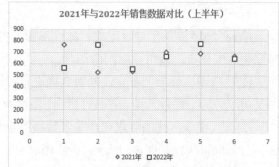

图8-11 散点图

另外,除了上面介绍的图表外,Excel 2019中还包括股价图、曲面图、组合图、瀑布图、漏斗图、旭日图、树状图以及雷达图等图表。

3. 图表的更新

在Excel 97及后续的版本中，当用户选中一个图表数据系列时，工作表中与该数据系列对应的数据区域周围就会显示边框，如图8-12所示。用户可以通过拖动边框四周的控制柄来扩展或缩小图表所显示的数据区域。

在默认设置下，图表中的数据系列会随着工作表中对应数据的变化而自动更新，即实时更新。实现该功能的前提是：在【Excel选项】对话框中使用【自动重算】功能。

选择【文件】选项卡，在打开的界面中选择【选项】选项，在打开的【Excel选项】对话框中选择【公式】选项，选中【自动重算】单选按钮，然后单击【确定】按钮即可启动【自动重算】功能，如图8-13所示。

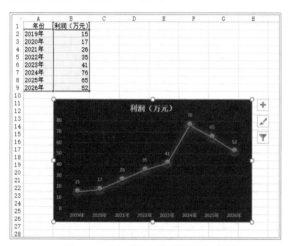

图8-12　显示图表的引用数据区域

图8-13　启动【自动重算】功能

8.2.2　创建图表

使用Excel 2019提供的图表向导，可以方便、快速地建立一个标准类型或自定义类型的图表。在图表创建完成后，可以修改其各种属性，以使整个图表更趋于完善。

【例8-1】　使用图表向导创建图表。

01 创建"调查分析表"工作表，选中工作表中的B2:B14和D2:F14单元格区域，如图8-14所示。选择【插入】选项卡，在【图表】命令组中单击对话框启动器按钮，打开【插入图表】对话框。

02 在【插入图表】对话框中选择【所有图表】选项卡，然后在该选项卡左侧的导航窗格中选择图表分类，在右侧的列表框中选择一种图表类型，单击【确定】按钮，如图8-15所示。

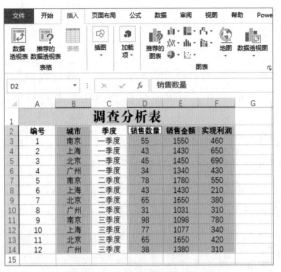

图8-14 调查分析表　　　　　　　　图8-15 【插入图表】对话框

03 此时，在工作表中创建如图8-16所示的图表，Excel软件将自动打开【图表工具】的【设计】选项卡。

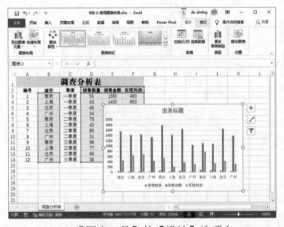
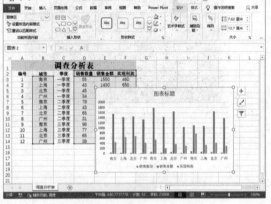

(a)【图表工具】的【设计】选项卡　　　　(b)【图表工具】的【格式】选项卡

图8-16 创建图表后将显示【设计】和【格式】选项卡

在Excel 2019中，按Alt+F1组合键或者按F11键可以快速创建图表。使用Alt+F1组合键创建的是嵌入式图表，而使用F11快捷键创建的是图表工作表。在Excel 2019功能区中，打开【插入】选项卡，使用【图表】命令组中的图表按钮可以方便地创建各种图表。

8.2.3 创建组合图表

有时在一个图表中需要同时使用两种图表类型，即为组合图表，比如由柱状图和折线图组成的线柱组合图表。

【例8-2】 在"调查分析表"工作表中创建线柱组合图表。

01 继续例8-1的操作，单击图表中表示【销售金额】的任意一个蓝色柱体，则会选中所有关于【销售金额】的数据柱体，被选中的数据柱体4个角上显示小圆圈符号。

02 在【设计】选项卡的【类型】命令组中单击【更改图表类型】按钮，打开【更改图表类型】对话框，选择【组合图】选项，在对话框右侧的列表框中单击【销售金额】下拉按钮，在弹出的菜单中选择【带数据标记的折线图】选项，如图8-17所示。

03 在【更改图表类型】对话框中单击【确定】按钮。此时，原来的【销售金额】柱体变为折线，完成线柱组合图表，如图8-18所示。

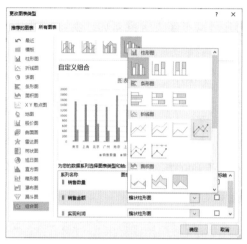

图8-17　【更改图表类型】对话框

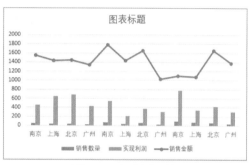

图8-18　组合图表效果

8.2.4　添加图表注释

在创建图表时，为了方便理解，有时需要添加注释解释图表内容。图表的注释是一种浮动的文字，可以使用【文本框】功能来添加。

【例8-3】　在"调查分析表"工作表中添加图表注释。

01 继续例8-2的操作，选择【插入】选项卡，在【文本】命令组中单击【文本框】下拉按钮，在弹出的下拉列表中选择【绘制横排文本框】选项，如图8-19所示。

02 按住鼠标左键在图表中拖动，绘制一个横排文本框，并在文本框内输入文字，如图8-20所示。

03 当选中图表中绘制的文本框时，用户可以在【格式】选项卡里设置文本框和其中文本的格式。

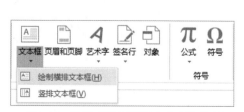

图8-19　选择【绘制横排文本框】选项

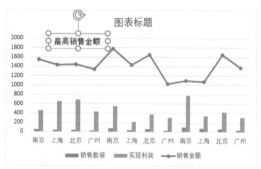

图8-20　绘制横排文本框

8.2.5　更改图表类型

如果对插入的图表的类型不满意，无法确切表现所需要的内容，则可以更改图表的类型。首先选中图表，然后打开【设计】选项卡，在【类型】命令组中单击【更改图表类型】按钮，打开【更改图表类型】对话框，选择其他类型的图表选项。

8.2.6　更改图表数据源

在Excel 2019中使用图表时，用户可以通过增加或减少图表数据系列，来控制图表中显示数据的内容。

【例8-4】在"调查分析表"工作表中更改图表的数据源。

01 继续例8-3的操作，选中图表，选择【设计】选项卡，在【数据】命令组中单击【选择数据】选项，如图8-21(a)所示。

02 打开【选择数据源】对话框，单击【图表数据区域】后面的按钮。

03 返回工作表，选择B2:B14和E2:F14单元格区域，按Enter键，如图8-21(b)所示。

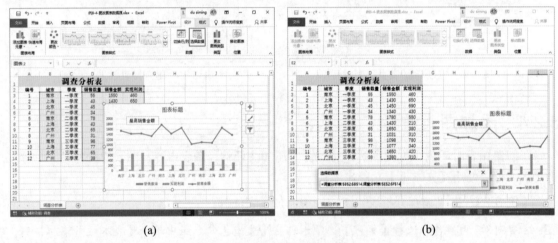

| (a) | (b) |

图8-21　选择新的图表数据源

04 返回【选择数据源】对话框后单击【确定】按钮。此时，数据源发生变化，图表也随之发生变化，如图8-22所示。

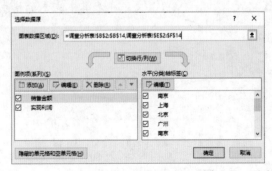
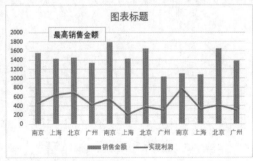

图8-22　更改图表数据源

8.2.7　套用图表预设样式和布局

Excel 2019为所有类型的图表预设了多种样式效果，选择【设计】选项卡，在【图表样式】命令组中单击【图表样式】下拉按钮，在弹出的下拉列表中即可为图表套用预设的图表样式。如图8-23所示为例8-4所制作的"调查分析表"工作表中的图表，其设置采用的是【样式6】。

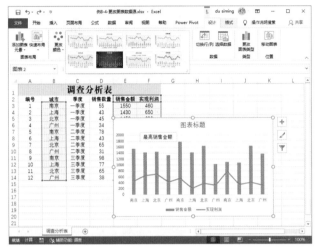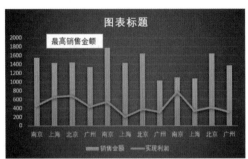

图8-23　套用预设图表样式

此外，Excel 2019预设了多种布局效果，选择【设计】选项卡，在【图表布局】命令组中单击【快速布局】下拉按钮，在弹出的下拉列表中可以为图表套用预设的图表布局。

8.2.8　设置图表标签

选择【设计】选项卡，在【图表布局】命令组中可以设置图表布局的相关属性，包括设置图表标题、坐标轴标题、图例位置、数据标签显示位置以及是否显示数据表等。

1. 设置图表标题

在【设计】选项卡的【图表布局】命令组中，单击【添加图表元素】下拉按钮，在弹出的下拉列表中选择【图表标题】选项，可以显示【图表标题】下拉列表，如图8-24所示。在该下拉列表中可以选择图表标题的显示位置与是否显示图表标题。

2. 设置图表的图例位置

在【设计】选项卡的【图表布局】命令组中，单击【添加图表元素】下拉按钮，在弹出的下拉列表中选择【图例】选项，可以打开【图例】下拉列表，如图8-25所示。在该下拉列表中可以设置图表图例的显示位置以及是否显示图例。

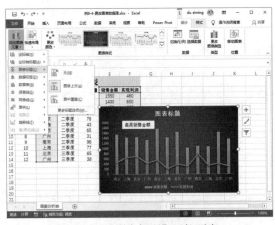

图 8-24　【图表标题】下拉列表

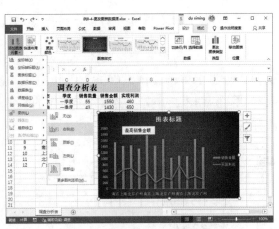

图 8-25　【图例】下拉列表

3. 设置图表坐标轴的标题

在【设计】选项卡的【图表布局】命令组中，单击【添加图表元素】下拉按钮，在弹出的下拉列表中选择【坐标轴标题】选项，可以打开【坐标轴标题】下拉列表，如图 8-26 所示。在该下拉列表中可以分别设置横坐标轴标题与纵坐标轴标题。

4. 设置数据标签的显示位置

在有些情况下，图表中的形状无法精确表达其所代表的数据，Excel 提供的数据标签功能可以很好地解决这个问题。数据标签可以用精确数值显示其对应形状所代表的数据。在【设计】选项卡的【图表布局】命令组中，单击【添加图表元素】下拉按钮，在弹出的下拉列表中选择【数据标签】选项，可以打开【数据标签】下拉列表，如图 8-27 所示。在该下拉列表中可以设置数据标签在图表中的显示位置。

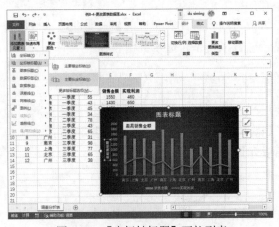

图 8-26　【坐标轴标题】下拉列表

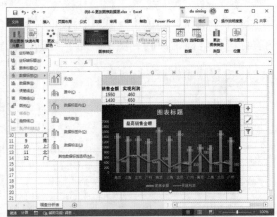

图 8-27　【数据标签】下拉列表

8.2.9　设置图表坐标轴

坐标轴用于显示图表的数据刻度或项目分类，而网格线可以使用户更清晰地了解图表中的数值。在【设计】选项卡的【图表布局】命令组中，单击【添加图表元素】下拉按钮，在弹出的下拉列表中，可以选择【坐标轴】和【网格线】选项，根据需要详细设置图表坐标轴与网格线等属性。

1. 设置坐标轴

在【设计】选项卡的【图表布局】命令组中，单击【添加图表元素】下拉按钮，在弹出的下拉列表中选择【坐标轴】选项，如图8-28所示。在弹出的下拉列表中可以分别设置横坐标轴与纵坐标轴的格式与分布。在【坐标轴】下拉列表中选择【更多轴选项】选项，可以打开【设置坐标轴格式】窗格，在该窗格中可以设置坐标轴的详细参数，如图8-29所示。

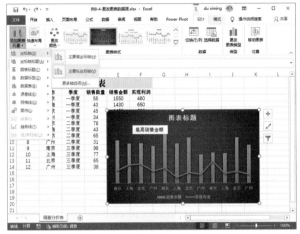

图8-28　【坐标轴】下拉列表　　　　　　图8-29　【设置坐标轴格式】窗格

2. 设置网格线

如图8-30(a)所示，在【设计】选项卡的【图表布局】命令组中，单击【添加图表元素】下拉按钮，在弹出的下拉列表中选择【网格线】选项，在打开的【网格线】下拉列表中可以设置启用或关闭网格线，图8-30右图所示为显示主轴主要垂直网格线。

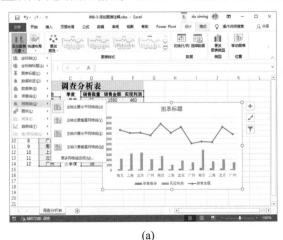

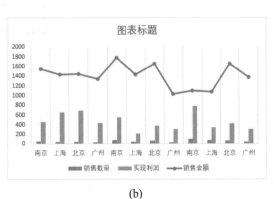

(a)　　　　　　　　　　　　　　　　　(b)

图8-30　设置显示主轴主要垂直网格线

8.2.10　设置图表背景

在Excel 2019中，可以为图表设置背景，对于一些三维立体图表还可以设置图表背景墙与基底背景。

1. 设置绘图区背景

选中图表后，在【格式】选项卡的【当前所选内容】命令组中单击【图表元素】下拉按钮，在弹出的下拉列表中选择【绘图区】选项，然后单击【设置所选内容格式】按钮，打开【设置绘图区格式】窗格。

在【设置绘图区格式】窗格中展开【填充】选项组后，选中【纯色填充】单选按钮，然后单击【填充颜色】按钮 ，即可在弹出的区域中为图表绘图区设置背景颜色，如图8-31所示。

2. 设置三维图表的背景

三维图表与二维图表相比多了一个面，因此在设置图表背景的时候需要分别设置图表的背景墙与基底背景。

【例8-5】　在"成绩统计"工作表中为图表设置三维图表背景。

01　选中工作表中的图表，选择【图表工具】|【设计】选项卡，然后单击【更改图表类型】按钮，打开【更改图表类型】对话框，在【柱形图】列表框中选择【三维簇状柱形图】选项，然后单击【确定】按钮，如图8-32所示。

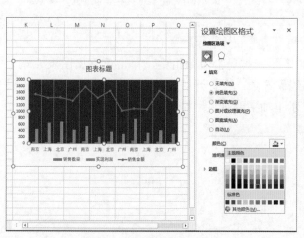

图8-31　设置图表绘图区背景

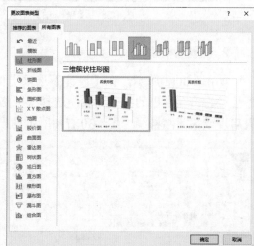

图8-32　更改图表类型

02　此时，原来的柱形图将更改为【三维簇状柱形图】类型。

03　打开【图表工具】的【格式】选项卡，在【当前所选内容】命令组中单击【图表元素】下拉按钮，在弹出的下拉列表中选择【背景墙】选项，如图8-33所示。

04　在【当前所选内容】命令组中单击【设置所选内容格式】按钮，打开【设置背景墙格式】窗格，然后在该窗格中展开【填充】选项组，并选中【渐变填充】单选按钮。

05 此时，即可改变工作表中三维簇状柱形图背景墙的颜色，效果如图8-34所示。

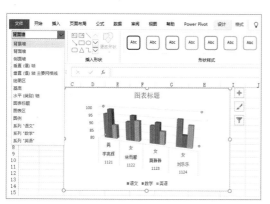

图8-33　设置当前所选内容为"背景墙"

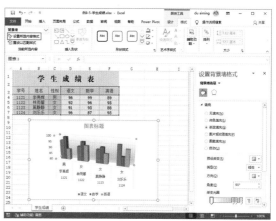

图8-34　改变背景墙颜色

在【设置背景墙格式】窗格的【渐变填充】区域中，用户可以设置具体的渐变填充属性参数，包括类型、方向、渐变光圈、颜色、位置等。

8.2.11　设置图表格式

插入图表后，还可以根据需要自定义设置图表的相关格式，包括图表形状的样式、图表文本的样式等，使图表变得更加美观。

1. 设置图表中各个元素的样式

在Excel 2019电子表格中插入图表后，用户可以根据需要调整图表中任意元素的样式，例如图表区的样式、绘图区的样式以及数据系列的样式等。

【例8-6】　在工作表中设置图表中各种元素的样式。

01 继续例8-5的操作，选中图表，选择【图表工具】|【格式】选项卡，在【形状样式】命令组中单击【其他】下拉按钮，在弹出的【形状样式】下拉列表框中选择一种预设样式，如图8-35所示。

02 返回工作表窗口，即可查看新设置的图表区样式。

03 选定图表中的【英语】数据系列，在【格式】选项卡的【形状样式】命令组中，单击【形状填充】按钮，在弹出的菜单中选择【白色】。

04 返回工作表窗口，此时【英语】数据系列的形状颜色更改为白色。

05 在图表中选择垂直轴主要网格线，在【格式】选项卡的【形状样式】命令组中，单击【其他】按钮，从弹出的列表框中选择一种网格线样式。

06 返回工作表窗口，即可查看图表网格线的新样式，如图8-36所示。

2. 设置图表中的文本格式

文本是Excel 2019图表中不可或缺的元素，如图表标题、坐标轴刻度、图例以及数据标签等元素都是通过文本来表示的。在设置图表时，可以根据需要设置图表中文本的格式。

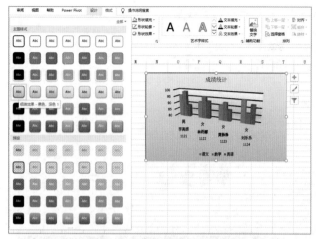

图8-35 使用预设样式设置图表区

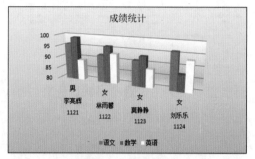

图8-36 图表效果

【例8-7】 在工作表中设置图表中文本内容的格式。

01 继续例8-6的操作，在【格式】选项卡的【当前所选内容】命令组中单击【图表元素】下拉按钮，在弹出的下拉列表中选择【图表标题】选项。

02 在出现的【图表标题】文本框中输入图表标题文字"三科成绩统计表"。

03 右击输入的图表标题，在弹出的快捷菜单中选择【字体】命令。

04 在打开的【字体】对话框中设置标题文本的格式后，单击【确定】按钮，即可设置图表标题文本的格式，如图8-37所示。

05 使用同样的方法可以设置纵坐标轴刻度文本、横坐标文本、图例文本的格式。设置完成后的图表效果如图8-38所示。

图8-37 设置字体

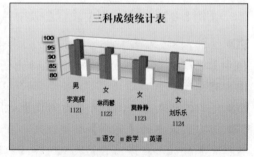

图8-38 设置图表中的文本

8.2.12 添加图表辅助线

在Excel 2019的图表中，可以添加各种辅助线来分析和观察图表数据内容。Excel 2019支持的图表数据的分析功能主要包括趋势线、折线、涨/跌柱线以及误差线等。

1. 添加趋势线

趋势线以图形的方式表示数据系列的变化趋势并对以后的数据进行预测，可以在Excel

2019的图表中添加趋势线来帮助用户分析数据。

【例8-8】　为图表添加趋势线。

01　打开"成绩统计"工作簿的Sheet1工作表，然后选中图表，在【设计】选项卡的【图表布局】命令组中单击【添加图表元素】下拉按钮，在弹出的下拉列表中选择【趋势线】|【其他趋势线选项】选项。

02　在打开的【添加趋势线】对话框中选择【数学】选项，然后单击【确定】按钮，如图8-39(a)所示。

03　在打开的【设置趋势线格式】窗格的【趋势线选项】选项区域中设置趋势线参数。

04　此时，在图表上添加了如图8-39(b)所示的趋势线。

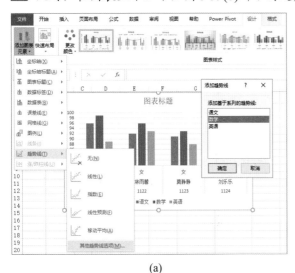

(a)

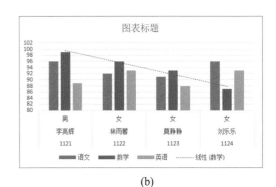

(b)

图8-39　添加图表的趋势线

2. 添加误差线

运用图表进行回归分析时，如果需要表现数据的潜在误差，则可以为图表添加误差线，其操作和添加趋势线的方法相似。

【例8-9】　为图表添加误差线。

01　打开工作表后，选中图表中需要添加误差线的数据系列【语文】。

02　单击【设计】选项卡中的【添加图表元素】下拉按钮，在弹出的下拉列表中选择【误差线】|【其他误差线选项】选项。

03　打开【设置误差线格式】窗格，设置误差线参数，即可为图表添加误差线。

8.3　使用形状

形状是指浮于单元格上方的简单图形，也称为自选图形。在Excel 2019中，提供了多种形状图形供用户使用。

8.3.1 插入形状

在【插入】选项卡的【插图】命令组中单击【形状】下拉按钮，可以打开【形状】下拉列表。在【形状】下拉列表中包含9个分类，分别为：最近使用的形状、线条、矩形、基本形状、箭头总汇、公式形状、流程图、星与旗帜以及标注。

【例8-10】 在工作表中插入一个左箭头图形。

01 打开工作表后，选择【插入】选项卡，在【插图】命令组中单击【形状】下拉按钮，在弹出的下拉列表中选择【左箭头】选项，如图8-40(a)所示。

02 在工作表中按住鼠标左键拖动，即可绘制出如图8-40(b)所示的图形。

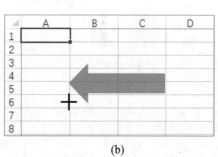

(a)   (b)

图8-40 绘制左箭头图形

8.3.2 编辑形状

在工作表内插入形状以后，可以将其进行旋转、移动、改变大小等编辑操作。

1. 旋转形状

在Excel 2019中，用户可以旋转已经绘制完成的形状，使自绘图形能够满足用户的需要。旋转图形时，只需选中图形上方的圆形控制柄，然后拖动鼠标旋转图形，在拖动到目标角度后释放鼠标即可，如图8-41所示。

如果要精确旋转图形，可以右击图形，在弹出的快捷菜单中选择【大小和属性】命令，显示【设置形状格式】窗格。在【大小】选项区域的【旋转】文本框中可以设置图形的精确旋转角度。

2. 移动形状

在Excel 2019的电子表格中绘制图形后，需要将图形移动到表格中正确的位置。移动图形的方法十分简单，选定图形后按住鼠标左键，然后拖动鼠标移动图形，到目标位置后释放鼠标左键，即可移动图形，如图8-42所示。

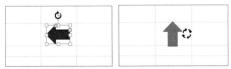

图 8-41　拖动鼠标旋转图形

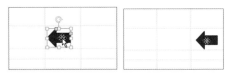

图 8-42　移动形状

3. 缩放形状

如果用户需要重新调整图形的大小，可以拖动图形四周的控制柄调整尺寸，或者在【设置形状格式】窗格中精确设置图形的缩放大小。

当将光标移动至图形四周的控制柄上时，光标将变为一个双箭头，按住鼠标左键并拖动，将图形缩放成目标形状后释放鼠标即可，如图 8-43 所示。

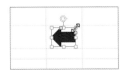

图 8-43　缩放形状

使用鼠标拖动图形边角的控制柄时，若同时按住 Shift 键可以使图形的长宽比例保持不变；如果在改变图形的大小时同时按住 Ctrl 键，将保持图形的中心位置不变。

8.3.3　设置形状样式

在 Excel 2019 中可以自定义设置形状填充、形状轮廓和形状效果等样式。用户选中形状后，单击【格式】选项卡中【形状样式】列表框中的一种样式，可以快速应用该样式，如图 8-44 所示。单击【形状效果】下拉按钮，在弹出的下拉列表中，可以改变形状的效果(例如阴影、映像、发光等)，如图 8-45 所示。

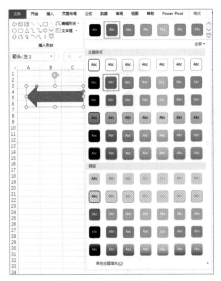

图 8-44　设置形状样式

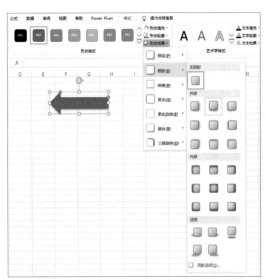

图 8-45　设置形状效果

8.3.4 排列形状

当表格中多个形状叠放在一起时，新创建的形状会遮住之前创建的形状，按先后次序叠放形状。要调整叠放的顺序，只需选中形状后，单击【格式】选项卡中的【上移一层】或【下移一层】按钮，即可将选中形状向上或向下移动。

另外，用户还可以对表格内的多个形状进行对齐和分布功能。例如，按住Ctrl键选中表格内的多个形状，选择【格式】选项卡中的【对齐对象】|【水平居中】命令，可以将多个形状排列在同一条垂直线上。

8.4 使用图片

在Excel 2019的工作表中，绘制图形只能满足表格的一些基本图形的需要，如果要在表格中插入更加复杂的图形，则可以通过插入图片与剪贴画的方法来实现。

8.4.1 插入本地图片

Excel 2019支持目前几乎所有的常用的图片格式进行插入，用户可以选择将计算机硬盘上的图片插入表格内并进行设置。

【例 8-11】 在"日历"工作表中插入图片并进行设置。

01 打开"日历"工作表，选择【插入】选项卡，在【插图】命令组中单击【图片】按钮。

02 打开【插入图片】对话框，选中一个图片文件后单击【插入】按钮。

03 将在工作表中插入如图8-46所示的图片。

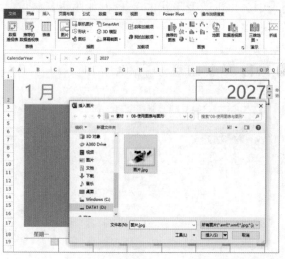

图8-46 在工作表中插入图片

04 选择【格式】选项卡，在【大小】命令组中单击【裁剪】按钮，在图片四周会出现8个裁剪点，用鼠标拖放裁剪点后，再单击【裁剪】按钮即可裁剪掉图片的边角，效果如图8-47所示。

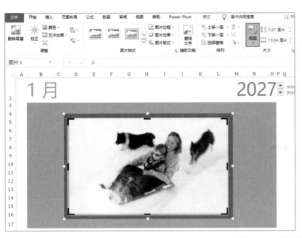

图 8-47 裁剪图片

05 在【图片样式】命令组中的列表框中，用户可以选择图片的样式。

06 拖动图片四周的控制点，可以调整图片的大小和位置。

8.4.2 插入联机图片

使用Excel的【联机图片】功能，用户可以通过互联网搜索图片，并将搜索到的图片插入表格中，从而轻松达到美化工作表的目的。

【例 8-12】 在工作表中插入联机图片。

01 选择【插入】选项卡，在【插图】命令组中单击【联机图片】按钮。

02 在打开的【联机图片】对话框中用户可以选择图片的分类，查看联机图片，也可以通过输入关键字搜索联机图片，本例选择"背景"分类查看联机分类，如图 8-48(a)所示。

03 在显示的图片列表中选中一张图片，单击【插入】按钮，如图 8-48(b)所示，即可将其插入工作表。

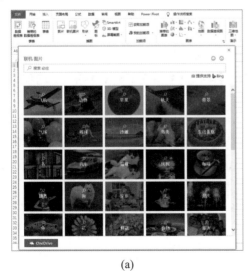
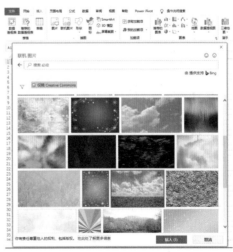

(a) (b)

图 8-48 在工作表中插入联机图片

8.4.3　设置图片格式

对于插入工作表中的图片，经常需要对其进行对齐、旋转、组合等操作，以使图片的分布更美观、更有条理。在工作表中选择要编辑的图片，然后打开【图片工具】的【格式】选项卡，如图8-49所示，在该选项卡中可以完成对图片格式设置的编辑操作。

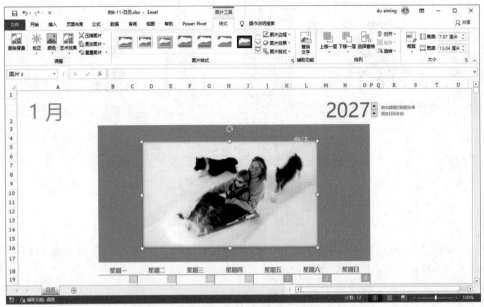

图8-49　【图片工具】|【格式】选项卡

- ▶ 调整图片亮度：在【图片工具】|【格式】选项卡的【调整】命令组中，可以调整图片的亮度。单击【校正】下拉按钮，在弹出的下拉列表中可以选择增高或者降低图片的亮度、锐度和对比度等。
- ▶ 调整图片颜色：如果对插入图片的颜色不满意，还可以为图片重新着色。在【图片工具】|【格式】选项卡的【调整】命令组中，单击【颜色】下拉按钮，在弹出的下拉列表中可以选择要调整的颜色。
- ▶ 添加图片特效：在Excel 2019中，还可以为插入的图片添加各种特殊效果，例如映像、阴影、发光、柔化边缘、棱台以及三维旋转等。打开【图片工具】|【格式】选项卡的【图片样式】命令组，单击【图片效果】下拉按钮，在弹出的各级下拉列表中可以选择要添加的图片特殊效果。
- ▶ 添加图片外框：要为插入的图片添加各种样式与颜色边框，可以打开【图片工具】|【格式】选项卡的【图片样式】命令组，单击【图片边框】下拉按钮，在弹出的下拉列表中设置图片边框的颜色与样式。
- ▶ 压缩图片：如果图片文件比较大，那么插入图片后的Excel表格文件也会很大。用户可以使用【图片工具】|【格式】选项卡的【调整】命令组中的【压缩图片】功能来降低文件的大小。

8.5 使用艺术字

在Excel电子表格中，除了可以在单元格中插入文本外，还可以通过插入艺术字在表格中插入文本。

【例8-13】 为图表添加艺术字标题。

01 打开包含图表的工作表后选中工作表中的图表，选择【插入】选项卡，在【文本】命令组中单击【艺术字】下拉按钮，在弹出的下拉列表中选择一种艺术字样式。

02 此时，将在图表其中插入选定的艺术字样式，如图8-50所示。

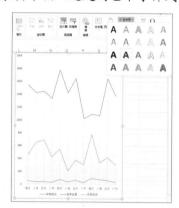
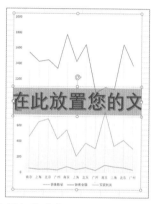

图8-50 在图表中插入艺术字

03 选定工作表中插入的艺术字，修改其内容为"销售分析"，如图8-51所示。

04 选定艺术字，在【开始】选项卡中设置艺术字的字体大小为28，并拖动其在表格中的位置，如图8-52所示。

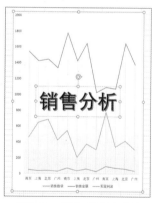
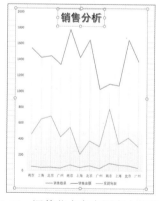

图8-51 输入艺术字文本　　图8-52 调整艺术字在图表中的位置

8.6 使用 SmartArt 图形

SmartArt图形在早期Excel版本中被称为组织结构图，主要用于在表格中表现一些流程、循环、层次以及列表等关系的内容。本节将详细介绍插入与设置SmartArt图形的方法。

8.6.1　创建 SmartArt 图形

Excel预设了很多SmartArt图形样式，并且将其进行分类，用户可以根据需要方便地在表格中插入所需的SmartArt图形。

【例 8-14】　在工作表中插入 SmartArt 图形。

01 选择【插入】选项卡后，在【插图】命令组中单击【SmartArt】按钮。

02 在打开的【选择SmartArt图形】对话框中选择【关系】选项，然后在对话框中间列表区域选择一种关系样式，单击【确定】按钮，如图8-53所示。

03 返回工作表窗口，即可在表格中插入选定的SmartArt图形。

04 在【设计】选项卡的【SmartArt样式】命令组中，单击【其他】下拉按钮，在弹出的下拉列表中设置SmartArt图形的样式，如图8-54所示。

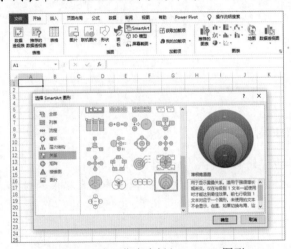

图 8-53　在工作表中插入SmartArt图形

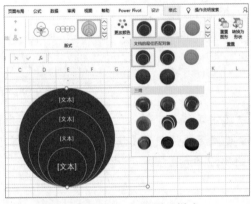

图 8-54　设置SmartArt图形样式

05 选择SmartArt图形中的一个形状，然后在【设计】选项卡的【创建图形】命令组中单击【添加形状】下拉按钮，在弹出的下拉列表中选择【在前面添加形状】选项，可在选中形状的前方添加一个新的图形形状。

8.6.2　设置 SmartArt 图形

插入SmartArt图形后，会自动打开【SmartArt工具】的【设计】选项卡。在该选项卡中可以对已经插入的SmartArt图形进行具体的样式设计。

在【SmartArt工具】|【设计】选项卡的【布局】组中，可以更改已经插入SmartArt图形的布局，还可以更改其显示颜色与显示效果，使其显示得更加美观。

【例 8-15】　设计 SmartArt 图形的样式 (更改布局和颜色)。

01 继续例8-14的操作，打开【SmartArt工具】|【设计】选项卡，在【版式】命令组中选取【基本维恩图】布局样式。

02 此时，SmartArt图形即可应用新的布局样式，如图8-55所示。

03 在SmartArt图形中输入文本，在【SmartArt样式】命令组中单击【更改颜色】下拉按钮，在弹出的下拉列表中选择【透明渐变范围-个性色2】选项。

04 返回工作表窗口后，即可查看SmartArt图形的新颜色，如图8-56所示。

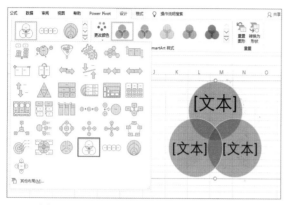

图 8-55　更改SmartArt图形的布局样式

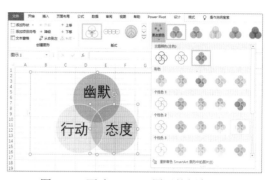

图 8-56　更改SmartArt图形的颜色

8.7　案例演练

　　本节将介绍在 Excel中制作瀑布图、旭日图以及为证件照片更换背景的方法，用户可以通过案例操作进一步掌握本章所介绍的知识。

　　【例 8-16】 使用 Excel 为证件照片更换背景。

01 单击【插入】选项卡中的【图片】按钮，在工作表中插入一张证件照后，选择【格式】选项卡，单击【调整】命令组中的【删除背景】按钮，如图8-57所示。

02 显示【图片工具】|【背景消除】选项卡，在【优化】命令组中单击【标记要保留的区域】按钮，在图片中标记需要保留的区域，如图8-58所示，然后单击【关闭】命令组中的【保留更改】按钮。

图 8-57　单击【删除背景】按钮

图 8-58　标记要保留的区域

03 单击【插入】选项卡【插图】命令组中的【形状】下拉按钮，从弹出的下拉列表中选择【矩形】选项，在工作表中绘制一个矩形，将照片覆盖，如图8-59所示。

04 选中插入的矩形形状，选择【格式】选项卡，在【形状样式】命令组中单击【形状填充】下拉按钮，从弹出的下拉列表中为矩形形状设置一种填充颜色(根据想要的证件背景色进行设置)。

05 右击矩形形状，从弹出的快捷菜单中选择【置于底层】命令，如图8-60所示。

图8-59　绘制矩形形状　　　　　　图8-60　将矩形置于底层

06 按Ctrl+A组合键选中工作表中的矩形形状和图片，然后右击鼠标，从弹出的快捷菜单中选择【组合】|【组合】命令，将它们组合在一起。

07 按F12键，打开【另存为】对话框，将工作簿保存为网页文件，即可在保存工作簿的文件夹中找到替换了背景颜色的证件照片文件。

　　【例8-17】 制作瀑布图。

01 在工作表中选中数据源的任意单元格，然后选择【插入】选项卡，单击【图表】命令组中的【插入瀑布图、漏斗图、股价图、曲面图或雷达图】下拉按钮，从弹出的下拉列表中选择【瀑布图】选项，如图8-61所示。

02 此时，将在工作表中插入瀑布图，为瀑布图设置图表标题，如图8-62所示。

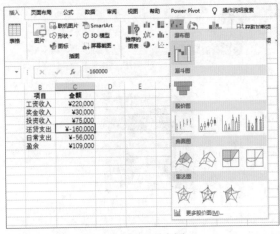
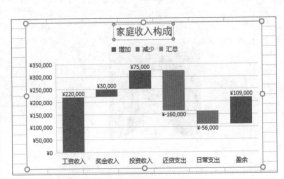

图8-61　插入瀑布图　　　　　　图8-62　设置图表标题

03 右击【盈余】数据系列，从弹出的快捷菜单中选择【设置为汇总】命令，如图 8-63 所示。

04 在【格式】选项卡中将【盈余】数据系列的填充颜色设置为"绿色"，瀑布图的效果如图 8-64 所示。

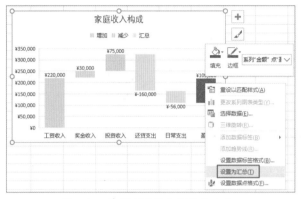

图 8-63 选择【设置为汇总】命令　　　　图 8-64 瀑布图效果

【例 8-18】 制作旭日图。

旭日图非常适合显示分层次的数据(例如图 8-65 所示的数据)。在旭日图中层次结构的每个级别均通过一个环或圆形表示，最内层表示层次结构的顶级。

01 在工作表中选中数据源的任意单元格，然后选择【插入】选项卡，单击【图表】命令组中的【插入层次结构图表】下拉按钮，从弹出的下拉列表中选择【旭日图】选项，如图 8-65 所示。

02 单击图表标题，输入图表的标题名称，如图 8-66 所示。

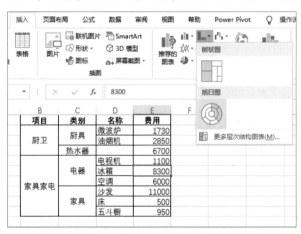

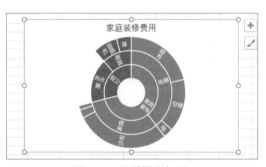

图 8-65 插入旭日图　　　　图 8-66 设置图表标题

03 选择【设计】选项卡，在【图表布局】命令组中单击【快速布局】下拉按钮，从弹出的下拉列表中选择一种布局，如图 8-67 所示，为工作表中的旭日图设置 Excel 预设的图表布局。

04 在【图表样式】命令组中选中一种图表样式，为旭日图应用 Excel 预设的图表样式，完成设置后旭日图的效果如图 8-68 所示。

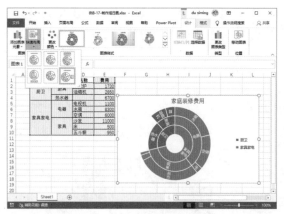

图8-67 应用快速布局

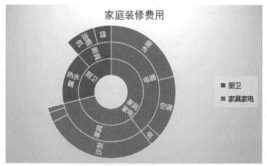

图8-68 旭日图效果

【例8-19】 制作APP的用户调查分析图表。

01 在工作表中输入图8-69(a)所示的数据后，选中A列、B列和C列数据，选择【插入】选项卡，单击【插入柱形图或条形图】下拉按钮，从弹出的下拉列表中选择【更多柱形图】选项，然后在打开的对话框中选择【簇状条形图】选项，插入如图8-69(b)所示的图表。

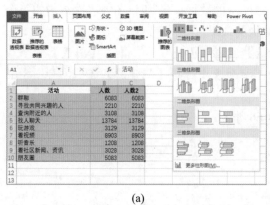

(a)

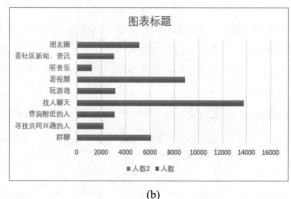

(b)

图8-69 插入条形图

02 选中图表，单击其右侧的+按钮，在弹出的列表中取消【图例】复选框的选中状态，如图8-70所示，设置在图表中不显示图例。

03 再次单击图表右侧的+按钮，从弹出的列表中选择【数据标签】|【轴内侧】选项，在图表中显示数据标签，如图8-71所示。

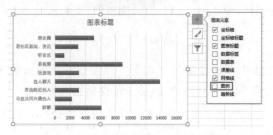

图8-70 设置在图表中不显示图例

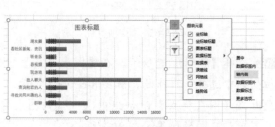

图8-71 显示数据标签

04 选中图表中的一组数据标签，右击鼠标，从弹出的快捷菜单中选择【设置数据标签格式】命令，如图 8-72 所示。

05 打开【设置数据标签格式】窗格，选中【居中】单选按钮，调整数据标签的位置，如图 8-73 所示。

图 8-72　选择【设置数据标签格式】命令

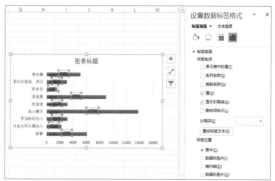

图 8-73　设置数据标签居中显示

06 选中另一组数据标签，使用步骤(4)介绍的方法打开【设置数据标签格式】窗格，取消【值】复选框的选中状态，然后选中【类别名称】复选框和【数据标签外】单选按钮，如图 8-74 所示。

07 选中图表中的数据系列，右击，从弹出的快捷菜单中选择【设置数据系列格式】命令，打开【设置数据系列格式】窗格，在【系列重叠】文本框中输入100%，在【间隙宽度】文本框中输入40%，如图 8-75 所示。

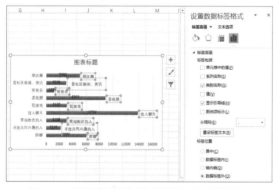

图 8-74　设置数据系列以类别名称形式显示　　图 8-75　设置数据系列格式

08 选中图表左侧的垂直(类别)轴，按Delete键将其删除，如图 8-76 所示。单击图表右侧的+按钮，从弹出的列表中取消【网格线】和【图表标题】复选框的选中状态，如图 8-77 所示。

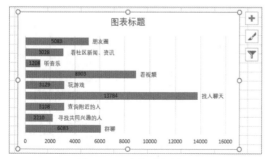

图 8-76　删除垂直轴

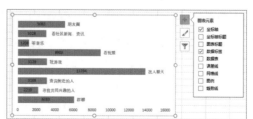

图 8-77　设置不显示网格线和图表标题

09 选中图表中的数字数据标签，在【开始】选项卡的【字体】命令组中，将字体颜色设置为"白色"，如图8-78(a)所示。选中图表右侧的文本数据标签，在【字体】命令组中将文本的【字体】设置为"微软雅黑"，如图8-78(b)所示。

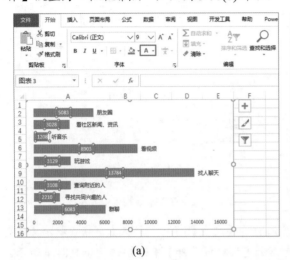
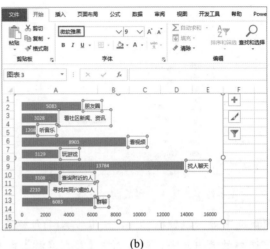

(a)   (b)

图8-78　设置数据标签的颜色和字体

10 选中【朋友圈】数据系列，在【开始】选项卡的【字体】命令组中将数据系列的填充颜色设置为"深蓝色"，如图8-79所示。

11 使用同样的方法设置其他数据系列的颜色，完成图表的制作，效果如图8-80所示。

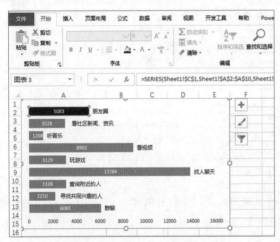
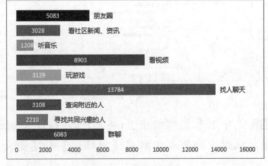

图8-79　设置数据系列的填充颜色   图8-80　图表效果

【例8-20】 制作可以动态显示数据的饼图。

01 在工作表中输入图8-81所示的数据后，选中A1:B9单元格区域，选择【插入】选项卡，单击【插入饼图或圆环图】下拉按钮，从弹出的下拉列表中选择【饼图】选项，如图8-81所示。

02 在工作表中插入一个饼图，选择【设计】选项卡，单击【图表布局】命令组中的【添加图表元素】下拉按钮，从弹出的下拉列表中选择【图例】|【右侧】选项，如图8-82所示。

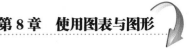

图 8-81　创建饼图

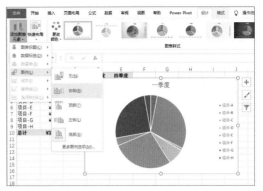

图 8-82　设置显示图例

03 选中图表中的图例，拖动其四周的控制点调整图例的大小，如图 8-83 所示。

04 选中图表区，选择【格式】选项卡，单击【形状样式】命令组中的【形状填充】下拉按钮，从弹出的下拉列表中为图表设置一个背景颜色，如图 8-84 所示。

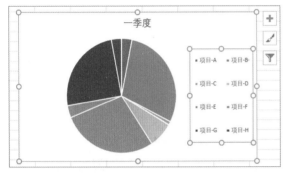

图 8-83　调整图例的大小

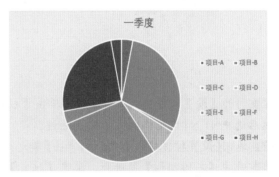

图 8-84　设置图表背景颜色

05 选择【插入】选项卡，单击【插图】命令组中的【形状】下拉按钮，从弹出的下拉列表中选择【矩形】选项，在图表上绘制一个矩形，设置其填充色并输入文本，如图 8-85 所示。

06 选择【文件】选项卡，在弹出的菜单中选择【选项】命令，打开【Excel选项】对话框，选择【自定义功能区】选项，选中【开发工具】复选框，单击【确定】按钮，如图 8-86 所示。

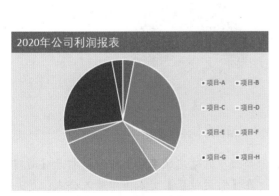

图 8-85　添加矩形图形

图 8-86　【Excel选项】对话框

07 在N1:N4单元格区域中输入"一季度""二季度""三季度"和"四季度"。选择【开发工具】选项卡，单击【控件】命令组中的【插入】下拉按钮，从弹出的下拉列表中选择【组合框(窗体控件)】选项，如图8-87所示。

08 按住鼠标左键，在图表右上方绘制一个组合框控件，然后右击该控件，从弹出的快捷菜单中选择【设置控件格式】命令，如图8-88所示。

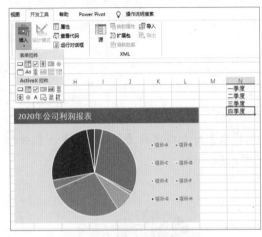

图8-87　插入组合框控件

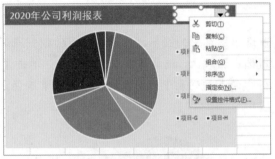

图8-88　选择【设置控件格式】命令

09 打开【设置控件格式】对话框，单击【数据源区域】文本框右侧的按钮，如图8-89所示，然后选中N1:N4单元格区域并按Enter键。

10 返回【设置控件格式】对话框，单击【单元格链接】文本框右侧的按钮，然后选中M3单元格。

11 选中【三维阴影】复选框，单击【确定】按钮。此时，单击图表右上方的组合框控件右侧的倒三角按钮▼，在弹出的列表中将显示如图8-90所示的选项。

图8-89　【设置控件格式】对话框

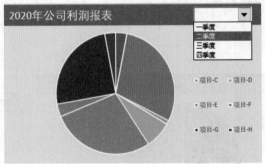

图8-90　控件效果

12 选择【公式】选项卡，单击【定义的名称】命令组中的【定义名称】按钮，打开【新建名称】对话框，在【名称】文本框中输入"季度"，在【引用位置】文本框中输入公式：

=OFFSET($A$2:$A$9,,$M$3)

然后单击【确定】按钮，如图 8-91 所示。

13 选中饼图数据系列，在编辑栏中将公式中的参数替换为定义的名称，如图 8-92 所示。
将

=SERIES(Sheet1!$B$1,Sheet1!$A$2:$A$9,Sheet1!$A$2:$A$9,1)

修改为：

=SERIES(Sheet1!$B$1,Sheet1!$A$2:$A$9,Sheet1! 季度 ,1)

图 8-91　【新建名称】对话框

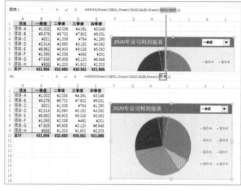

图 8-92　修改公式参数

14 此时，单击图表右上角的组合框控件右侧的倒三角按钮▼，从弹出的列表中选择季度名称，即可切换显示数据，如图 8-93 所示。

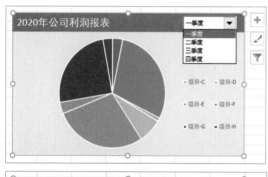
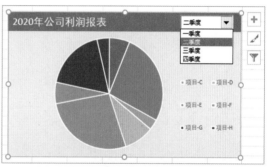
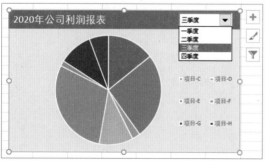
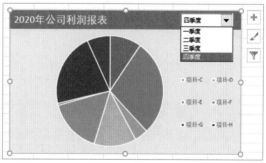

图 8-93　通过选择选项可以切换图表显示

15 单击图表右侧的+按钮，从弹出的下拉列表中选择【数据标签】|【最佳位置】选项，在图表中显示数据标签，如图 8-94 所示。

16 选中图表中的所有文本，在【开始】选项卡的【字体】命令组中将图表字体设置为"微软雅黑"，完成后的图表效果如图 8-95 所示。

图 8-94　设置显示数据标签

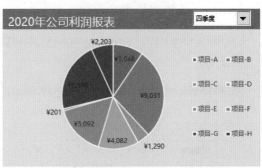

图 8-95　设置图表文字的字体

17 选中图表，然后按 Ctrl+A 组合键选中工作表中所有可以单独选中的对象，右击图表，从弹出的快捷菜单中选择【组合】|【组合】命令，将图表、控件和矩形形状组合在一起，完成动态图表的制作。

第 9 章
数据的简单分析

| 本章导读 |

　　在日常工作中，当用户面临海量的数据时，需要对数据按照一定的规律进行排序、筛选、分类汇总，以从中获取最有价值的信息。此时，熟练地掌握相应的 Excel 功能就显得十分重要。

9.1 数据表的规范化处理

在Excel中对数据进行排序、筛选和汇总之前，用户首先需要按照一定的规范将数据整理在工作表内，形成规范的数据表。Excel数据表通常由多行、多列的数据组成，其结构如图9-1所示。

第一行为文本字段的标题，并且没有重复的标题

	A	B	C	D	E	F	G	H	I	J	K
1	工号	姓名	性别	籍贯	出生日期	入职日期	学历	基本工资	绩效系数	奖金	
2	1121	李亮辉	男	北京	1979/6/2	2018/6/3	本科	5,000	0.50	4,750	
3	1122	林雨馨	女	北京	1979/9/2	2018/6/3	本科	4,000	0.50	4,981	
4	1123	莫静静	女	北京	1978/8/21	2018/6/3	专科	5,000	0.50	4,711	
5	1124	刘乐乐	女	北京	1977/5/4	2018/6/3	本科	5,000	0.50	4,982	
6	1125	杨晓亮	男	廊坊	1980/7/3	2018/6/3	本科	5,000	0.50	4,092	
7	1126	张珺涵	男	哈尔滨	1977/7/21	2019/6/3	专科	4,500	0.60	4,671	
8	1127	姚妍妍	女	哈尔滨	1982/7/5	2019/6/3	专科	7,500	0.60	6,073	
9	1128	许朝霞	女	徐州	1983/2/1	2019/6/3	本科	4,500	0.60	6,721	
10	1129	李 娜	女	武汉	1985/6/2	2017/5/3	本科	6,000	0.70	6,872	
11	1130	杜芳芳	女	西安	1978/5/23	2017/5/3	本科	6,000	0.70	6,921	
12	1131	刘自建	男	南京	1979/4/2	2010/6/3	博士	8,000	1.00	9,102	空列
13	1132	王 巍	男	扬州	1981/3/5	2010/6/3	博士	8,000	1.00	8,971	
14	1133	段程鹏	男	苏州	1982/8/5	2010/6/3	博士	8,000	1.00	9,301	
15									空行		

每列的数据类型都相同

工作表中如果有多个数据表，应用空行或空列分隔

图9-1 规范的数据表

9.1.1 创建规范的数据表

在制作类似图9-1所示的数据表时，用户应注意以下几点。

▶ 在表格的第一行(即"表头")为其对应的一列数据输入描述性文字。

▶ 如果输入的内容过长，可以使用"自动换行"功能避免列宽增加。

▶ 表格的每一列输入相同类型的数据。

▶ 为数据表的每一列应用相同的单元格格式。

9.1.2 使用"记录单"添加数据

当需要为数据表添加数据时，用户可以直接在表格的下方输入，但是当工作表中有多个数据表同时存在时，使用Excel的"记录单"功能更加方便。

要执行"记录单"命令，用户可以在选中数据表中的任意单元格后，依次按Alt、D、O键，打开记录单对话框。单击【新建】按钮，将打开数据列表对话框，在该对话框中根据表格中的数据标题输入相关的数据(可按Tab键在对话框中的各个字段之间快速切换)，如图9-2所示。

最后，单击【关闭】按钮，即可在数据表中添加新的数据，效果如图9-3所示。

图9-2　使用记录单添加数据

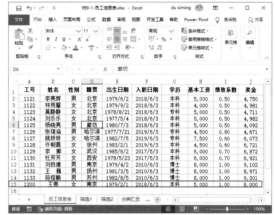

图9-3　数据添加效果

执行"记录单"命令后打开的对话框名称与当前的工作表名称一致，该对话框中各按钮的功能说明如下。

- 新建：单击【新建】按钮可以在数据表中添加一组新的数据。
- 删除：删除对话框中当前显示的一组数据。
- 还原：在没有单击【新建】按钮之前，恢复所编辑的数据。
- 上一条：显示数据表中的前一组记录。
- 下一条：显示数据表中的下一组记录。
- 条件：设置搜索记录的条件后，单击【上一条】和【下一条】按钮显示符合条件的记录，如图9-4所示。

图9-4　设置记录单搜索记录的条件

- 关闭：关闭当前对话框。

9.2 数据排序

数据排序是指按一定规则对数据进行整理、排列，这样可以为数据的进一步处理做好准备(如图9-5所示)。Excel 2019提供了多种方法对数据清单进行排序，可以按升序、降序的方式，也可以按用户自定义的方式排序。

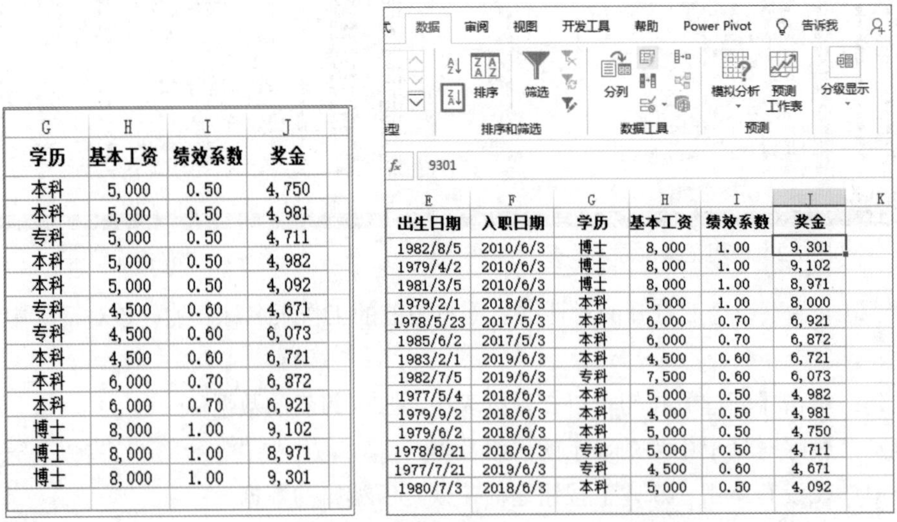

G	H	I	J
学历	基本工资	绩效系数	奖金
本科	5,000	0.50	4,750
本科	5,000	0.50	4,981
专科	5,000	0.50	4,711
本科	5,000	0.50	4,982
本科	5,000	0.50	4,092
专科	4,500	0.60	4,671
专科	4,500	0.60	6,073
本科	4,500	0.60	6,721
本科	6,000	0.70	6,872
本科	6,000	0.70	6,921
博士	8,000	1.00	9,102
博士	8,000	1.00	8,971
博士	8,000	1.00	9,301

(a)

E	F	G	H	I	J	K
出生日期	入职日期	学历	基本工资	绩效系数	奖金	
1982/8/5	2010/6/3	博士	8,000	1.00	9,301	
1979/4/2	2010/6/3	博士	8,000	1.00	9,102	
1981/3/5	2010/6/3	博士	8,000	1.00	8,971	
1979/2/1	2018/6/3	本科	5,000	1.00	8,000	
1978/5/23	2017/5/3	本科	6,000	0.70	6,921	
1985/6/2	2017/5/3	本科	6,000	0.70	6,872	
1983/2/1	2019/6/3	本科	4,500	0.60	6,721	
1982/7/5	2019/6/3	专科	7,500	0.60	6,073	
1977/5/4	2018/6/3	本科	5,000	0.50	4,982	
1979/9/2	2018/6/3	本科	4,000	0.50	4,981	
1979/6/2	2018/6/3	本科	5,000	0.50	4,750	
1978/8/21	2018/6/3	专科	5,000	0.50	4,711	
1977/7/21	2019/6/3	专科	4,500	0.60	4,671	
1980/7/3	2018/6/3	本科	5,000	0.50	4,092	

(b)

图9-5　按“降序”排列员工的奖金数据

在图9-5(a)中，未经排序的【奖金】列数据杂乱无章，不利于查找与分析。此时，选中【奖金】列中的任意单元格，在【数据】选项卡的【排序和筛选】命令组中单击【降序】按钮，即可快速以“降序”方式重新对数据表【奖金】列中的数据进行排序，效果如图9-5(b)所示。

同样，单击【排序和筛选】命令组中的【升序】按钮，可以对【奖金】列中的数据以“升序”方式进行排序。

9.2.1 指定多个条件对数据排序

在Excel中，按指定的多个条件排序数据可以有效避免排序时出现多个数据相同的情况，从而使排序结果符合工作的需要。

【例 9-1】 在“员工信息表”工作表中按多个条件对表格数据排序。

01 选择【数据】选项卡，然后单击【排序和筛选】命令组中的【排序】按钮，如图9-6所示。

02 在打开的【排序】对话框中单击【主要关键字】下拉按钮，在弹出的下拉列表中选择【奖金】选项；单击【排序依据】下拉按钮，在弹出的下拉列表中选中【单元格值】选项；单击【次序】下拉按钮，在弹出的下拉列表中选中【降序】选项，如图9-7所示。

图9-6 单击【排序】按钮

图9-7 设置排序次序

03 在【排序】对话框中单击【添加条件】按钮，添加次要关键字，然后单击【次要关键字】下拉按钮，在弹出的下拉列表中选择【绩效系数】选项；单击【排序依据】下拉按钮，在弹出的下拉列表中选择【单元格值】选项；单击【次序】下拉按钮，在弹出的下拉列表中选择【降序】选项，如图9-8所示。

04 完成以上设置后，在【排序】对话框中单击【确定】按钮，即可按照"奖金"和"绩效系数"数据的"降序"条件对工作表中选定的数据进行排序，如图9-9所示。

图9-8 添加并设置排序条件

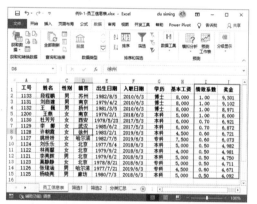

图9-9 按奖金和绩效系数排序数据

9.2.2 按笔画条件排列数据

在默认设置下，Excel对汉字的排序方式按照其拼音的"字母"顺序进行。当用户需要按照中文的"笔画"顺序来排列汉字(例如，"姓名"列中的人名)，可以执行以下操作。

01 打开图9-10所示的工作表后，在【数据】选项卡的【排序和筛选】命令组中单击【排序】按钮，打开【排序】对话框，设置【主要关键字】为【姓名】，【次序】为【升序】，单击【选项】按钮，如图9-11所示。

02 打开【排序选项】对话框，选中该对话框【方法】选项区域中的【笔画排序】单选按钮，然后单击【确定】按钮，如图9-12所示。

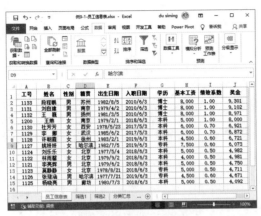

图9-10　打开工作表

图9-11　设置排序选项

03 返回【排序】对话框，单击【确定】按，【姓名】列的排序效果如图9-13所示。

图9-12　【排序选项】对话框

图9-13　按笔画条件排列数据

9.2.3　按颜色条件排列数据

在工作中，如果用户在数据表中为某些重要的数据设置了单元格背景颜色或为单元格中的数据设置了字体颜色，可以参考下面介绍的方法，按颜色条件排列数据。

01 打开图9-14所示的工作表后，在任意一个设置了背景颜色的单元格中右击鼠标，从弹出的快捷菜单中选择【排序】|【将所选单元格颜色放在最前面】命令。

02 工作表中所有设置了背景颜色的单元格将排列在最前面，如图9-15所示。

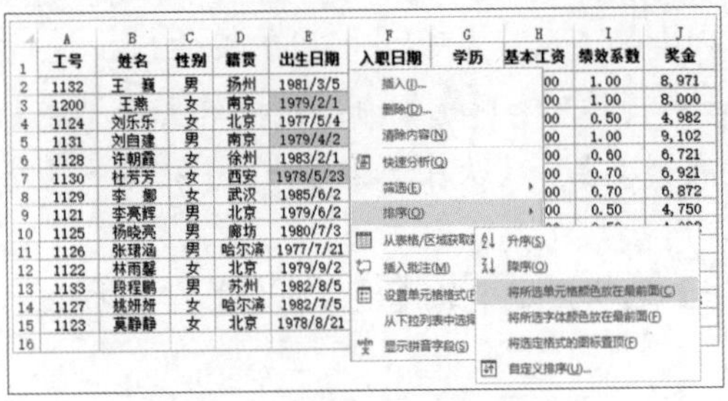

图9-14　设置按单元格颜色排序

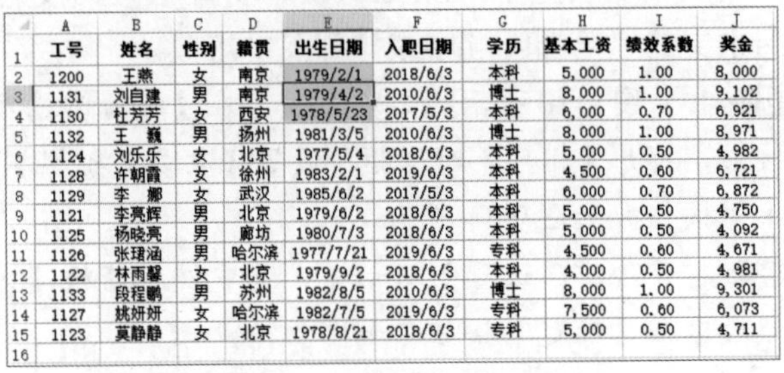

图9-15　颜色排序效果

此外，如果用户在数据表中为不同类型的数据分别设置了单元格背景颜色或字体颜色，还可以按多种颜色排列数据。

【例 9-2】 在"员工信息表"工作表中按多个颜色条件排列表格数据。

01 打开图 9-16 所示的工作表，其中数据表中包含黄色、红色和橙色三种单元格背景颜色的数据。

02 选中数据表中的任意单元格，在【数据】选项卡的【排序和筛选】命令组中单击【排序】按钮，打开【排序】对话框，设置【主要关键字】为【基本工资】，【排序依据】为【单元格颜色】，【次序】为【红色】，如图 9-17 所示。

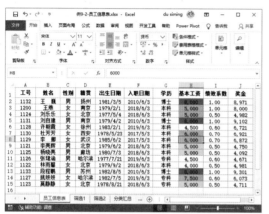

图 9-16 包含三种单元格背景颜色的数据表   图 9-17 设置排序依据

03 单击【复制条件】按钮两次，将主要关键字复制为两份(复制的关键字将自动被设置为【次要关键词】)，并将其【次序】分别设置为【橙色】和【黄色】，如图 9-18 所示。

04 单击【确定】按钮，即可将数据表中的数据按照【红色】【橙色】【黄色】的顺序排列，效果如图 9-19 所示。

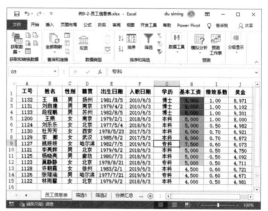

图 9-18 复制排序条件   图 9-19 数据排序结果

9.2.4 按单元格图标排列数据

除了按单元格颜色排列数据外，Excel 还允许用户根据字体颜色和由条件格式生成的单元格图标对数据进行排序，其具体实现方法与例9-2类似，如图9-20所示。

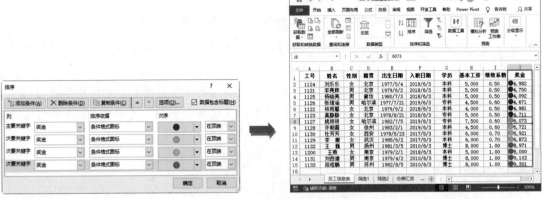

图9-20　按单元格图标排序数据

9.2.5　按自定义条件排列数据

在Excel中，用户除了可以按上面介绍的各种条件排序数据外，还可以根据需要自行设置排序的条件，即自定义条件排序。

【例9-3】　在"员工信息表"工作表中按自定义条件排序"性别"列数据。

01 打开工作表后选中数据表中的任意单元格，在【数据】选项卡的【排序和筛选】命令组中单击【排序】按钮，如图9-21所示。

02 打开【排序】对话框，单击【主要关键字】下拉按钮，在弹出的下拉列表中选择【性别】选项；单击【次序】下拉按钮，在弹出的下拉列表中选择【自定义序列】选项，如图9-22所示。

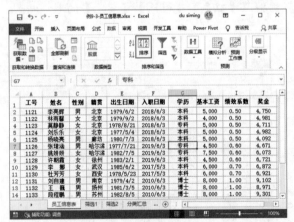

图9-21　排序数据

图9-22　【排序】对话框

03 在打开的【自定义序列】对话框的【输入序列】文本框中输入自定义排序条件"男,女"后，单击【添加】按钮，然后单击【确定】按钮，如图9-23所示。

04 返回【排序】对话框后，在该对话框中单击【确定】按钮，即可完成自定义排序操作，如图9-24所示。

图 9-23　【自定义序列】对话框

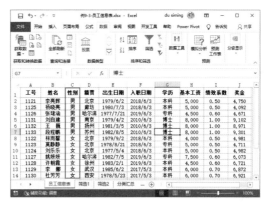

图 9-24　按"性别"排序结果

使用类似的方法，还可以对"员工信息表"中的"学历"列进行排序，例如，按照博士、本科、专科规则排序数据的方法如下。

01 打开【排序】对话框，将【主要关键字】设置为【学历】，然后单击【次序】下拉按钮，在弹出的下拉列表中选择【自定义序列】选项。

02 在打开的【自定义序列】对话框的【输入序列】文本框中输入自定义排序条件"博士,本科,专科"，然后单击【添加】按钮和【确定】按钮，如图 9-25 所示。

03 返回【排序】对话框，单击【确定】按钮后，"学历"列的排序效果如图 9-26 所示。

图 9-25　设置按学历排序

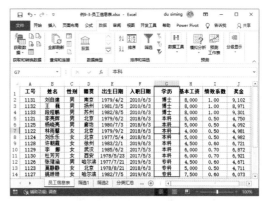

图 9-26　按"学历"排序结果

9.2.6　针对区域排序数据

如果用户只需要在数据表中对某一个单元格区域内的数据进行排序，可以在选中该区域后，执行【排序】命令。

【例 9-4】　在"员工信息表"工作表中对 A5:I13 区域中的数据执行排序操作。

01 打开工作表后，选中 A5:I13 单元格区域，在【数据】选项卡的【排序和筛选】命令组中单击【排序】按钮。

02 打开【排序】对话框，取消【数据包含标题】复选框的选中状态，然后将【主要关键字】设置为【列I】，【次序】设置为【升序】，然后单击【确定】按钮，如图9-27所示。

03 此时，数据表中的数据将按I列中的数据升序排列，如图9-28所示。

图9-27 设置排序的关键字

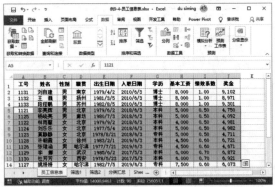

图9-28 按I列中的数据升序排列

当数据表套用了表格样式或自定义了表格样式时，【排序】对话框中的【数据包含标题】复选框将变为灰色(不可用)状态。此时，无法对数据表中的某一个区域进行排序。

9.2.7 针对行排序数据

如果用户需要针对数据表中的行排序数据，可以执行以下操作。

【例9-5】 在工作表中对第1~5行中的数据进行排序操作。

01 打开工作表后，选中数据表中的单元格，单击【数据】选项卡中的【排序】按钮，如图9-29所示。

02 打开【排序】对话框，单击【选项】按钮，打开【排序选项】对话框，选中【按行排序】单选按钮，单击【确定】按钮，如图9-30所示。

图9-29 单击【排序】按钮

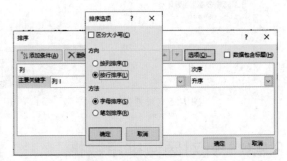

图9-30 设置按行排列

03 返回【排序】对话框，单击【主要关键字】下拉按钮，在弹出的下拉列表中选择【行1】选项，单击【次序】下拉按钮，在弹出的下拉列表中选择【降序】选项，然后单击【确定】按钮，如图9-31所示。

04 此时，表格中数据的排序效果如图9-32所示。

图9-31 设置【排序】对话框

图9-32 对第1～5行数据进行排序

　　在执行按行排序时，不能像使用按列排序时一样选定整个目标区域。因为Excel的排序功能中没有"行标题"的概念。如果用户选定数据表中的所有数据区域再执行按行排序操作，包含标题的数据也不会参与排序。

9.2.8 数据排序的注意事项

　　当对数据表进行排序时，用户应注意含有公式的单元格。如果要对行进行排序，在排序之后的数据表中对同一行的其他单元格的引用可能是正确的，但对不同行的单元格的引用则可能是不正确的。

　　如果用户对列执行排序操作，在排序之后的数据表中对同一列的其他单元格的引用可能是正确的，但对不同列的单元格的引用则可能是错误的。

　　为了避免在含有公式的数据表中排序数据时出现错误，用户应注意以下几点：

▶ 数据表单元格中的公式引用了数据表外的单元格数据时，应使用绝对引用。

▶ 在对行排序时，应避免使用引用其他行单元格的公式。

▶ 在对列排序时，应避免使用引用其他列单元格的公式。

9.3 数据筛选

　　筛选是一种用于查找数据清单中数据的快速方法。经过筛选后的数据清单只显示包含指定条件的数据行，以供用户浏览、分析之用。

　　Excel主要提供了以下两种筛选方式。

▶ 普通筛选：用于简单的筛选条件。

▶ 高级筛选：用于复杂的筛选条件。

9.3.1 普通筛选

　　在数据表中，用户可以执行以下操作进入筛选状态。

01 选中数据表中的任意单元格后，单击【数据】选项卡中的【筛选】按钮。

02 此时，【筛选】按钮将呈现为高亮状态，数据列表中所有字段标题单元格中会显示下拉箭头，如图9-33所示。

数据表进入筛选状态后，单击其每个字段标题单元格右侧的下拉按钮，都将弹出下拉菜单。不同数据类型的字段所能够使用的筛选选项也不同，如图9-34所示。

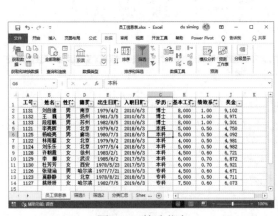

图9-33　筛选状态

图9-34　筛选选项菜单

完成筛选后，筛选字段的下拉按钮形状会发生改变，同时数据列表中的行号颜色也会发生改变，如图9-35所示。

在执行普通筛选时，用户可以根据数据字段的特征设定筛选的条件，下面分别进行介绍。

1. 按文本特征筛选

在筛选文本型数据字段时，在筛选下拉菜单中选择【文本筛选】命令，在弹出的子菜单中进行相应的选择，如图9-36所示。

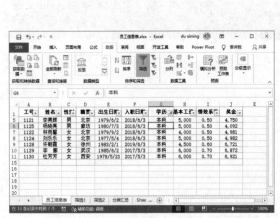

图9-35　数据列表行号颜色变为蓝色

图9-36　文本筛选选项

此时，无论选择哪一个选项都会打开如图9-37所示的【自定义自动筛选方式】对话框。

在【自定义自动筛选方式】对话框中，用户可以同时选择逻辑条件和输入具体的条件值，完成自定义的筛选。例如，图9-37所示为筛选出籍贯不等于"北京"的所有数据，单击【确定】按钮后，筛选结果如图9-38所示。

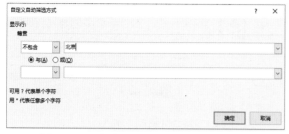

图9-37　【自定义自动筛选方式】对话框

图9-38　筛选籍贯不包含"北京"的记录

2. 按数字特征筛选

在筛选数值型数据字段时，筛选下拉菜单中会显示【数字筛选】命令，用户选择该命令后，在显示的子菜单中选择具体的筛选逻辑条件，将打开【自定义自动筛选方式】对话框。在该对话框中，通过选择具体的逻辑条件并输入具体的条件值，就能完成筛选操作，如图9-39所示。

图9-39　筛选数值型数据字段

3. 按日期特征筛选

在筛选日期型数据时，筛选下拉菜单将显示【日期筛选】命令，选择该命令后，在显示的子菜单中选择具体的筛选逻辑条件，将直接执行相应的筛选操作，如图9-40所示。

在图9-40所示的子菜单中选择【自定义筛选】命令，将打开【自定义自动筛选方式】对话框，在该对话框中用户可以设置按具体的日期值进行筛选。

4. 按字体或单元格颜色筛选

当数据表中存在使用字体颜色或单元格颜色标识的数据时，用户可以使用Excel的筛选功能将这些标识作为条件来筛选数据，如图9-41所示。

在图9-41所示的【按颜色筛选】子菜单中，选择颜色选项或【无填充】选项，即可筛选出应用或没有应用颜色的数据字段。在按颜色筛选数据时，无论是单元格颜色还是字体颜色，一次只能按一种颜色进行筛选。

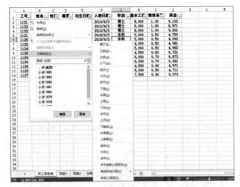

图9-40 按日期特征筛选数据选项

图9-41 按单元格颜色筛选

9.3.2 高级筛选

Excel的高级筛选功能不但包含了普通筛选的所有功能，还可以设置更多、更复杂的筛选条件，例如：

▶ 设置复杂的筛选条件，将筛选出的结果输出到指定的位置。

▶ 指定计算的筛选条件。

▶ 筛选出不重复的数据记录。

1. 设置筛选条件区域

高级筛选要求用户在一个工作表区域中指定筛选条件，并与数据表分开。

一个高级筛选条件区域至少要包括两行数据(如图9-42所示)：第1行是列标题，应和数据表中的标题匹配；第2行必须由筛选条件值构成。

2. 使用"关系与"条件

以图9-42所示的数据表为例，设置"关系与"条件筛选数据的方法如下。

【例9-6】 将数据表中性别为"女"，基本工资为"5000"的数据记录筛选出来。

01 打开图9-42所示的工作表后，选中数据表中的任意单元格，单击【数据】选项卡中的【高级】按钮，打开【高级筛选】对话框，单击【条件区域】文本框后的 ↕ 按钮，如图9-43所示。

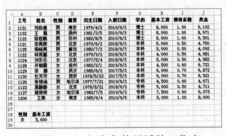

图9-42 包含条件区域的工作表

图9-43 【高级筛选】对话框

02 选中A18:B19单元格区域后，按Enter键返回【高级筛选】对话框，单击【确定】按钮，即可完成筛选操作，结果如图9-44所示。

如果用户不希望将筛选结果显示在数据表原来的位置，还可以在【高级筛选】对话框中选中【将筛选结果复制到其他位置】单选按钮，然后单击【复制到】文本框后的 ↑ 按钮，指定筛选结果放置的位置后，返回【高级筛选】对话框，如图9-45所示，单击【确定】按钮即可。

图9-44　包含筛选条件的报表　　　　图9-45　将筛选结果复制到其他位置

3. 使用"关系或"条件

以图9-46所示的条件为例，通过"高级筛选"功能将"性别"为"女"或"籍贯"为"北京"的数据筛选出来，只需要参照例9-6介绍的方法操作即可，筛选结果如图9-47所示。

图9-46　"关系或"条件　　　　图9-47　筛选性别为女或籍贯为北京的记录

4. 使用多个"关系或"条件

以图9-48所示的条件为例，通过"高级筛选"功能，可以将数据表中指定姓氏的姓名记录筛选出来。此时，应将"姓名"标题列入条件区域，并在标题下面的多行中分别输入需要筛选的姓氏(具体操作步骤与例9-6类似，这里不再详细介绍)。

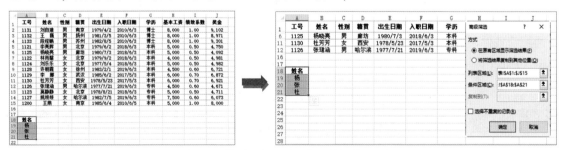

图9-48　筛选"杨、张、杜"姓氏的记录

5. 同时使用"关系与"和"关系或"条件

若用户需要同时使用"关系与"和"关系或"作为高级筛选的条件，例如筛选数据表中"籍贯"为"北京"，"学历"为"本科"，基本工资大于4000的记录；或者筛选"籍贯"为"哈尔滨"，学历为"专科"，基本工资小于6000的记录；或者筛选"籍贯"为"南京"的所有记录，可以设置图9-49所示的筛选条件(具体操作步骤与例9-6类似，这里不再详细介绍)。

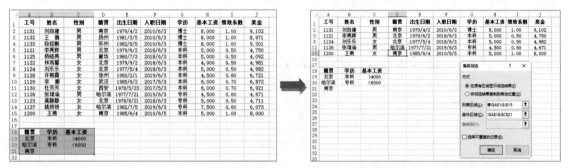

图9-49　按照设置的多个筛选条件筛选数据

6. 筛选不重复的记录

如果需要将数据表中的不重复数据筛选出来，并复制到"筛选结果"工作表中，可以执行以下操作。

01 选择"筛选结果"工作表，单击【数据】选项卡中的【高级】按钮，打开【高级筛选】对话框。

02 单击【高级筛选】对话框中【列表区域】文本框后的按钮，然后选择"员工信息表"工作表，选取A1:J15区域。

03 按Enter键返回【高级筛选】对话框，选中【将筛选结果复制到其他位置】单选按钮。单击【复制到】文本框后的按钮，选取"筛选结果"工作表的A1单元格，按Enter键再次返回【高级筛选】对话框，选中【选择不重复的记录】复选框，单击【确定】按钮完成筛选。

9.3.3　模糊筛选

用于在数据表中筛选的条件，如果不能明确指定某项内容，而是某一类内容(例如"姓名"列中的某一个字)，可以使用Excel提供的通配符来进行筛选，即模糊筛选。

模糊筛选中通配符的使用必须借助【自定义自动筛选方式】对话框来实现，并允许使用两种通配符条件，可以使用"？"代表一个(且仅有一个)字符，使用"*"代表0到任意多个连续字符。Excel中有关通配符的使用说明如表9-1所示。

表9-1　Excel通配符的使用说明

条　件		符合条件的数据
等于	S*r	Summer，Server
等于	王?燕	王小燕，王大燕

(续表)

条　件		符合条件的数据
等于	K???1	Kitt1，Kuab1
等于	P*n	Python，Psn
包含	~?	可筛选出含有?的数据
包含	~*	可筛选出含有*的数据

9.3.4　取消筛选

如果用户需要取消对指定列的筛选，可以单击该列标题右侧的下拉按钮，在弹出的筛选菜单中选择【全选】选项。

如果需要取消数据表中的所有筛选，可以单击【数据】选项卡【排序和筛选】命令组中的【清除】按钮。

如果需要关闭"筛选"模式，可以单击【数据】选项卡【排序和筛选】命令组中的【筛选】按钮，使其不再高亮显示。

9.3.5　复制和删除筛选的数据

当复制筛选结果中的数据时，只有可见的行被复制。同样，在删除筛选结果时，只有可见的行会被删除，隐藏的行不会受影响。

9.4　分级显示

使用Excel的"分级显示"功能可以将包含类似标题并且行列数据较多的数据表进行组合和汇总，分级后将自动产生工作表视图的符号(例如加号、减号和数字1、2、3等)，单击这些符号可以显示或隐藏明细数据，如图9-50所示。

单击编号 1 按钮隐藏嵌套数据

单击编号 2 按钮查看嵌套数据

	部门	姓名	性别	籍贯	出生日期	入职日期	学历	基本工资	绩效系数	奖金
2	市场部	刘自建	男	南京	1979/4/2	2010/6/3	博士	8,000	1.00	9,102
3	市场部	王　巍	男	扬州	1981/3/5	2010/6/3	博士	8,000	1.00	8,971
4	市场部	段程鹏	男	苏州	1982/8/5	2010/6/3	博士	8,000	1.00	9,301
5	市场部	李亮辉	男	北京	1979/6/2	2018/6/3	本科	5,000	0.50	4,750
6	市场部	杨晓亮	男	廊坊	1980/7/3	2018/6/3	本科	5,000	0.50	4,092
7	市场部 汇总									36,216
12	营销部 汇总									23,556
13	研发部	杜芳芳	女	西安	1978/5/23	2017/5/3	本科	6,000	0.70	6,921
14	研发部	张珺涵	男	哈尔滨	1977/7/21	2019/6/3	专科	4,500	0.60	4,671
15	研发部	莫静静	女	北京	1978/8/21	2018/6/3	专科	4,500	0.50	4,711
16	研发部	姚妍妍	女	哈尔滨	1982/7/5	2019/9/3	专科	7,500	0.60	6,073
17	研发部	王燕	女	南京	1985/6/4	2010/6/5	本科	5,000	1.00	8,000
18	研发部 汇总									30,376

加号符号　　　　　　　　　　　　　　　　　　　　　　隐藏明细

减号符号

图9-50　分级显示

使用分级显示可以快速显示摘要行或摘要列，或者显示每组的明细数据。分级显示既可以单独创建行或列的分级显示，也可以同时创建行和列的分级显示，但在某一个数据表中只能创建一个分级显示，一个分级显示最多允许有 8 层嵌套数据。

9.4.1 创建分级显示

以创建图 9-50 所示的分级显示为例，用户将用于创建分级显示的数据表整理好后，单击【数据】选项卡【分级显示】命令组中的【组合】|【自动建立分级显示】按钮即可。

成功建立分级显示后，单击行或列上的分级显示符号 1，可以将分级显示的二级汇总数据隐藏；单击分级显示符号 2，则可以查看分级显示工作表的二级汇总数据。

如果用户需要以自定义的方式创建分级显示，可以在选中自定义的分组小节数据之后，单击【数据】选项卡中的【组合】|【组合】按钮，并在打开的【组合】对话框中单击【确定】按钮，如图 9-51(a) 所示。此时，将创建如图 9-51(b) 所示的自定义分组。

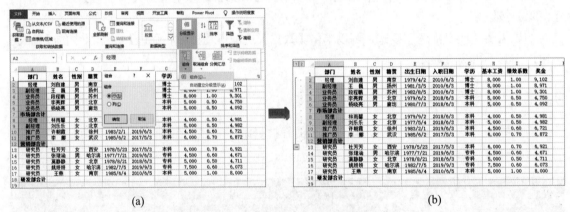

(a)   (b)

图 9-51 以自定义的方式创建分级显示

选中图 9-51 中的 A2:A7 单元格区域，再次单击【数据】选项卡中的【组合】|【组合】按钮，在打开的【组合】对话框中单击【确定】按钮，可以对第一次分组后得到的小节中的小节进一步分组，如图 9-52 所示。

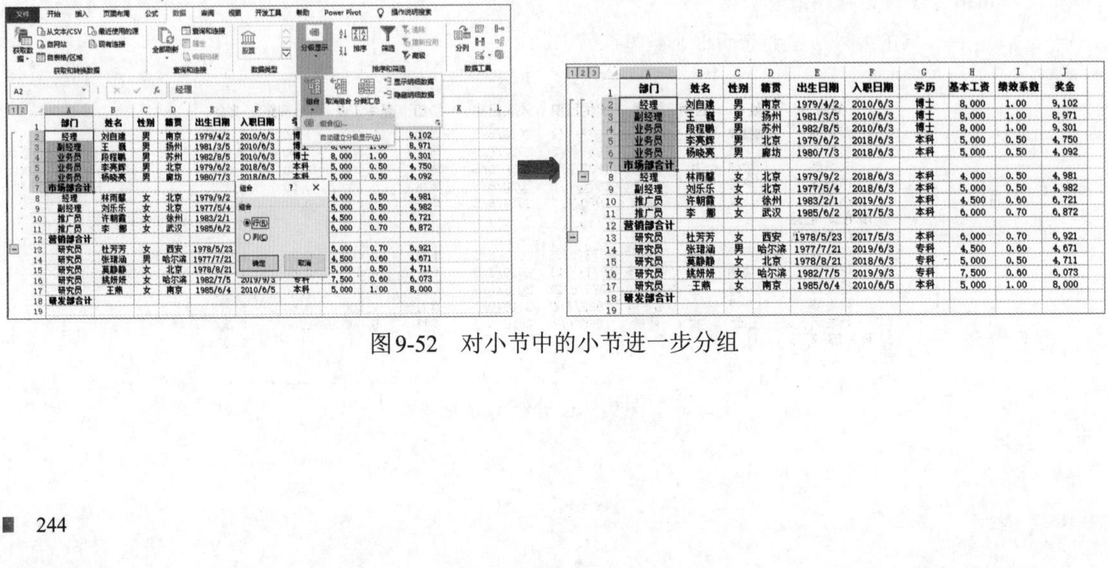

图 9-52 对小节中的小节进一步分组

9.4.2　关闭分级显示

如果用户需要将数据表恢复到创建分级显示以前的状态，只需要单击【数据】选项卡中的【取消组合】按钮，在打开的【取消组合】对话框中选择需要关闭的分级行或列后，单击【确定】按钮即可。

9.5　分类汇总

分类汇总数据，即在按某一条件对数据进行分类的同时，对同一类别中的数据进行统计运算。分类汇总被广泛应用于财务、统计等领域，用户要灵活掌握其使用方法，应掌握创建、隐藏、显示及删除它的方法。

9.5.1　创建分类汇总

Excel 2019可以在数据清单中自动计算分类汇总及总计值。用户只需指定需要进行分类汇总的数据项、待汇总的数值和用于计算的函数(例如，求和函数)即可。如果使用自动分类汇总，工作表必须组织成具有列标志的数据清单。在创建分类汇总之前，用户必须先根据需要对分类汇总的数据列进行数据清单排序。

【例9-7】　在工作表中将"总分"按专业分类，并汇总各专业的总分平均成绩。

01 打开"成绩表"工作表，然后选中【专业】列，选择【数据】选项卡，在【排序和筛选】命令组中单击【升序】按钮，在打开的【排序提醒】对话框中单击【排序】按钮，如图9-53所示。

02 选中任意一个单元格，在【数据】选项卡的【分级显示】命令组中单击【分类汇总】按钮。在打开的【分类汇总】对话框中单击【分类字段】下拉按钮，在弹出的下拉列表中选择【专业】选项；单击【汇总方式】下拉按钮，从弹出的下拉列表中选择【平均值】选项；分别选中【总分】【替换当前分类汇总】和【汇总结果显示在数据下方】复选框，如图9-54所示。

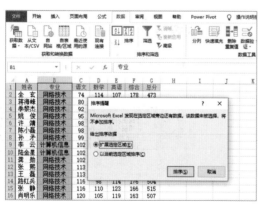

图9-53　【排序提醒】对话框　　　　图9-54　【分类汇总】对话框

03 单击【确定】按钮，即可查看表格分类汇总后的效果，如图9-55所示。

此时应注意的是：建立分类汇总后，如果修改明细数据，汇总数据将会自动更新。

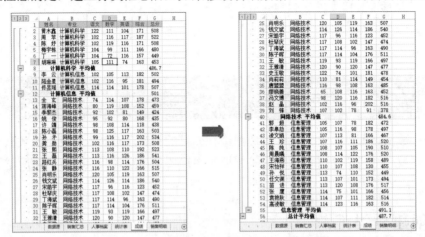

图9-55　分类汇总

9.5.2　隐藏和删除分类汇总

用户在创建分类汇总后，为了方便查阅，可以将其中的数据进行隐藏，并根据需要在适当的时候显示出来。

1. 隐藏分类汇总

为了方便用户查看数据，可将分类汇总后暂时不需要使用的数据隐藏，从而减小界面的占用空间。当需要查看时，再将其显示。

01 在工作表中选中A8单元格，然后在【数据】选项卡的【分级显示】命令组中单击【隐藏明细数据】按钮，隐藏"计算机科学"专业的详细记录，如图9-56所示。

02 重复以上操作，分别选中A12、A40和A55单元格，隐藏"计算机信息""网络技术"和"信息管理"专业的详细记录，完成后的效果如图9-57所示。

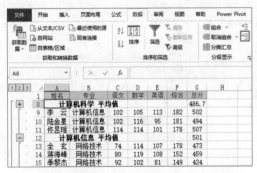

图9-56　隐藏"计算机科学"专业的记录

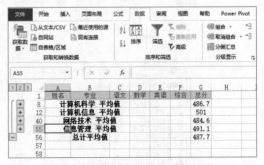

图9-57　隐藏所有专业的详细记录

03 选中A8单元格，然后单击【数据】选项卡【分级显示】命令组中的【显示明细数据】按钮，即可重新显示"计算机科学"专业的详细数据。

除了以上介绍的方法外，单击工作表左边列表树中的■、■符号按钮，同样可以显示与隐藏详细数据。

2. 删除分类汇总

查看完分类汇总后，若用户需要将其删除，恢复原先的状态，可以在Excel中删除分类汇总，具体方法如下。

01 在【数据】选项卡中单击【分类汇总】按钮，在打开的【分类汇总】对话框中，单击【全部删除】按钮，即可删除表格中的分类汇总。

02 此时，表格内容将恢复到设置分类汇总前的状态。

9.6 使用"表"工具

在Excel中，使用"表"功能，不仅可以自动扩展数据区域，对数据执行排序、筛选、自动求和、求极值、求平均值等操作，还能够将工作表中的数据设置为多个"表"，并使其相对独立，从而灵活地根据需要将数据划分为易于管理的不同数据集。

9.6.1 创建"表"

使用"表"工具创建一个"表"的具体操作步骤如下。

01 选中数据表中的任意单元格，单击【插入】选项卡【表格】命令组中的【表格】按钮(或按Ctrl+T组合键)，打开【创建表】对话框，单击【确定】按钮，如图9-58所示。

02 此时，将在当前工作表中显示如图9-59所示的"表"轮廓。

图9-58 【创建表】对话框

图9-59 显示"表"轮廓

如果需要将"表"转换为原始的数据表，可以在选中表中的任意单元格后，单击【设计】选项卡中的【转换为区域】按钮，在弹出的提示对话框中单击【确定】按钮。

9.6.2 控制"表"

在创建"表"后，用户可以对其执行以下控制操作。

1. 添加汇总行

如果用户需要在"表"中添加一个汇总行，可以在选中"表"中的任意单元格后，选中【设计】选项卡中的【汇总行】复选框，如图9-60所示。

"表"汇总行默认的汇总函数是第一个参数为109的SUBTOTAL函数，用户选中汇总行数据后，单击显示的下拉按钮，从弹出的下拉列表框中可以选择需要的汇总函数，如图9-61所示。

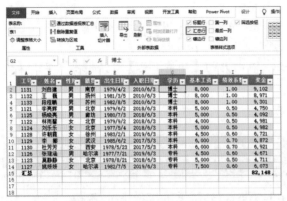

图9-60　选中【汇总行】复选框

图9-61　切换汇总函数

2. 在"表"中添加数据

如果要在"表"中添加数据，可以单击"表"的最后一个数据单元格(不包含汇总行数据)，然后按Tab键即可添加新行。

如果"表"中不包含汇总行，用户可以通过在"表"下方相邻的空白单元格中输入数据，向表中添加新的数据行。

如果用户需要向"表"中添加新的一列数据，可以将鼠标光标定位至"表"的最后一个标题右侧的空白单元格中，然后输入新列的标题即可。

此外，"表"的最后一个单元格的右下角有一个如图9-62所示的三角形标志。将鼠标移动至三角形标志上方，向下方拖动可以增加"表"的行，向右拖动则可以增加"表"的列，如图9-63所示。

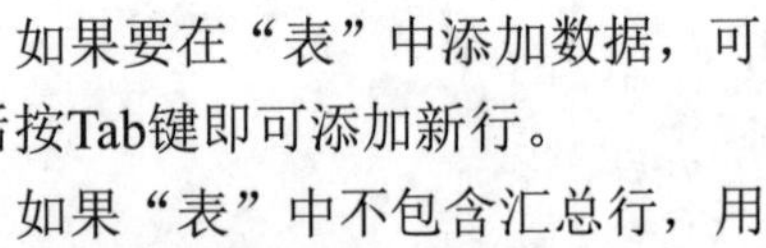

1.00	8,971
1.00	9,301
1.00	8,000

图9-62　三角形标志

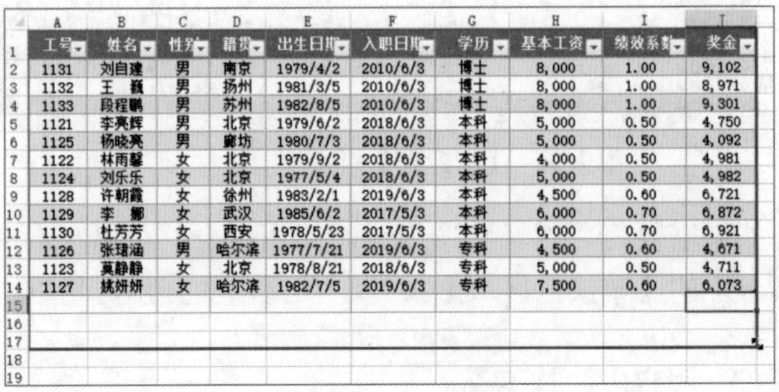

图9-63　拖动三角形标志

3. 固定"表"的标题

当用户单击"表"中的任意一个单元格后，再向下滚动浏览"表"时就会发现"表"中的标题出现在Excel的列标之上，使"表"滚动时标题仍然可见。

4. 排序与筛选 "表" 数据

Excel "表" 整合了数据表的排序和筛选功能，如果 "表" 包含标题行，用户可以使用标题行右侧的下拉箭头对 "表" 进行排序和筛选操作。

5. 删除 "表" 中的重复值

如果 "表" 中存在重复数据，用户可以执行以下操作将其删除。

01 选中 "表" 中的任意单元格或区域，单击【设计】选项卡中的【删除重复值】按钮。

02 打开【删除重复值】对话框，单击【全选】按钮，再单击【确定】按钮，如图 9-64 所示。

03 此时， "表" 中的重复值将被删除，Excel 会打开提示对话框提示用户所删除的重复值数据的数量，如图 9-65 所示。

图 9-64　【删除重复值】对话框

图 9-65　删除重复值的提示

9.7　案例演练

本节将通过案例介绍在 Excel 中排序、筛选与汇总表格数据的一些实用技巧，帮助用户进一步掌握所学的知识，提高工作效率。

【例 9-8】　设置两个表格根据姓名排序完全一致。

01 打开图 9-66 所示的工作表，选中其中左侧第一个数据表的 A1:C14 单元格区域，单击【数据】选项卡中的【降序】按钮 。

02 选中第二个数据表的 E1:G14 单元格区域，单击【数据】选项卡中的【降序】按钮 ，将图 9-66 所示的两个数据表按姓名排序。

03 选取包含两个数据表的单元格区域，然后按 Tab 键，将光标调整至 C2 单元格，如图 9-67 所示。

04 单击【数据】选项卡中的【升序】按钮 ，排序表格，两个数据表清晰地反映了学生期中和期末考试的分数和排名，如图 9-68 所示。

【例 9-9】　筛选表格中地址包含 "越秀区" 或 "署前路" 的记录。

01 打开工作表后，在 D2 单元格中输入 "越秀区"，在 D3 单元格中输入 "署前路"，如图 9-69 所示。

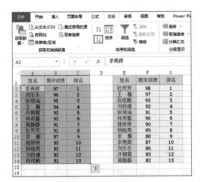

图9-66　降序排序

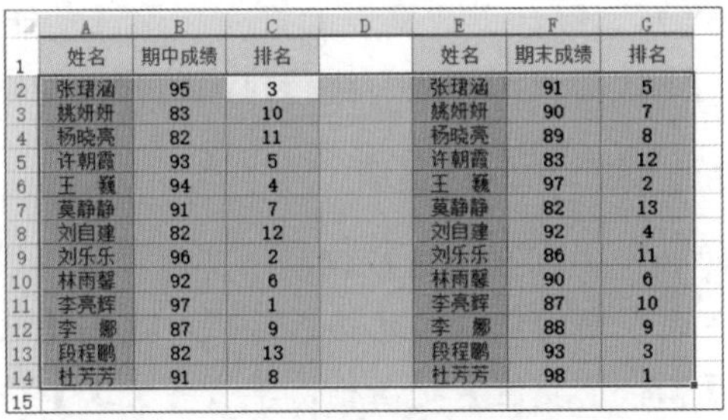

图9-67　将光标调整至C2单元格

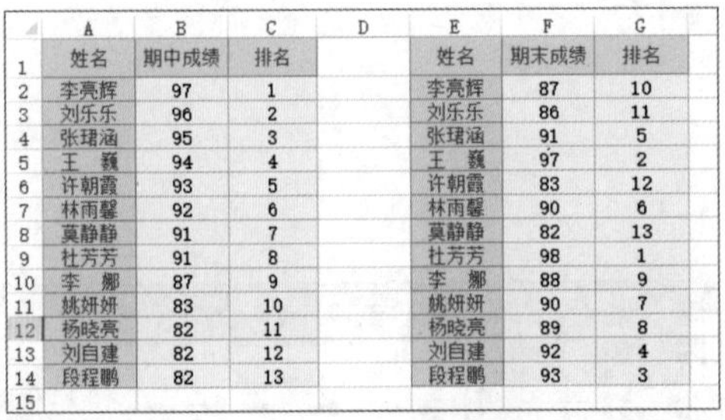

图9-68　排序结果

图9-69　输入"越秀区"和"署前路"

02 复制B1单元格至E1单元格，在E2和E3单元格中输入公式，如图9-70所示(用"*"连接地址：="*"&D2)。

03 选中数据表中的任意单元格，单击【数据】选项卡中的【高级】按钮，打开【高级筛选】对话框，单击【条件区域】后的按钮，选取E1:E3单元格区域作为条件区域后，按Enter键返回【高级筛选】对话框，单击【确定】按钮即可，如图9-71所示。

图9-70　输入公式

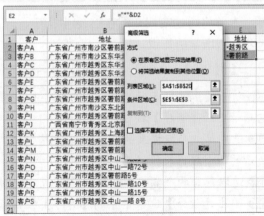

图9-71　筛选数据

第 10 章
条件格式与数据验证

| 本章导读 |

本章将主要介绍 Excel 的条件格式与数据验证功能。其中,条件格式功能可以根据指定的公式或数值来确定搜索条件,然后将格式应用到符合搜索条件的选定单元格中,并突出显示要检查的动态数据;而数据验证功能则能够使用一种称为"数据有效性"的特性来控制单元格可接收数据的类型。使用这种特性可以有效地减少和避免输入数据的错误。

10.1　条件格式

所谓"条件格式"，指的是根据某些特定条件改变表格中单元格的样式，通过样式的改变帮助用户直观地观察数据的规律，或者方便对数据进行进一步处理。Excel的"条件格式"功能，位于【开始】选项卡的【样式】命令组中，下面将通过实例详细介绍其使用方法。

10.1.1　使用"数据条"

在Excel 2019中，条件格式功能提供了【数据条】【色阶】【图标集】3种内置的单元格图形效果样式。其中数据条效果可以直观地显示数值大小的对比程度，使得表格数据效果更为直观。

【例10-1】　在"调查分析"工作表中以数据条形式来显示【实现利润】列的数据。

01▶ 打开"调查分析"工作表后，选定F3:F14单元格区域。

02▶ 在【开始】选项卡的【样式】命令组中单击【条件格式】下拉按钮，在弹出的下拉列表中选择【数据条】命令，在弹出的下拉列表中选择【渐变填充】子列表里的【紫色数据条】选项。

03▶ 此时工作表内的【实现利润】一列中的数据单元格内添加了紫色渐变填充的数据条效果，可以直观地对比数据，效果如图10-1所示。

04▶ 用户还可以通过设置将单元格数据隐藏起来，只保留数据条效果显示。先选中单元格区域F3:F14中的任意单元格，再单击【条件格式】下拉按钮，在弹出的下拉列表中选择【管理规则】命令。

05▶ 打开【条件格式规则管理器】对话框，选择【数据条】规则，单击【编辑规则】按钮，如图10-2所示。

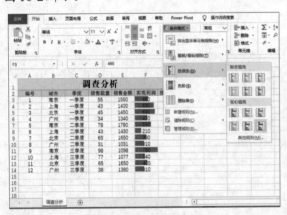

图10-1　设置数据条

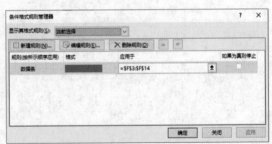

图10-2　【条件格式规则管理器】对话框

06▶ 打开【编辑格式规则】对话框，在【编辑规则说明】区域里选中【仅显示数据条】复选框，然后单击【确定】按钮，如图10-3所示。

07▶ 返回【条件格式规则管理器】对话框，单击【确定】按钮即可完成设置。此时单元格区域F3:F14中只有数据条的显示，没有具体数值，如图10-4所示。

图10-3　【编辑格式规则】对话框

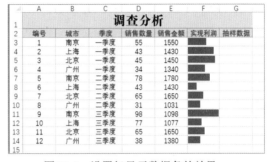

图10-4　设置仅显示数据条的效果

10.1.2　使用"色阶"

"色阶"可以用色彩直观地反映数据大小，形成"热图"。"色阶"预置了包括6种"三色刻度"和3种"双色刻度"在内的9种外观，用户可以根据数据的特点选择自己需要的种类。

【例10-2】　在工作表中用色阶展示城市一天内的平均气温数据。

01　打开工作表后，选中需要设置条件格式的单元格区域A3:I3，在【开始】选项卡的【样式】命令组中单击【条件格式】下拉按钮，在弹出的下拉列表中选择【色阶】|【红-黄-绿色阶】命令。

02　此时，在工作表中将以"红-黄-绿"三色刻度显示选中的单元格区域中的数据，如图10-5所示。

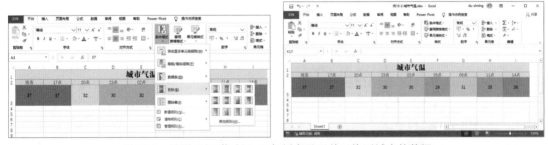

图10-5　设置"红-黄-绿"三色刻度显示单元格区域中的数据

10.1.3　使用"图标集"

"图标集"允许用户在单元格中呈现不同的图标来区分数据的大小。Excel提供了"方向""形状""标记"和"等级"4大类，共计20种图标样式。

【例 10-3】 在工作表中使用"图标集"对成绩数据进行直观反映。

01 打开工作表后，选中需要设置条件格式的单元格区域。在【开始】选项卡的【样式】命令组中单击【条件格式】下拉按钮，在展开的下拉列表中选择【图标集】命令，在展开的选项菜单中，用户可以移动鼠标在各种样式中逐一滑过，B3:D11单元格区域中被选中的单元格中将会同步显示出相应的效果。

02 单击【三个符号(无圆圈)】样式，效果如图10-6所示。

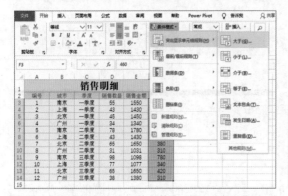

图10-6　设置【三个符号(无圆圈)】图标集样式

10.1.4　突出显示单元格规则

用户可以自定义电子表格的条件格式，来查找或编辑符合条件格式的单元格。

【例 10-4】 以浅红填充色、深红色文本突出显示【实现利润】列大于 500 的单元格。

01 打开"销售明细"工作表后，选中F3:F14单元格区域，然后在【开始】选项卡中单击【条件格式】下拉按钮，在弹出的下拉列表中选择【突出显示单元格规则】|【大于】选项，如图10-7所示。

02 打开【大于】对话框，在【为大于以下值的单元格设置格式】文本框中输入500，在【设置为】下拉列表中选择【浅红填充色深红色文本】选项，单击【确定】按钮，如图10-8所示。

图10-7　选择【突出显示单元格规则】|【大于】选项　　　图10-8　【大于】对话框

03 此时，若满足条件格式，则会自动套用带颜色文本的单元格格式，效果如图 10-9 所示。

10.1.5　自定义条件格式

如果Excel内置的条件格式不能满足用户的需求，可以通过"新建规则"功能自定义条件格式。

【例 10-5】　自定义规则设置条件格式，将 110 分以上的成绩用一个图标显示。

01 打开工作表后，选择需要设置条件格式的B3:E11单元格区域。

02 在【开始】选项卡的【样式】命令组中单击【条件格式】下拉按钮，在展开的下拉列表中选择【新建规则】命令，如图 10-10 所示。

图10-9　带颜色文本的单元格格式

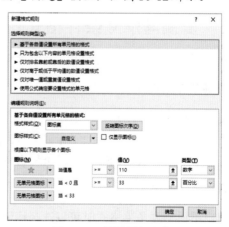

图10-10　选择【新建规则】命令

03 打开【新建格式规则】对话框，在【选择规则类型】列表框中，选择【基于各自值设置所有单元格的格式】选项。单击【格式样式】下拉按钮，在弹出的下拉列表中选择【图标集】选项，如图 10-11 所示。

04 在【根据以下规则显示各个图标】组合框的【类型】下拉列表中选择【数字】，在【值】编辑框中输入110，在【图标】下拉列表中选择一种图标。在【当<0且】和【当<33】两行的【图标】下拉列表中选择【无单元格图标】选项，单击【确定】按钮，如图 10-12 所示。

图10-11　设置格式样式　　　　　　　　　图10-12　设置图标和值

05 此时，表格中的自定义条件格式的效果如图 10-13 所示。

10.1.6　将条件格式转换为单元格格式

条件格式是根据一定的条件规则设置的格式，而单元格格式是对单元格设置的格式。如果条件格式所依据的数据被删除，会使原先的标记失效。如果还需要保持原先的格式，则可以将条件格式转换为单元格格式。

用户可以先选中并复制目标条件格式区域，然后在【开始】选项卡的【剪贴板】命令组中单击【剪贴板】按钮 □，打开【剪贴板】窗格，单击其中的粘贴项目(如图 10-14 所示为复制 F3:F14 单元格区域)，在【剪贴板】窗格中单击该粘贴项目。

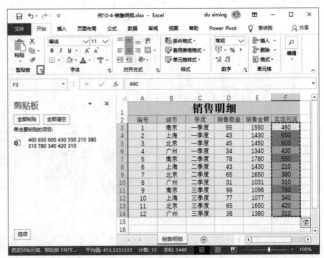

图 10-13　自定义条件格式效果　　　　图 10-14　复制并粘贴项目

此时，将剪贴板粘贴项目复制到 F3:F14 单元格区域，并把原来的条件格式转换成单元格格式。此时如果删除原来符合条件格式的 F5 单元格内容，其单元格的格式并不会改变，仍会保留粉色。

10.1.7　复制与清除条件格式

复制与清除条件格式的操作方法非常简单。

1. 复制条件格式

要复制条件格式，用户可以通过使用"格式刷"或"选择性粘贴"功能来实现，这两种方法不仅适用于当前工作表或同一工作簿的不同工作表之间的单元格条件格式的复制，也适用于不同工作簿中的工作表之间的单元格条件格式的复制。

2. 清除条件格式

当用户不再需要条件格式时可以选择清除条件格式，清除条件格式主要有以下两种方法。

▶ 在【开始】选项卡中单击【条件格式】下拉按钮，在弹出的下拉列表中选择【清除规则】

选项，并在弹出的子下拉列表中选择合适的清除范围。

▶ 在【开始】选项卡中单击【条件格式】下拉按钮，在弹出的下拉列表中选择【管理规则】选项，打开【条件格式规则管理器】对话框，选中要删除的规则后单击【删除规则】按钮，然后单击【确定】按钮即可清除条件格式。

10.1.8　管理条件格式规则的优先级

Excel允许对同一个单元格区域设置多个条件格式。当两个或更多的条件格式规则应用于一个单元格区域时，将按优先级顺序执行这些规则。

1. 调整条件格式规则的优先级顺序

用户可以通过编辑条件格式的方法打开【条件格式规则管理器】对话框。此时，在列表中，越是位于上方的规则，其优先级越高。默认情况下，新规则总是添加到列表的顶部，因此具有最高的优先级，用户也可以使用对话框中的【上移】和【下移】按钮更改优先级顺序，如图10-15所示。

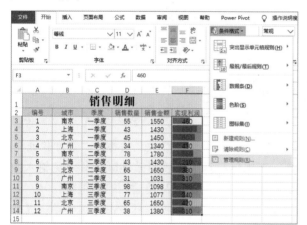

图 10-15　调整条件格式规则的优先级

当同一个单元格存在多个条件格式规则时，如果规则之间不冲突，则全部规则都有效。例如，如果一个规则将单元格格式设置字体为"宋体"，而另一个规则将同一个单元格的格式底色设置为"橙色"，则该单元格格式设置字体为"宋体"，且单元格底色为"橙色"。因为这两种格式之间没有冲突，所以两个规则都可以得到应用。

如果规则之间存在冲突，则只执行优先级高的规则。例如，一个规则将单元格字体颜色设置为"橙色"，而另一个规则将单元格字体颜色设置为"黑色"。因为这两个规则冲突，所以只应用一个规则，执行优先级较高的规则。

2. 应用"如果为真则停止"规则

当同时存在多个条件格式规则时，优先级高的规则先执行，次一级的规则后执行，这样规则逐条执行，直至所有规则执行完毕。在这个过程中，用户可以应用"如果为真则停止"规则，当优先级较高的规则条件被满足后，则不再执行其优先级之下的规则。应用这种规则，可以实现对集中的数据进行有条件的筛选。

【例 10-6】 在工作表中对语文成绩 90 分以下的数据设置【数据条】格式进行分析。

01 打开工作表后，选中B1:B17单元格区域，添加新规则条件格式。打开【条件格式规则管理器】对话框，单击【新建规则】按钮，在打开的【新建格式规则】对话框中，添加相应的规则(用户可根据本例要求自行设置)，单击【确定】按钮，返回【条件格式规则管理器】对话框，并选中【如果为真则停止】复选框，如图10-16所示，单击【确定】按钮。

02 应用【如果为真则停止】规则设置条件格式后，数据条只显示小于90的数据，效果如图 10-17 所示。

图10-16　设置条件格式　　　　图10-17　数据条只显示小于90的数据

10.2　数据有效性

在Excel中，用户可以使用一种称为"数据有效性"(在Excel 2013版之后称为"数据验证")的特性来控制单元格(或区域)可接收数据的类型。使用这种特性可以有效地减少和避免输入数据的错误。例如，限定为特定的类型，一定的取值范围，特定的字符及输入的字符数。

在选中单元格或单元格区域后，选择【数据】选项卡，在【数据工具】命令组中单击【数据验证】按钮，在打开的对话框中单击【允许】下拉按钮，在弹出的下拉列表中可以设置单元格数据有效性的检查类型，如图10-18所示。

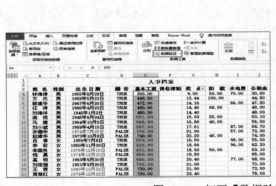

图10-18　打开【数据验证】对话框

图10-18所示【数据验证】对话框中的【允许】下拉列表中各选项的功能说明如下。

▶ 任何值：该选项为默认选项，即允许在单元格中输入任何数据而不受限制。

▶ 整数：即限制单元格中只能输入整数。当将数据有效性的允许条件设置为"整数"后，会显示"整数"条件的设置选项，在【数据】下拉列表中可以选择数据允许的范围，如"介于""大于"和"等于"等，如果选择【介于】选项，则会出现【最大值】和【最小值】数据范围编辑框，供用户指定整数区间的上限值和下限值。若要限制在单元格区域中只能输入 1 ~ 50 岁的年龄值，可以按照如图 10-19 所示进行设置。

▶ 小数：即限制单元格中只能输入小数。该条件的设置方法与整数相似，如图 10-20 所示的设置限制了在单元格中输入的"利率"值必须小于 0.1。

图 10-19　限制单元格中只能输入 1~50 的整数　　图 10-20　限制"利率"值必须小于 0.1

▶ 序列：该条件要求在单元格区域中必须输入某一个特定序列中的一个内容项。序列的内容可以是单元格引用、公式，也可以手动输入。当用户在【设置】选项卡中选择数据有效性的条件为【序列】后，会出现【序列】条件的设置选项，在【来源】编辑框中，可手动输入序列内容，并以半角的逗号(,)隔开不同的内容项，或者直接在工作表中选择某个单行或者单列单元格区域中的现有数据。如果同时选中了【提供下拉箭头】和【忽略空值】复选框，则在设置完成后，选定单元格时显示如图 10-21 所示的下拉按钮。

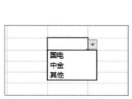

图 10-21　设置单元格的【序列】条件

▶ 日期：该条件用于限制单元格中只能输入某一个区间的日期，或者是排除某一个日期区间之外的日期。例如，如果需要将单元格中输入的日期限定在第一、第三、第四季度，可以用"未介于"来排除第二季度的日期，设置方法如图10-22所示。

▶ 时间：该条件与"日期"条件的设置方法基本相同，主要用于限制单元格中时间的输入。如图10-23所示的设置，限制了单元格中输入的数据必须是上午9点到11点半的时间。

图10-22　禁止在单元格中输入第二季度的日期　　图10-23　限制单元格输入的时间区间

▶ 文本长度：该条件主要用于限制输入数据的字符个数。例如，要求输入某种编码的长度必须为4位，可参考图10-24所示进行设置。

▶ 自定义：自定义条件主要是指通过函数与公式来实现较为复杂的条件。例如，在A10单元格中只能输入数值，不能输入文本，可以用ISNUMBER函数对输入的内容进行判断，如果是数值则返回TRUE，允许输入；否则返回FALSE，禁止输入，如图10-25所示。

图10-24　限制单元格中输入数据的字符个数　　图10-25　禁止在A10单元格中输入文本

10.2.1　应用数据有效性

下面将通过几个实例来介绍单元格数据输入有效性的具体应用。

1. 设置输入提示和出错警告

利用数据有效性，可以为单元格区域预设一个输入提示信息，类似于Excel批注。此外，对于不符合有效性条件的输入内容，用户也可以自定义警告提示内容。

01 打开如图10-26所示的工作表后，选中单元格区域，在【数据】选项卡的【数据工具】命令组中单击【数据验证】按钮，在打开的对话框中设置限制单元格区域中只能输入0~500的数值，如图10-26所示。

02 选择【输入信息】选项卡，在【标题】文本框中输入文本"提示："，在【输入信息】文本框中输入"补贴范围为0~500"，如图10-27所示。

图10-26 限制单元格输入范围

图10-27 设置输入信息提示

03 选择【出错警告】选项卡，将【样式】设置为【停止】，在【标题】文本框中输入"提示："，在【错误信息】文本框中输入"输入超出了1~500的范围！"，如图10-28所示。

04 单击【确定】按钮后，选中设置了数据有效性的单元格，软件将显示提示，输入一个超过500的数值，将打开如图10-29所示的提示对话框。

图10-28 设置出错警告信息

图10-29 Excel提示对话框

2. 拒绝录入重复数据

身份证号码、工作证编号等个人ID都是唯一的，不允许重复。如果在Excel中录入重复的ID，就会给信息管理带来不便，我们可以通过设置输入数据的有效性，解决此类问题。

01 打开工作表后，选中B2:B10作为设置数据有效性的单元格区域，打开【数据验证】对话框，在图10-30所示的【设置】选项卡中单击【允许】下拉按钮，在弹出的下拉列表中选择【自定义】选项，在【公式】文本框中输入公式：

=COUNTIF(B:B,B2)=1

💡 **注意**

在实际操作中，公式中的"(B:B,B2)"部分应根据选中的单元格区域来设定，例如为A1:A10单元格区域设置数据有效性，公式应改为"=COUNTIF(A:A,A1)=1"。

02 选择【出错警告】选项卡，设置出错警告的样式为【警告】，填写如图10-31所示的标题和错误信息，然后单击【确定】按钮。

图10-30　自定义验证条件　　　　图10-31　设置出错警告信息

03 此时，在B列中输入重复的身份证号码时，Excel软件将打开如图10-32所示的错误警告对话框，提示数据输入错误，单击【否】按钮，将关闭对话框避免输入重复的数据。

图10-32　Excel显示错误提示信息

3. 制作数据输入动态下拉菜单

如图10-33所示是一份公司销售清单，要求根据"价格表"在"销售清单"中设置"品种"的下拉菜单，提高数据输入的效率，其中的"商品名称"可能会随时增加，因此还要求当"价格表"中的商品品种增加后，在"销售清单"表中的"品种"下拉菜单中同时反映增加的品种。

图10-33　公司销售清单

01 在"价格表"工作表中选择【公式】选项卡，在【定义名称】命令组中单击【名称管理器】
按钮，打开【名称管理器】对话框，单击【新建】按钮，新建一个名称"商品名称"，并为该
名称设置如下公式，如图 10-34 所示：

=OFFSET(价格表 !$A$2,1,,COUNTA(价格表 !$A:$A)-2)

公式中用COUNT函数统计"价格表"A列中文本的个数，再用OFFSET函数获取"商品名称"
数据所在的区域，该区域会因A列中商品名称的增减而动态变化。

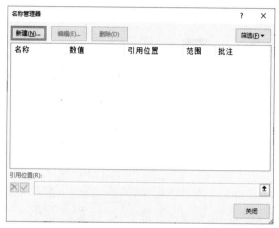

图10-34 新建名称

02 切换到"销售清单"工作表，选中"品种"字段，如B6:B10单元格区域，打开【数据验证】
对话框，将【允许】设置为【序列】，将【来源】设置为【=商品名称】，如图 10-35 所示，
然后单击【确定】按钮。

03 在"销售清单"工作表中单击B6单元格后的下拉按钮，可以在显示的下拉列表中看到"价
格表"工作表中的"商品名称"，如图 10-36 所示。

图10-35 设置数据验证   图10-36 B6单元格显示的下拉列表

04 在"价格表"工作表中增加一项"阿卡波糖片"品种后，再次单击"销售清单"工作表中
B6单元格旁的下拉按钮，可以在显示的下拉列表中看到相应的变化。

4. 圈释表格中输入的无效数据

01 打开工作表后，选中需要检查数据输入有效性的单元格区域，打开图10-37所示的【数据验证】对话框，在【设置】选项卡中，将【允许】设置为【整数】，【数据】设置为【介于】，将【最小值】和【最大值】分别设置为0和100，单击【确定】按钮。

02 在【数据工具】命令组中单击【数据验证】按钮旁的 ▾ 按钮，在弹出的菜单中选择【圈释无效数据】命令，即可将表格中所有无效数据用椭圆形圈释出来，如图10-38所示。

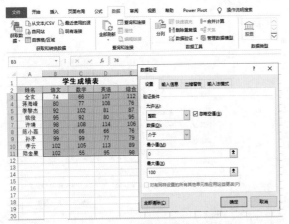

图10-37　设置数据值为0~100

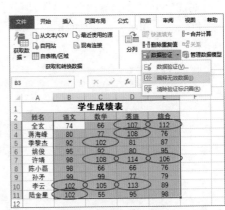

图10-38　圈释无效数据

10.2.2　定位数据有效性

如果需要在工作表中查找设置了带有数据有效性的单元格，可以按如下步骤操作。

01 按Ctrl+G组合键，打开【定位】对话框，单击【定位条件】按钮，打开图10-39所示的【定位条件】对话框，选中【数据验证】和【全部】单选按钮，然后单击【确定】按钮。

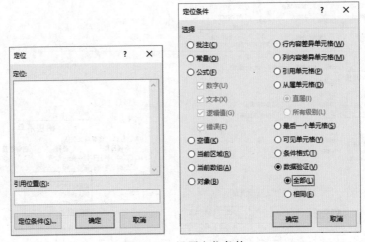

图10-39　设置定位条件

02 此时，将选中表格中设置了数据有效性的单元格区域。

10.2.3 复制数据有效性

包含数据有效性的单元格被复制时，数据有效性将被一起复制。如果用户只需要复制单元格的数据有效性而不需要复制单元格的数据和格式，可以使用选择性粘贴的方法来实现。

01 在表格中选择一个设置了数据有效性的单元格，按Ctrl+C组合键复制该单元格，如图10-40所示。

02 选择一个需要应用数据有效性的单元格(或区域)，按Ctrl+Alt+V组合键，打开【选择性粘贴】对话框，如图10-41所示，选中【验证】单选按钮，单击【确定】按钮即可。

图10-40 复制单元格

图10-41 【选择性粘贴】对话框

10.2.4 删除数据有效性

删除数据有效性分为删除单个单元格中的数据有效性和删除多个单元格区域的数据有效性两种情况，其各自的操作方法如下。

▶ 删除单个单元格中的数据有效性：选择单元格后，打开【数据验证】对话框，在【设置】选项卡中单击【全部清除】按钮。

▶ 删除多个单元格区域的数据有效性：选中单元格区域后，单击【数据】选项卡的【数据工具】命令组中的【数据验证】按钮，Excel会提示单元格区域内含有多种类型的数据有效性，单击【确定】按钮，打开【数据验证】对话框，在【设置】选项卡中将【允许】设置为【任何值】，单击【确定】按钮即可。

10.3 案例演练

本节将通过案例操作帮助用户巩固本章所学的知识。

【例10-7】对限定范围内容的销售金额进行分析。

01 打开工作表后，选中B2:B9单元格区域，单击【开始】选项卡中的【条件格式】下拉按钮，在弹出的下拉列表中选择【新建规则】选项。

02 打开【新建格式规则】对话框，添加如图 10-42 所示的条件格式，单击【负值和坐标轴】按钮。

03 打开【负值和坐标轴设置】对话框，选中【单元格中点值】单选按钮，然后单击【确定】按钮，如图 10-43 所示。

图10-42 【新建格式规则】对话框　　图10-43 【负值和坐标轴设置】对话框

04 返回【新建格式规则】对话框，单击【确定】按钮。

05 再次单击【条件格式】下拉按钮，在弹出的下拉列表中选择【管理规则】选项，打开【条件格式规则管理器】对话框，单击【新建规则】按钮，如图 10-44 所示。

06 打开【新建格式规则】对话框，在【选择规则类型】列表中选中【只为包含以下内容的单元格设置格式】选项，添加新格式规则为单元格值大于3000，如图 10-45 所示。

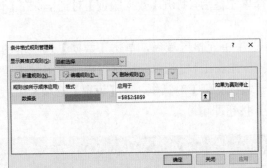
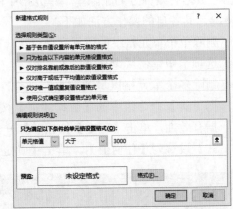

图10-44 【条件格式规则管理器】对话框　　图10-45 【新建格式规则】对话框

07 单击【格式】按钮，打开【设置单元格格式】对话框，选择【填充】选项卡，选择一种填充颜色，然后单击【确定】按钮，如图 10-46 所示。

08 返回【新建格式规则】对话框，单击【确定】按钮。返回【条件格式规则管理器】对话框，选中【如果为真则停止】复选框。单击【确定】按钮，数据表中大于3000的数据将显示单元格背景，小于3000的数据将显示数据条，如图10-47所示。

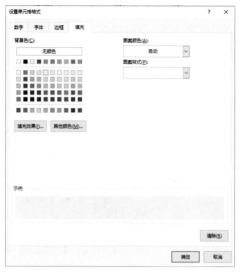

图10-46　设置填充颜色　　　　　　　图10-47　对输入的数据进行标识

【例 10-8】标识考试成绩的前三名。

01 打开如图 10-48 所示的工作表后，选中C2:C14 单元格区域，单击【开始】选项卡中的【条件格式】下拉按钮，从弹出的下拉列表中选择【最前/最后规则】|【前10项】选项。

02 打开【前10项】对话框，在对话框中的文本框内输入3，然后设置【设置为】选项为【浅红色填充】，如图10-49所示。单击【确定】按钮后，C2:C14单元格区域中考试成绩前3名的数据将被标识出来。

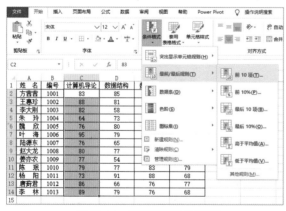

图10-48　设置项目选取规则　　　　　　图10-49　【前10项】对话框

03 保持C2:C14单元格区域的选中状态，使用格式刷工具，将条件格式复制到D2:D14、E2:E14、F2:F14单元格区域。

【例 10-9】标识出数据表中重复的数据。

01 打开如图10-50所示的工作表后，选择B2:B10单元格区域，单击【开始】选项卡中的【条

件格式】下拉按钮，在弹出的下拉列表中选择【突出显示单元格规则】|【重复值】选项。

02 打开【重复值】对话框，设置对话框左侧的下拉列表中的选项为【重复】，设置【值，设置为】为【浅红色填充】，如图 10-51 所示。单击【确定】按钮后，B2:B10 单元格区域中重复的数据将被标识。

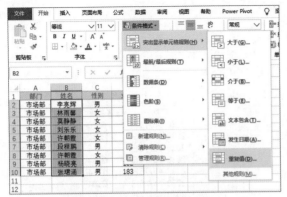

图 10-50　设置显示单元格规则

图 10-51　【重复值】对话框

第11章
使用数据透视表

| 本章导读 |

　　数据透视表在 Excel 中有着非常广泛的应用，它几乎涵盖了 Excel 中大部分的用途，例如图表、筛选、运算、函数等，同时还可以结合切片器功能制作数据仪表盘。本章将通过实例操作，详细介绍数据透视表的常用功能和经典应用。

11.1 数据透视表简介

数据透视表是一种从Excel数据表、关系数据库文件或OLAP多维数据集中的特殊字段中总结信息的分析工具，它能够对大量数据快速汇总并建立交叉列表的交互式动态表格，帮助用户分析和组织数据。例如，计算平均数或标准差、建立关联表、计算百分比、建立新的数据子集等。例如，对图11-1(a)所示的数据表创建数据透视表，结果如图11-1(b)所示。

(a)用于创建数据透视表的数据表

(b)根据数据表创建的数据透视表

图11-1 数据透视表与数据表的关系

用户可以对不同销售地区在不同时间的销售金额、销售产品、销售数量和单价进行汇总，并计算出总计和平均值，如图11-1(b)所示。

11.1.1 数据透视表的结构

由图11-1(b)所示可以看出，数据透视表的结构分为以下几部分。

▶ 行区域：该区域中的按钮作为数据透视表的行字段。

▶ 列区域：该区域中的按钮作为数据透视表的列字段。

▶ 数值区域：该区域中的按钮作为数据透视表的显示汇总的数据。

▶ 报表筛选区域：该区域中的按钮将作为数据透视表的分页符。

11.1.2 数据透视表的专用术语

在图11-1所示的数据透视表中，包含以下几个专用术语。

▶ 数据源：用于创建数据透视表的数据列表或多维数据集。

▶ 轴：数据表中的一维，例如行、列、页等。

▶ 列字段：数据透视表中的信息种类，相当于数据表中的列。

▶ 行字段：数据透视表中具有行方向的字段。

▶ 页字段：数据透视表中进行分页的字段。

- ▶ 字段标题：描述字段内容的标志。可以通过拖动字段标题对数据透视表进行透视。
- ▶ 项目：组成字段的元素。
- ▶ 组：一组项目的集合。
- ▶ 透视：通过改变一个或多个字段的位置来重新安排数据透视表。
- ▶ 汇总函数：Excel计算表格中数据值的函数。文本和数值的默认汇总函数为计数和求和。
- ▶ 分类汇总：数据透视表中对一行或一列单元格的分类汇总。
- ▶ 刷新：重新计算数据透视表，反映目前数据源的状态。

11.1.3　数据透视表的组织方式

在Excel中，用户能够通过以下几种类型的数据源创建数据透视表。
- ▶ 数据表：使用数据表创建数据透视表时，数据表的标题行不能存在空白单元格。
- ▶ 外部数据源：例如文本文件、SQL数据库文件、Access数据库文件等。
- ▶ 多个独立的Excel数据表：用户可以将多个独立表格中的数据汇总在一起，创建数据透视表。
- ▶ 其他数据透视表：在Excel中创建的数据透视表也可以作为数据源来创建另外的数据透视表。

11.2　创建数据透视表

在Excel 2019中，用户可以参考以下实例所介绍的方法，创建数据透视表。

【例11-1】　在"产品销售"工作表中创建数据透视表。

`01` 打开"产品销售"工作表，选中数据表中的任意单元格，选择【插入】选项卡，单击【表格】命令组中的【数据透视表】按钮，如图11-2所示。

`02` 打开【创建数据透视表】对话框，选中【现有工作表】单选按钮，单击按钮，如图11-3所示。

图11-2　单击【数据透视表】按钮

图11-3　【创建数据透视表】对话框

03 单击H1单元格，然后按Enter键。

04 返回【创建数据透视表】对话框后，在该对话框中单击【确定】按钮。在显示的【数据透视表字段】窗格中，选中需要在数据透视表中显示的字段，如图11-4所示。

05 单击工作表中的任意单元格，关闭【数据透视表字段】窗格，完成数据透视表的创建，效果如图11-5所示。

行标签	求和项:销售金额	求和项:单价	求和项:数量	求和项:年份
东北	1224800	14800	168	4058
卡西欧	776000	9700	80	2029
浪琴	448800	5100	88	2029
华北	1629800	20300	321	8113
浪琴	1629800	20300	321	8113
华东	3001200	38700	473	12171
阿玛尼	661200	8700	76	2029
浪琴	1275000	15000	255	6086
天梭	1065000	15000	142	4056
华南	2712950	37300	291	8116
阿玛尼	1270200	17400	146	4058
卡西欧	1442750	19900	145	4058
华中	622500	7500	83	2028
天梭	622500	7500	83	2028
总计	9191250	118600	1336	34486

图11-4　【数据透视表字段】窗格　　　　图11-5　数据透视表效果

完成数据透视表的创建后，在【数据透视表字段】窗格中选中具体的字段，将其拖动到窗格底部的【筛选】【列】【行】【值】等区域，可以调整字段在数据透视表中显示的位置，如图11-6所示。完成后的数据透视表的结构设置如图11-7所示。

年份	(全部)		
行标签	求和项:销售金额	求和项:单价	求和项:数量
东北	1224800	14800	168
卡西欧	776000	9700	80
浪琴	448800	5100	88
华北	1629800	20300	321
浪琴	1629800	20300	321
华东	3001200	38700	473
阿玛尼	661200	8700	76
浪琴	1275000	15000	255
天梭	1065000	15000	142
华南	2712950	37300	291
阿玛尼	1270200	17400	146
卡西欧	1442750	19900	145
华中	622500	7500	83
天梭	622500	7500	83
总计	9191250	118600	1336

图11-6　调整字段在数据透视表中的显示位置　　　图11-7　数据透视表的结构变化

在【数据透视表字段】窗格中，清晰地反映了数据透视表的结构，在该窗格中用户可以向数据透视表中添加、删除、移动字段，并设置字段的格式。

如果用户使用超大表格作为数据源来创建数据透视表，数据透视表在创建后可能会有一些字段在【数据透视表字段】窗格的【选择要添加到报表的字段】列表中无法显示。此时，可以采用以下方法解决问题。

01　单击【数据透视表字段】窗格右上角的【工具】按钮，在弹出的菜单中选择【字段节和区域节并排】选项。

02　此时，将展开【选择要添加到报表的字段】列表框内的所有字段，如图11-8所示。

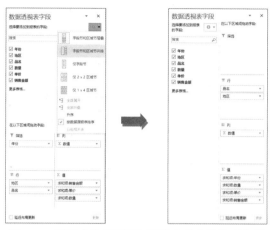

图11-8　展开【选择要添加到报表的字段】列表框

11.3　设置数据透视表的布局

成功创建数据透视表后，用户可以通过设置数据透视表的布局，使数据透视表能够满足不同角度数据分析的需求。

11.3.1　经典数据透视表布局

右击数据透视表中的任意单元格，在弹出的快捷菜单中选择【数据透视表选项】命令，打开【数据透视表选项】对话框，在该对话框中选择【显示】选项卡，然后选中【经典数据透视表布局(启用网格中的字段拖放)】复选框，如图11-9所示，单击【确定】按钮，可以启用Excel 2003版的拖动方式创建数据透视表。此时，数据透视表切换为Excel 2003版的经典界面，如图11-10所示。

图11-9　【数据透视表选项】对话框

年份	(全部)			
		值		
品名	地区	求和项:数量	求和项:单价	求和项:销售金额
阿玛尼	华东	76	8700	661200
	华南	146	17400	1270200
阿玛尼 汇总		222	26100	1931400
卡西欧	东北	80	9700	776000
	华南	145	19900	1442750
卡西欧 汇总		225	29600	2218750
浪琴	东北	88	5100	448800
	华北	321	20300	1629800
	华东	255	15000	1275000
浪琴 汇总		664	40400	3353600
天梭	华东	142	15000	1065000
	华中	83	7500	622500
天梭 汇总		225	22500	1687500
总计		1336	118600	9191250

图11-10　Excel 2003数据透视表经典界面

11.3.2　设置数据透视表的整体布局

用户在【数据透视表字段】窗格中拖动字段按钮，即可调整数据透视表的布局。以例11-1创建的数据透视表为例，如果需要调整"地区"和"品名"的结构次序，可以在【数据透视表字段】窗格的【行】区域中拖动这两个字段的位置，如图11-11所示。

行标签	求和项:年份	求和项:数量	求和项:单价	求和项:销售金额
⊟阿玛尼	6087	222	26100	1931400
华东	2029	76	8700	661200
华南	4058	146	17400	1270200
⊟卡西欧	6087	225	29600	2218750
东北	2029	80	9700	776000
华南	4058	145	19900	1442750
⊟浪琴	16228	664	40400	3353600
东北	2029	88	5100	448800
华北	8113	321	20300	1629800
华东	6086	255	15000	1275000
⊟天梭	6084	225	22500	1687500
华东	4056	142	15000	1065000
华中	2028	83	7500	622500
总计	34486	1336	118600	9191250

图11-11　调整数据透视表的结构

11.3.3　设置数据透视表的筛选区域

当字段显示在数据透视表的列区域或行区域时，将显示字段中的所有项。但如果字段位于筛选区域中，其所有项都将成为数据透视表的筛选条件。用户可以控制在数据透视表中只显示满足筛选条件的项。

1. 显示筛选字段的多个数据项

若用户需要对报表筛选字段中的多个项进行筛选，可以参考以下方法。

01 单击数据透视表筛选字段中【年份】后的下拉按钮，在弹出的下拉列表中选中【选择多项】复选框。

02 选中需要显示年份数据前的复选框，然后单击【确定】按钮，如图11-12所示。

03 完成以上操作后，数据透视表的内容也将发生相应的变化，如图11-13所示。

H	I	J	K
年份	(全部)		
搜索		求和项:单价	求和项:销售金额
■(全部)		26100	1931400
☑2028		8700	661200
☐2029		17400	1270200
		29600	2218750
		9700	776000
		19900	1442750
		40400	3353600
		5100	448800
		20300	1629800
☑选择多项		15000	1275000
确定　取消		22500	1687500
		15000	1065000
华中	83	7500	622500
总计	1336	118600	9191250

图11-12　选择需要显示的年份数据

H	I	J	K
年份	2028		
行标签	求和项:数量	求和项:单价	求和项:销售金额
⊟浪琴	318	20300	1614800
华北	229	15300	1169800
华东	89	5000	445000
⊟天梭	225	22500	1687500
华东	142	15000	1065000
华中	83	7500	622500
总计	543	42800	3302300

图11-13　数据透视表效果

2.显示报表筛选页

通过选择报表筛选字段中的项目，用户可以对数据透视表的内容进行筛选，筛选结果仍然显示在同一个表格内。

【例 11-2】 快速生成数据分析表。

01 打开如图 11-14 所示的"销售分析表"工作表，选中H1单元格，单击【插入】选项卡中的【数据透视表】按钮。

02 打开【创建数据透视表】对话框，单击【表/区域】文本框后的按钮，如图 11-15 所示。

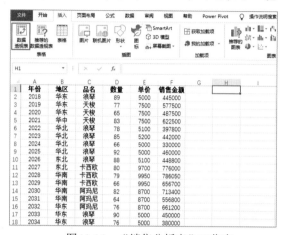

图11-14　"销售分析表"工作表

图11-15　设置表/区域

03 选中A1:F18单元格区域后按Enter键，如图 11-16 所示。

04 返回【创建数据透视表】对话框，单击【确定】按钮，打开【数据透视表字段】窗格，选中【选择要添加到报表的字段】列表中的所有选项，将【行】区域中的【地区】和【品名】字段拖动到【筛选】区域，将【值】区域中的【年份】字段拖动到【行】区域，如图 11-17 所示。

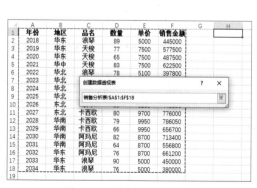

图11-16　选择A1:F18区域

图11-17　设置添加到报表的字段

05 选中数据透视表中的任意单元格，单击【分析】选项卡中的【选项】下拉按钮，在弹出的下拉列表中选择【显示报表筛选页】命令，如图11-18所示。

06 打开【显示报表筛选页】对话框，选中【品名】选项，单击【确定】按钮，如图11-19所示。

图11-18　选择【显示报表筛选页】命令　　图11-19　【显示报表筛选页】对话框

07 此时，Excel将根据【品名】字段中的数据，创建对应的工作表，如图11-20所示。

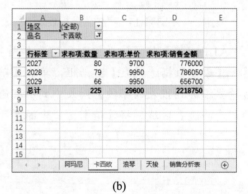

(a)　　　　　　　　　　　　　(b)

(c)　　　　　　　　　　　　　(d)

图11-20　Excel根据"品名"字段中的数据创建的工作表

11.4　调整数据透视表字段

在创建数据透视表时，【数据透视表字段】窗格中反映了数据透视表的结构，用户通过该窗格可以在数据透视表中编辑各类字段并设置字段的格式。

11.4.1　重命名字段

在创建数据透视表后，数据区域中添加的字段将被Excel自动重命名，例如"年份"变成了"求和项：年份"，"数量"变成了"求和项：数量"，这样会增加字段所在列的列宽，使整个表格的整体效果变差。

若用户需要重命名字段的名称，可以直接修改数据透视表中的字段名称，方法是：单击数据透视表中的列标题单元格"求和项：年份"，然后输入新的标题，并按Enter键即可。图11-21所示为重命名例11-1创建的数据透视表中行标签字段的结果。

这里需要注意的是：数据透视表中每个字段的名称必须是唯一的，如果出现两个字段具有相同的名称，Excel将打开提示对话框，提示字段名已存在，如图11-22所示。

行标签 ▼	年份统计	数量统计	单价统计	金额统计
⊟东北	4058	168	14800	1224800
卡西欧	2029	80	9700	776000
浪琴	2029	88	5100	448800
⊟华北	8113	321	20300	1629800
浪琴	8113	321	20300	1629800
⊟华东	12171	473	38700	3001200
阿玛尼	2029	76	8700	661200
浪琴	6086	255	15000	1275000
天梭	4056	142	15000	1065000
⊟华南	8116	291	37300	2712950
阿玛尼	4058	146	17400	1270200
卡西欧	4058	145	19900	1442750
⊟华中	2028	83	7500	622500
天梭	2028	83	7500	622500
总计	34486	1336	118600	9191250

图11-21　重命名数据透视表的字段

图11-22　提示对话框

11.4.2　删除字段

用户在使用数据透视表分析数据时，对于无用的字段可以通过【数据透视表字段】窗格将其删除。以例11-1创建的数据透视表为例，具体操作步骤如下。

01 在【数据透视表字段】窗格中单击字段，在弹出的菜单中选择【删除字段】命令，如图11-23(a)所示。

02 删除字段后，数据透视表中对应的数据也将被删除。

此外，在数据透视表中需要删除的字段上右击鼠标，在弹出的快捷菜单中选择【删除"字段名"】(例如【删除"年份统计"】)命令，同样也可以实现删除字段的效果，如图11-23(b)所示。

(a)   (b)

图 11-23   删除数据透视表中的字段

11.4.3 显示 / 隐藏字段标题

若用户需要在数据透视表中显示行或列字段标题，可以参考以下方法实现。

01 选中数据透视表中的任意单元格，然后选择【分析】选项卡，单击【字段标题】切换按钮，即可隐藏字段标题。

02 再次单击【字段标题】切换按钮，可以显示被隐藏的字段标题。

11.4.4 折叠与展开活动字段

在数据透视表中折叠与展开活动字段，可以方便用户在不同的情况下显示和隐藏明细数据。以例 11-1 创建的数据透视表为例，如果要将"地区"字段暂时隐藏，在需要时快速展开显示，可以执行以下操作。

01 选中数据透视表中的某一个"地区"字段或该字段下的某一项，在【分析】选项卡中单击【折叠字段】按钮，如图 11-24 所示。

02 此时"地区"字段将折叠隐藏，如图 11-25 所示。

图 11-24   单击【折叠字段】按钮   图 11-25   "地区"字段折叠隐藏效果

03 分别单击数据透视表中的【东北】【华北】【华东】等项前面的【+】按钮，可以将具体的项分别展开，用于显示指定项的明细数据。

04 此外，在数据透视表中各项所在的单元格中双击鼠标，也可以显示或隐藏该项的明细数据。

数据透视表中的字段被折叠后，在【分析】选项卡中单击【活动字段】命令组中的【展开字段】按钮，可以展开所有字段。

如果用户需要去掉数据透视表各字段前的【+】和【-】按钮，在选中数据透视表后，单击【分析】选项卡【显示】命令组中的【+/-按钮】按钮即可。

11.5　更改数据透视表的报表格式

选中数据透视表后，在【设计】选项卡的【布局】命令组中单击图11-26(a)所示的【报表布局】下拉按钮，用户可以更改数据透视表的报表格式，包括以压缩形式显示、以大纲形式显示、以表格形式显示等几种格式，图11-26(b)所示为“以压缩形式显示”格式显示数据透视表。

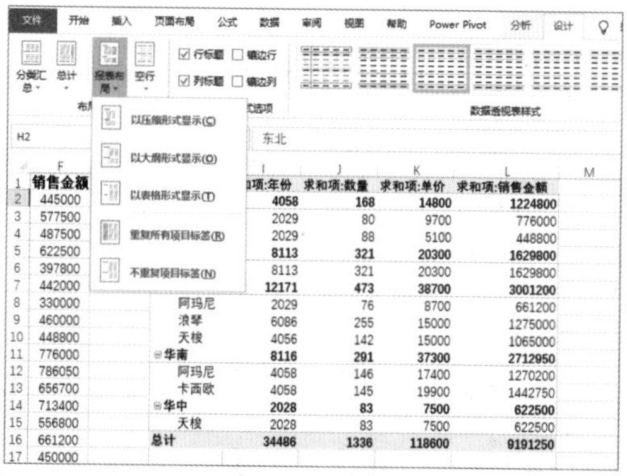

(a)

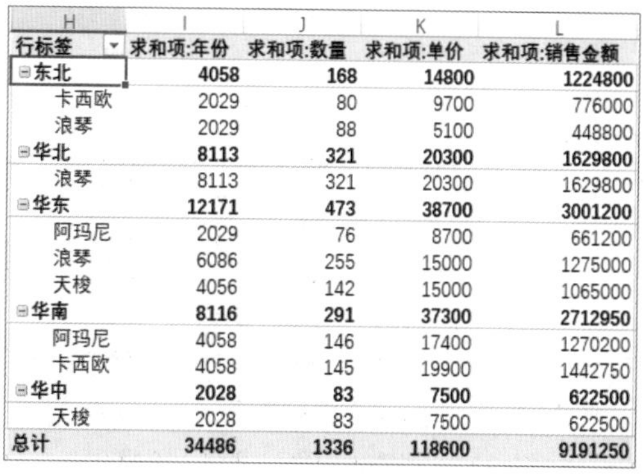

行标签	求和项:年份	求和项:数量	求和项:单价	求和项:销售金额
⊟东北	4058	168	14800	1224800
卡西欧	2029	80	9700	776000
浪琴	2029	88	5100	448800
⊟华北	8113	321	20300	1629800
浪琴	8113	321	20300	1629800
⊟华东	12171	473	38700	3001200
阿玛尼	2029	76	8700	661200
浪琴	6086	255	15000	1275000
天梭	4056	142	15000	1065000
⊟华南	8116	291	37300	2712950
阿玛尼	4058	146	17400	1270200
卡西欧	4058	145	19900	1442750
⊟华中	2028	83	7500	622500
天梭	2028	83	7500	622500
总计	34486	1336	118600	9191250

(b)

图11-26　Excel默认“以压缩形式显示”格式显示数据透视表

使用不同的报表格式，可以满足不同数据分析的需求，以图11-26(a)所示的数据透视表为例，如果在【报表布局】下拉列表中选择【以大纲形式显示】选项，数据透视表的效果将如图11-27所示。如果在【报表布局】下拉列表中选择使用【以表格形式显示】选项，数据透视表将更加直观、便于阅读，如图11-28所示。

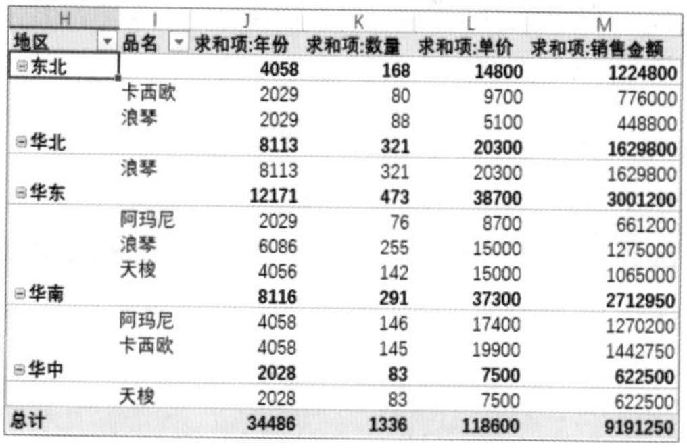

地区	品名	求和项:年份	求和项:数量	求和项:单价	求和项:销售金额
⊟东北		4058	168	14800	1224800
	卡西欧	2029	80	9700	776000
	浪琴	2029	88	5100	448800
⊟华北		8113	321	20300	1629800
	浪琴	8113	321	20300	1629800
⊟华东		12171	473	38700	3001200
	阿玛尼	2029	76	8700	661200
	浪琴	6086	255	15000	1275000
	天梭	4056	142	15000	1065000
⊟华南		8116	291	37300	2712950
	阿玛尼	4058	146	17400	1270200
	卡西欧	4058	145	19900	1442750
⊟华中		2028	83	7500	622500
	天梭	2028	83	7500	622500
总计		34486	1336	118600	9191250

图11-27　以大纲形式显示数据透视表

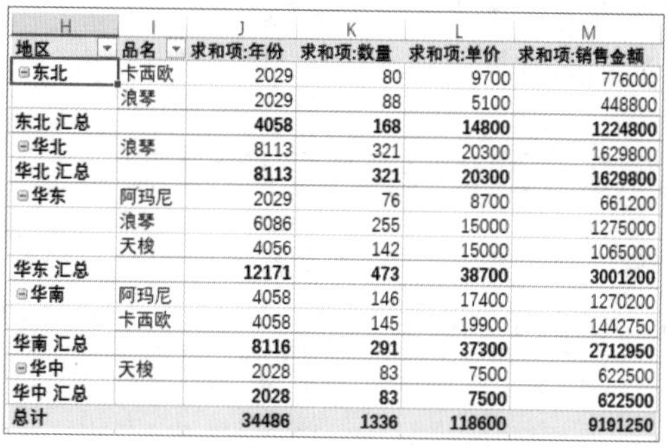

地区	品名	求和项:年份	求和项:数量	求和项:单价	求和项:销售金额
⊟东北	卡西欧	2029	80	9700	776000
	浪琴	2029	88	5100	448800
东北 汇总		4058	168	14800	1224800
⊟华北	浪琴	8113	321	20300	1629800
华北 汇总		8113	321	20300	1629800
⊟华东	阿玛尼	2029	76	8700	661200
	浪琴	6086	255	15000	1275000
	天梭	4056	142	15000	1065000
华东 汇总		12171	473	38700	3001200
⊟华南	阿玛尼	4058	146	17400	1270200
	卡西欧	4058	145	19900	1442750
华南 汇总		8116	291	37300	2712950
⊟华中	天梭	2028	83	7500	622500
华中 汇总		2028	83	7500	622500
总计		34486	1336	118600	9191250

图11-28　以表格形式显示数据透视表

如果用户需要将数据透视表中的空白字段填充相应的数据，使复制后的数据透视表数据完整，可以在【报表布局】下拉列表中选择【重复所有项目标签】选项(选择【不重复所有项目标签】选项，可以撤销数据透视表中重复项目的标签)。

11.6　显示数据透视表分类汇总

创建数据透视表后，Excel默认在字段组的顶部显示分类汇总数据，用户可以通过多种方法设置分类汇总的显示方式或删除分类汇总。

11.6.1　通过【设计】选项卡设置

选中数据透视表中的任意单元格后，在【设计】选项卡中单击【分类汇总】下拉按钮，可以从弹出的下拉列表中设置【不显示分类汇总】【在组的底部显示所有分类汇总】或【在组的顶部显示所有分类汇总】，如图11-29所示。

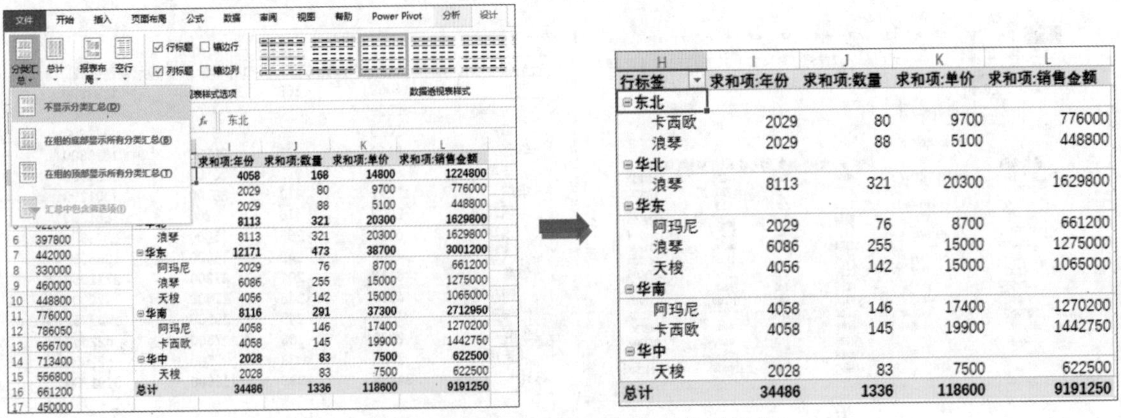

图11-29　设置数据透视表不显示分类汇总

11.6.2　通过字段设置

通过字段设置可以设置分类汇总的显示形式。在数据透视表中选中【行标签】列中的任意单元格，然后单击【分析】选项卡中的【字段设置】按钮。在打开的【字段设置】对话框中，用户可以通过选中【无】单选按钮，删除分类汇总的显示，或者选择【自定义】选项修改分类汇总显示的数据内容，如图11-30所示。

11.6.3　通过右键菜单设置

右击数据透视表中字段名列中的单元格，在弹出的快捷菜单中选择【分类汇总"字段名"】(例如分类汇总"地区")命令，可以实现分类汇总的显示或隐藏的切换，如图11-31所示。

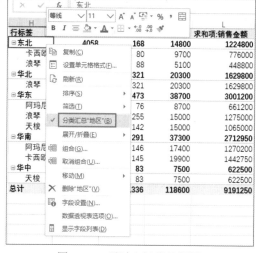

图 11-30　打开【字段设置】对话框 　　　　图 11-31　通过右键菜单设置

11.7　移动数据透视表

对于已经创建好的数据透视表，不仅可以在当前工作表中移动位置，还可以将其移动到其他工作表中。移动后的数据透视表保留原位置数据透视表的所有属性与设置，不用担心由于移动数据透视表而造成数据出错的故障。

【例 11-3】 将"销售分析"工作表中的数据透视表移动到"数据分析表"工作表中。

01 打开"销售分析"工作表后，选中数据透视表中的任意单元格，单击【分析】选项卡中的【移动数据透视表】按钮，打开【移动数据透视表】对话框，选中【现有工作表】单选按钮，如图 11-32 所示。

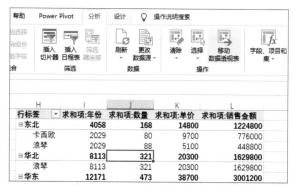

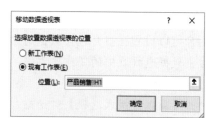

图 11-32　打开【移动数据透视表】对话框

02 单击【位置】文本框后的▲按钮，选择"数据分析表"工作表的A1单元格，按Enter键，返回【移动数据透视表】对话框，单击【确定】按钮即可。

11.8 刷新数据透视表

当数据透视表的数据源发生改变时，用户就需要对数据透视表执行刷新操作，使其中的数据能够及时更新。

11.8.1 刷新当前数据透视表

在当前工作表中刷新数据透视表的方法有以下几种。

1. 手动刷新数据透视表

右击数据透视表中的任意单元格，在弹出的快捷菜单中选择【刷新】命令，如图 11-33(a)所示，即可手动刷新数据透视表。此外，单击【分析】选项卡【数据】命令组中的【刷新】按钮，也可以实现对数据透视表的手动刷新，如图 11-33(b)所示。

(a)　　　　　　　　　　　　　(b)

图 11-33　手动刷新数据透视表的两种方法

2. 设置打开工作簿时自动刷新

用户可以设置在打开包含数据透视表的工作簿时自动刷新数据透视表，具体方法如下。

01 右击数据透视表中的任意单元格，在弹出的快捷菜单中选择【数据透视表选项】命令，如图 11-34(a)所示。

02 打开【数据透视表选项】对话框，选择【数据】选项卡，选中【打开文件时刷新数据】复选框，然后单击【确定】按钮，如图 11-34(b)所示。

3. 刷新链接在一起的数据表

当数据透视表用作其他数据透视表的数据源时，对其中任何一个数据透视表进行刷新，都会对与其链接的其他数据透视表进行刷新。

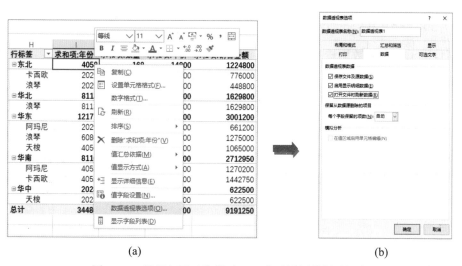

(a)　　　　　　　　　　　　　　　(b)

图11-34　设置打开工作簿时Excel自动刷新数据透视表

11.8.2　刷新全部数据透视表

如果要刷新的工作簿中包含多个数据透视表，选中某一个数据透视表中的任意单元格，在【分析】选项卡中单击【刷新】下拉按钮，从弹出的下拉列表中选择【全部刷新】选项，即可刷新全部数据透视表。

11.9　排序数据透视表

数据透视表与普通数据表有着相似的排序功能和完全相同的排序规则。在普通数据表中可以实现的排序操作，在数据透视表中也可以实现。

11.9.1　排列字段项

以图11-35(a)所示的数据透视表为例，如果要将"年份"列表中的字段项按"降序"排列，可以单击【行标签】右侧的 按钮，在弹出的列表中选择【降序】选项即可，排序结果如图11-35(b)所示。

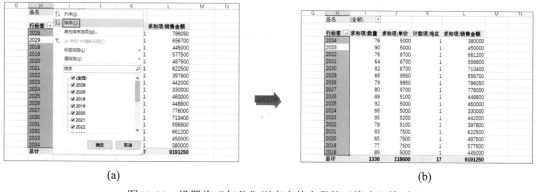

(a)　　　　　　　　　　　　　　　(b)

图11-35　设置将"年份"列表中的字段按"降序"排列

11.9.2 设置按值排序

以图11-36(a)所示的数据透视表为例，要对数据透视表中的某一项按从左到右升序排列，可以右击该项中的任意值，在弹出的快捷菜单中选择【排序】|【其他排序选项】命令。打开【按值排序】对话框，选中【升序】和【从左到右】单选按钮，然后单击【确定】按钮即可，如图11-36(b)所示。

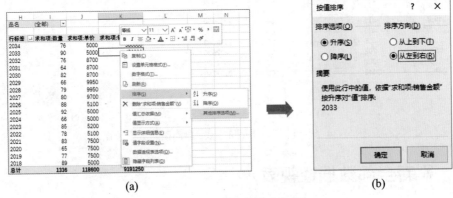

(a)　　　　　　　　　　　　　　　　　(b)

图11-36　设置按值排序数据

11.9.3 自动排序字段

设置数据透视表自动排序的方法如下。

01 右击数据透视表行字段，在弹出的快捷菜单中选择【排序】|【其他排序选项】命令，如图11-37所示。

02 打开【排序(地区)】对话框，单击【其他选项】按钮。

03 打开【其他排序选项(地区)】对话框，在其中选中【每次更新报表时自动排序】复选框，单击【确定】按钮，如图11-38所示。

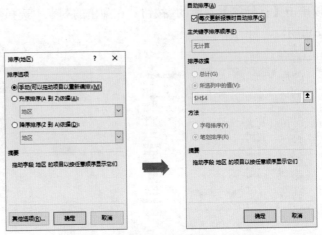

图11-37　使用其他排序选项　　　　图11-38　设置每次更新报表时自动排序

04 返回【排序(地区)】对话框，单击【确定】按钮即可。

11.10　使用数据透视表的切片器

切片器是Excel中自带的一个简便的筛选组件，它包含一组按钮。使用切片器可以方便地筛选出数据表中的数据。

11.10.1　插入切片器

要在数据透视表中筛选数据，首先需要插入切片器，选中数据透视表中的任意单元格，打开【分析】选项卡，在【筛选】命令组中单击【插入切片器】按钮。在打开的【插入切片器】对话框中选中所需字段前面的复选框，然后单击【确定】按钮，如图11-39所示，即可显示插入的切片器。

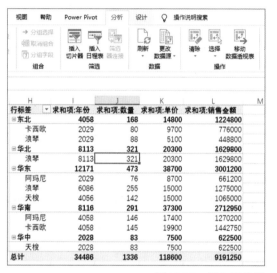

图11-39　插入切片器

插入的切片器像卡片一样显示在工作表内，在切片器中单击需要筛选的字段，在如图11-40(a)所示的【地区】切片器中单击【华东】选项，在数据透视表中会显示相应的数据，如图11-40(b)所示。

(a)　　　　　　(b)

图11-40　使用切片器

若单击切片器右上角的【清除筛选器】按钮，即可清除对字段的筛选。另外，选中切片器后，将光标移动到切片器边框上，当光标变成形状时，按住鼠标左键进行拖动，可以调节切片器的位置。打开【切片器工具】的【选项】选项卡，在【大小】命令组中还可以设置切片器的大小。

在切片器筛选框中，按住Ctrl键的同时可以选中多个字段项进行筛选。

11.10.2　共享切片器

当用户使用同一个数据源创建了多个数据透视表后，通过在切片器内设置数据表连接，可以使切片器实现共享，从而使多个数据透视表进行联动，每当筛选切片器内的一个字段项时，多个数据表会同时更新。

01 在工作表内的任意一个数据透视表中插入【地区】字段的切片器。单击切片器的空白区域，选择【选项】选项卡，单击【报表连接】按钮，如图11-41所示。

02 打开【数据透视表连接(地区)】对话框，选中其中的"数据透视表1"和"数据透视表2"前的复选框，然后单击【确定】按钮，如图11-42所示。

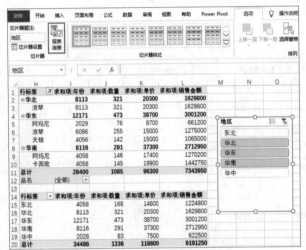
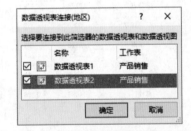

图11-41　单击【报表连接】按钮　　　　图11-42　【数据透视表连接(地区)】对话框

03 此时，在【地区】切片器中选择某一个字段项，工作表中的两个数据透视表将同时更新，显示与之相对应的数据。

11.10.3　清除与删除切片器

要清除切片器的筛选器可以直接单击切片器右上方的【清除筛选器】按钮，或者右击切片器，从弹出的快捷菜单中选择【从"(切片器名称)"中清除筛选器】命令，即可清除筛选器。

要彻底删除切片器，只需在切片器内右击鼠标，在弹出的快捷菜单中选择【删除"(切片器名称)"】命令，即可删除该切片器。

11.11　组合数据透视表中的项目

使用数据透视表的项目组合功能，用户可以对数据透视表中的数字、日期、文本等不同类型的数据项采用多种组合方式，从而增强数据透视表分类汇总的效果。

11.11.1　组合指定项

以图11-43所示的数据透视表为例，若用户需要将"华东""华中"和"华南"的数据组合在一起，合并成为"主要市场"，可以执行以下操作。

01 在数据透视表中按住Ctrl键选中"华东""华中"和"华南"字段项。

02 选择【分析】选项卡，单击【组合】命令组中的【分组选择】按钮，如图11-43所示。

03 此时，Excel将创建新的字段标题，并自动命名为"数据组1"，如图11-44所示。

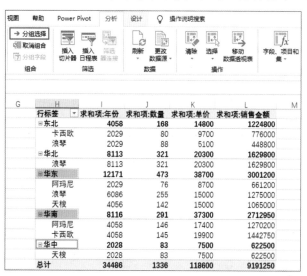

图11-43　单击【分组选择】按钮　　　　图11-44　创建新的字段标题

04 单击"数据组1"单元格，输入新的名称"主要市场"即可。

11.11.2　组合数字项

使用Excel提供的自动组合功能，可以方便地对数据透视表中的数值型字段执行组合操作，具体操作方法如下。

01 选中数据透视表中"年份"列字段中的任意字段项，单击【分析】选项卡中的【分组字段】按钮。

02 打开【组合】对话框，在【步长】文本框中输入3，单击【确定】按钮，如图11-45所示。

03 此时，数据透视表的效果如图11-46所示。

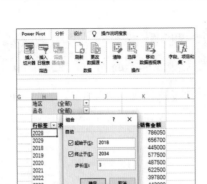

图 11-45　设置【组合】对话框　　图 11-46　组合数字项后的效果

11.11.3　组合日期项

对于数据透视表中的日期型数据，用户可以按秒、分、小时、日、月、季度、年等多种时间单位进行组合，具体方法如下。

01 选中数据透视表"日期"列字段上的任意项，右击鼠标，在弹出的快捷菜单中选择【组合】命令，打开【组合】对话框，同时选中【年】【月】【日】选项，单击【确定】按钮完成设置，如图 11-47 所示。

02 此时，数据透视表的效果将如图 11-48 所示。

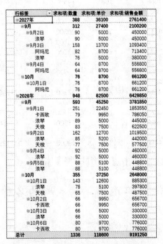

图 11-47　打开【组合】对话框　　图 11-48　组合日期项后的效果

在数据透视表中对数据项进行组合时，应注意以下几个问题。

- ▶ 组合字段的数据类型应一致。
- ▶ 日期数据的格式应正确。
- ▶ 确保数据源引用有效。

11.11.4　取消项目组合

要取消数据透视表中组合的项目，可以右击该组合，在弹出的快捷菜单中选择【取消组合】命令。

11.12　在数据透视表中计算数据

　　Excel数据透视表默认对数据区域中的数值字段使用求和方式汇总，对非数值字段使用计数方式汇总。如果用户需要使用其他汇总方式(例如平均值、最大值、最小值等)，可以在数据透视表数据区域中相应字段的单元格中右击鼠标，在弹出的快捷菜单中选择【值字段设置】命令，打开【值字段设置】对话框进行设置，如图11-49所示。

图 11-49　值字段设置

　　通过对话框中【值汇总方式】选项卡【计算类型】列表框中的选项，可以快速对字段进行设置。

11.12.1　对字段使用多种汇总方式

　　若用户需要对数据透视表中的某个字段同时使用多种汇总方式，可以在【数据透视表字段】窗格中将该字段多次添加到数据透视表的数值区域中。然后利用【值字段设置】对话框为数据透视表中的每列字段设置不同的汇总方式，如图11-50所示。

图 11-50　对同一个字段设置多种汇总方式

11.12.2 自定义数据值显示方式

若【值字段设置】对话框中 Excel 预设的汇总方式不能满足用户的需要，可以选择该对话框中的【值显示方式】选项卡，使用更多的计算方式汇总数据，例如总计的百分比、列汇总的百分比、行汇总的百分比、百分比、父行汇总的百分比等，如图 11-51 所示。

图 11-51   设置【值显示方式】选项卡

11.12.3 使用计算字段和计算项

在数据透视表中，Excel 不允许用户手动更改或者移动任何区域，也不能在数据透视表中插入单元格或添加公式进行计算。如果用户需要在数据透视表中执行自定义计算，就需要使用【插入计算字段】或【计算项】功能。

1. 使用计算字段

以图 11-52 所示的数据透视表为例，如果用户需要对其中的"销售金额"进行 3%的销售人员提成计算，可以执行以下操作。

01 选中"销售金额"列字段中的任意项，选择【开始】选项卡，单击【单元格】命令组中的【插入】下拉按钮，在弹出的下拉列表中选择【插入计算字段】选项，如图 11-52 所示。

02 打开【插入计算字段】对话框，在【名称】文本框中输入"提成"，在【公式】文本框中输入：=销售金额*0.03，如图 11-53 所示。

图 11-52   选择【插入计算字段】选项   图 11-53   【插入计算字段】对话框

03 单击【确定】按钮，数据透视表中将新增一个名为"提成"的字段，如图 11-54 所示。

如果用户需要删除已有的计算字段，可以在【插入计算字段】对话框中的【字段】列表中选中计算字段的名称后，单击【删除】按钮，如图 11-55 所示。

图 11-54　插入计算字段效果

图 11-55　删除"提成"计算字段

2. 使用计算项

以图 11-56 所示的数据透视表为例，如果需要得到所有饮料的总数量，可以执行以下操作。

01 选中数据透视表中的任意列字段项，单击【分析】选项卡中的【字段、项目和集】下拉按钮，在弹出的下拉列表中选择【计算项】选项。

02 打开【在"品种"中插入计算字段】对话框，如图 11-56 所示，在【名称】文本框中输入"饮料"，删除【公式】文本框中的"=0"，选中【字段】列表框中的【品种】选项和【项】列表框中的【芬达】选项，单击【插入项】按钮。

03 输入"+"号，单击【项】列表框中的【雪碧】选项，单击【插入项】按钮，再输入"+"号，单击【项】列表框中的【可乐】选项，单击【插入项】按钮，单击【确定】按钮，即可在数据透视表底部得到所有饮料的数量汇总值，如图 11-57 所示。

图 11-56　添加计算项

图 11-57　汇总所有饮料的总数量

11.13 创建动态数据透视表

创建数据透视表后，如果在源数据区域以外的空白行或空白列增加了新的数据记录或者新的字段，即使刷新数据透视表，新增的数据也无法显示在数据透视表中。此时，可以通过创建动态数据透视表来解决这个问题。

11.13.1 通过定义名称创建动态数据透视表

以图11-58所示的表格为例。单击【公式】选项卡中的【定义名称】按钮，打开【新建名称】对话框，在【名称】文本框中输入Data，在【引用位置】文本框中输入公式：

=OFFSET(数据源 !$A$1,0,0,COUNTA(数据源 !$A:$A),COUNTA(数据源 !$1:$1))

以上公式中的"数据源"是工作表名称，COUNTA(数据源!$A:$A)用来获取数据区域有多少行，COUNTA(数据源!$1:$1)用来获取数据区域有多少列，当增加、删除行或列的时候，这两个函数返回更改后的数据区域的行数和列数，这样就可以生成动态的区域了。

选中H1单元格后，单击【插入】选项卡中的【数据透视表】按钮，打开【创建数据透视表】对话框，在【表/区域】文本框中输入Data，然后单击【确定】按钮，如图11-59所示，创建数据透视表。

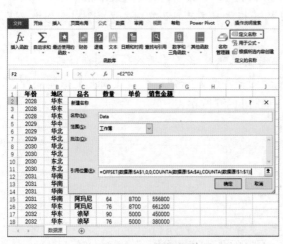

图11-58 定义名称

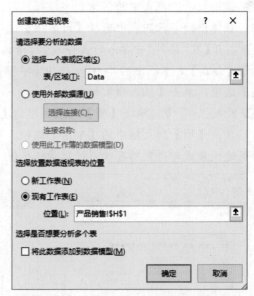

图11-59 【创建数据透视表】对话框

在打开的【数据透视表字段】窗格中完成数据透视表结构的设置后，生成如图11-60所示的数据透视表。

此时，如果在数据源表中增加了一条记录。右击数据透视表，在弹出的快捷菜单中选择【刷新】命令，即可见到新增的数据。

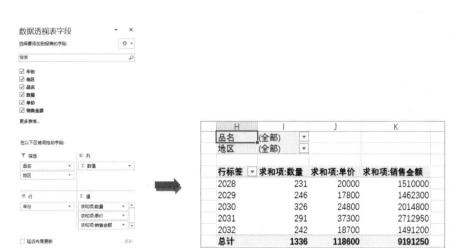

图 11-60　数据透视表效果

11.13.2　使用"表格"功能创建动态数据透视表

以图 11-61(a)所示的数据源为例，在创建数据透视表之前，选中数据源中的任意单元格，单击【插入】选项卡中的【表格】按钮，打开【创建表】对话框，单击【确定】按钮，此时 Excel 将会自动识别最大的连续的数据区域。创建效果如图 11-61(b)所示的表格。

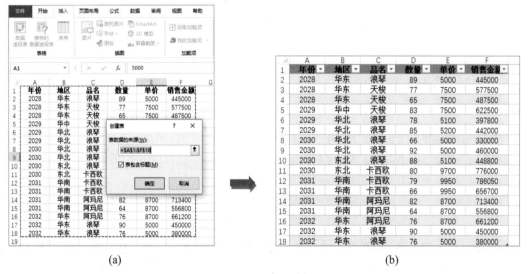

(a)　　　　　　　　　　　　　(b)

图 11-61　创建表

选中图 11-61 右图所示表格中的任意单元格，单击【插入】选项卡中的【数据透视表】按钮，打开【创建数据透视表】对话框，在【表/区域】文本框中将自动显示表格的名称(此处为"表1")，单击【确定】按钮即可创建一个动态数据透视表，如图 11-62 所示。

在打开的【数据透视表字段】窗格中完成数据透视表结构的设置后，如果用户对数据源表格中的数据进行了增删操作，在数据透视表中右击鼠标，从弹出的快捷菜单中选择【刷新】命令，如图 11-63 所示，即可看到数据的变化。

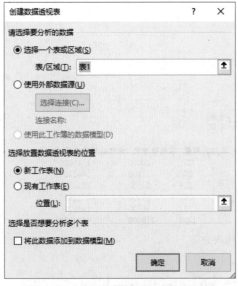

图11-62 【创建数据透视表】对话框

图11-63 刷新数据透视表

11.13.3 通过选取整列创建动态数据透视表

在创建数据透视表时，用户可以直接选取整列数据作为数据源，这样当在数据源中增加行的时候，刷新数据透视表，也可以直接将数据包含进来，实现动态更新数据透视表的效果。但是要注意以下几个问题。

▶ 不能自动扩展列，因为数据透视表要求每列必须有字段名称，不能是空的。

▶ 日期时间类型的字段不能按照年、季度、月、日、小时、分、秒等进行自动组合。

▶ 数据透视表中会显示一个空行。

11.14 创建复合范围的数据透视表

用户可以使用不同工作表中结构相同的数据创建复合范围的数据透视表。例如，使用图11-64所示同一工作簿中3个不同工作表中的数据，创建销售分析数据透视表。

图11-64 用于进行合并计算的同一工作簿中的多个结构相同的工作表

01 依次按Alt、D、P键，打开【数据透视表和数据透视图向导--步骤1(共3步)】对话框，选中【多重合并计算数据区域】单选按钮，单击【下一步】按钮，如图11-65所示。

02 在打开的【数据透视表和数据透视图向导--步骤2a(共3步)】对话框中，选中【创建单页字段】单选按钮后，单击【下一步】按钮，如图11-66所示。

图11-65　多种合并计算数据区域

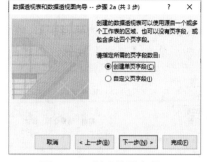
图11-66　创建单页字段

03 打开【数据透视表和数据透视图向导-第2b步，共3步】对话框，单击【选定区域】文本框后的 ↑ 按钮。

04 选中"华东"工作表的A1:F5单元格区域，按Enter键，如图11-67所示。

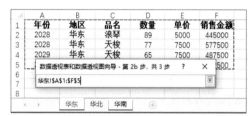

图11-67　选定数据区域

05 返回【数据透视表和数据透视图向导-第2b步，共3步】对话框，单击【添加】按钮，将捕捉的区域地址添加至【所有区域】列表框中，添加第一个待合并的数据区域，如图11-68所示。

06 重复以上操作，将"华北"和"华南"工作表中的数据区域也添加至【数据透视表和数据透视图向导-第2b步，共3步】对话框的【所有区域】列表框中，然后单击【下一步】按钮。

07 打开【数据透视表和数据透视图向导--步骤3(共3步)】对话框，选中【新工作表】单选按钮，单击【完成】按钮，如图11-69所示。

图11-68　添加一个待合并的数据区域

图11-69　在新工作表中创建数据透视表

08 在创建的数据透视表中右击【计数项：值】字段，在弹出的快捷菜单中选择【值汇总依据】|【求和】命令，如图 11-70 所示。

09 单击【列标签】B3 单元格右侧的 按钮，在弹出的列表中取消【地区】【单价】和【品名】复选框的选中状态，单击【确定】按钮，创建的数据透视表效果如图 11-71 所示。

图 11-70　设置值汇总依据

图 11-71　数据透视表效果

11.15　创建数据透视图

　　数据透视图是针对数据透视表统计出的数据进行展示的一种手段。下面将通过实例详细介绍创建数据透视图的方法。

　　【例 11-4】　创建数据透视图。

01 选中图 11-72 所示工作表中的整个数据透视表，然后选择【分析】选项卡，单击【工具】命令组中的【数据透视图】按钮。

02 在打开的【插入图表】对话框中选中一种数据透视图样式后，单击【确定】按钮，如图 11-73 所示。

图 11-72　创建数据透视图

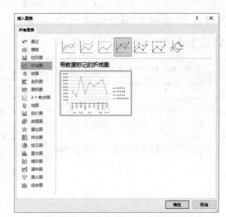

图 11-73　【插入图表】对话框

03 返回工作表后，即可看到创建的数据透视图效果，如图11-74所示。

完成数据透视图的创建后，用户可以参考下面介绍的方法修改其显示的项目。

01 选中并右击工作表中插入的数据透视图，然后在弹出的快捷菜单中选择【显示字段列表】命令，在显示的【数据透视图字段】窗格中的【选择要添加到报表的字段】列表框中，可以根据需要选择在图表中显示的图例。

02 单击具体项目选项后的下拉按钮(例如单击【地区】选项)，在弹出的下拉菜单中，可以设置图表中显示的项目，如图11-75所示。

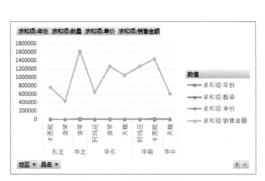

图11-74　数据透视图

图11-75　设置图表中显示的项目

11.16　案例演练

本节将介绍在Excel中操作数据透视表的常用技巧,用户可以通过案例操作巩固所学的知识。

【例 11-5】　更改数据透视表的数据源。

01 选中数据透视表中的任意单元格，单击【分析】选项卡中的【更改数据源】按钮。打开【更改数据透视表数据源】对话框，单击【表/区域】文本框后的按钮，如图11-76所示。

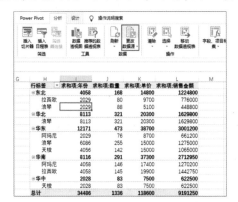

图11-76　打开【更改数据透视表数据源】对话框

02 在数据表中拖动鼠标,选中新的数据源区域后,按Enter键。

03 返回【更改数据透视表数据源】对话框,单击【确定】按钮即可。

【例 11-6】 将数据透视表转换为普通表格。

01 选中数据透视表所在的单元格区域,按Ctrl+C组合键执行【复制】命令。

02 选中任意单元格,右击鼠标,在弹出的快捷菜单中选择【粘贴选项】下的【值】命令即可,如图 11-77 所示。

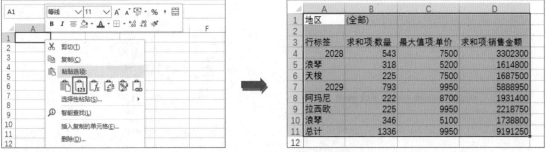

图 11-77　将数据透视表粘贴为普通表格

【例 11-7】 用数据透视表统计各部门人员的学历情况。

01 选中数据表中的任意单元格,单击【插入】选项卡中的【数据透视表】按钮。打开【创建数据透视表】对话框,选中【现有工作表】单选按钮,单击【位置】文本框右侧的 按钮,如图 11-78 所示。

02 选中A16单元格,按Enter键,返回【创建数据透视表】对话框,单击【确定】按钮。

03 打开【数据透视表字段】窗格,将【部门】字段拖动至【行】区域,将【学历】字段拖动至【列】区域和【值】区域,如图 11-79 所示。

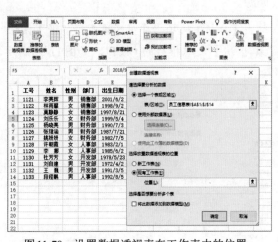 

图 11-78　设置数据透视表在工作表中的位置　　图 11-79　设置数据透视表的字段

04 此时,将在工作表中创建如图 11-80 所示的数据透视表,统计各部门人员的学历情况。

【例 11-8】 合并数据透视表中的单元格。

01 打开如图 11-81所示的数据透视表,选择【设计】选项卡,单击【布局】命令组中的【报表布局】
下拉按钮,在弹出的下拉列表中选择【以表格形式显示】选项。

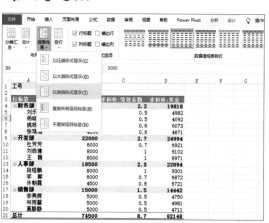

图 11-80　统计部门人员的学历情况　　　　　图 11-81　以表格形式显示数据透视表

02 选中A5单元格,选择【分析】选项卡,单击【数据透视表】命令组中的【选项】按钮。打开【数
据透视表选项】对话框,选择【布局和格式】选项卡,选中【合并且居中排列带标签的单元格】
复选框,如图 11-82所示,然后单击【确定】按钮。

03 此时,A列中带标签的单元格将被合并,效果如图 11-83所示。

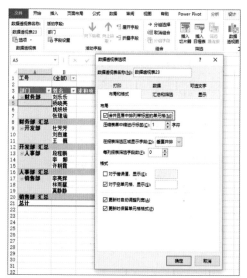

图 11-82　设置合并且居中排列带标签的单元格

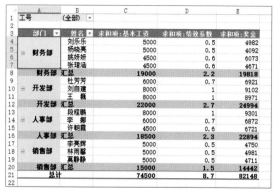

图 11-83　数据透视表效果

【例 11-9】 利用数据透视表转换表格的行与列。

01 打开如图 11-84所示的工作表,依次按Alt、D、P键。打开【数据透视表和数据透视图向导--
步骤1(共3步)】对话框,选中【多重合并计算数据区域】单选按钮,单击【下一步】按钮。

02 打开【数据透视表和数据透视图向导--步骤2a(共3步)】对话框,选中【创建单页字段】单选按钮，然后单击【下一步】按钮。

03 打开【数据透视表和数据透视图向导--第2b步，共3步】对话框，单击【选定区域】文本框后的⬆按钮，选中工作表中的A1:M7单元格区域，按Enter键，返回【数据透视表和数据透视图向导-第2b步，共3步】对话框，单击【添加】按钮，如图11-85所示。

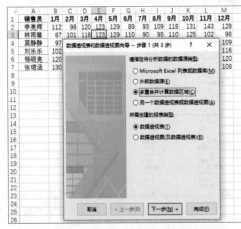
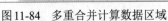

图11-84　多重合并计算数据区域　　　　　图11-85　添加区域

04 单击【下一步】按钮，打开【数据透视表和数据透视图向导--步骤3(共3步)】对话框，选中【新工作表】单选按钮，然后单击【完成】按钮。

05 在新建的工作表中双击Excel生成的数据透视表右下角的总计单元格。此时，将在新建的工作表中生成竖表，完成本例操作，如图11-86所示。

图11-86　转换表格的行与列